U0295416

电磁学

ELECTROMAGNETISM

冯仕猛　编著

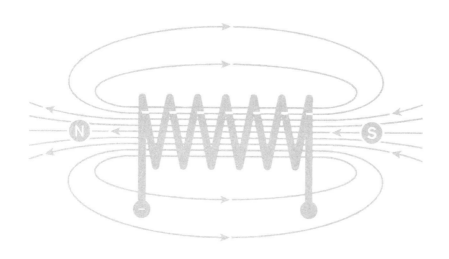

上海交通大学出版社
SHANGHAI JIAO TONG UNIVERSITY PRESS

内容提要

本书是作者根据在上海交通大学从事多年物理教学的经验编著而成的,主要有静电场、静磁场、导体与电介质、磁介质、电磁感应、场的能量与电磁力、麦克斯韦电磁理论等。书中有大量例题和习题,有助于学生加深对知识的理解。本书适合作为高等学校物理专业教材、高等学校工科专业大学物理(电磁学)教材、高等学校电子系信息类专业课教材、高中物理教学参考教材等,也可供相关学科的师生参考。

图书在版编目(CIP)数据

电磁学/ 冯仕猛编著. —上海:上海交通大学出版社,2024.1
 ISBN 978-7-313-29857-7

Ⅰ.①电⋯ Ⅱ.①冯⋯ Ⅲ.①电磁学 Ⅳ.①O441

中国国家版本馆 CIP 数据核字(2023)第 219206 号

电磁学

DIANCIXUE

编 著:冯仕猛
出版发行:上海交通大学出版社　　　　　　地 址:上海市番禺路 951 号
邮政编码:200030　　　　　　　　　　　　电 话:021-64071208
印 制:上海景条印刷有限公司　　　　　　经 销:全国新华书店
开 本:710 mm×1000 mm　1/16　　　　　印 张:19
字 数:381 千字
版 次:2024 年 1 月第 1 版　　　　　　　　印 次:2024 年 1 月第 1 次印刷
书 号:ISBN 978-7-313-29857-7
定 价:49.80 元

前　言

电磁学是大学物理专业和工科专业的基础课程之一。部分电磁学的内容在高中阶段有所介绍，但相对比较浅显。同时，多数学生偏重于解题得分，对电磁学的基本理论缺乏较为系统的认识，学生掌握的知识较为碎片化。考虑到本科生在学完电磁学后将面临比较深奥的专业课程，因此，在电磁学的教学中要确保内容有一定的深度和广度，确保各章节内容之间的相互衔接。

本书主要包括静电场、静磁场、电磁场与物质的相互作用、电磁感应、场能量与力以及麦克斯韦电磁理论等内容。基于现在高中阶段对电路已有一定程度的讲授，许多工科专业也有专门的电路课程，现阶段大学里的电磁学课程一般都不再讲授电路相关的内容，本书不再纳入电路相关的内容。

读书要读出新意，教书要教出新意，这是我多年从事教学坚持的一种理念。虽然本书的主体结构与经典的电磁学内容大体一致，但在对许多知识的介绍上，我采用了新的方法进行演绎，让学生通过不同视角认识、理解电磁学的基本规律，这个方法在教学中受到学生普遍欢迎。

读书重在深度思考，读书如果不思考，那就相当于一个扫描器，这是我在多年从教过程中一直告诫学生的。学物理不是表象的记忆，而应该通过物理现象，不断追寻物理现象背后的原理和规律，这是我在多年教学中一直秉承的教学理念和教学方法。因此，在本书的编著过程中，尽量多介绍各知识点的来龙去脉以及不同知识点的内在联系，尽量给出各知识点背后详细的理论推导，让物理知识"活"起来，并构成一个有机的整体。比如，关于正负电荷之间的吸引力，几乎所有的电磁学教材都给出一个库伦定理公式和例题计算。在本书第 6 章中，专门对这一问题有详细的数学演绎，这样能帮助读者从新的角度去认识、理解物理学中的基本原理。

强化经典公式在数学上的逻辑推导，这是本书的又一个特点。当前大学生的应试型学习风气比较浓，比较喜欢记住经典公式和对应的习题练习，考试时喜欢照葫芦画瓢给出答案。针对这一现象,我用许多篇幅比较详细地推导了相关经典公式。比如关于磁场的介绍,本书没有从传统的毕奥-萨伐尔公式出发探讨磁场强度的分布规律,而是以匀速直线运动的电荷产生的电场为始点,利用相对论的基本原理推导出磁场与运动电荷的基本关系;又比如,关于安培定理、电位移矢量与磁场的关系、法拉第电磁感应定律等,本书都有全新的详细数学推导,不仅期待读者能对电磁学有不同的理解,更希望激发读者的学习兴趣。

较有深度的例题和习题能帮助学生正确理解物理概念,能有效提高学生综合应用知识和解决具体问题的能力。在本书的编著过程中,我筛选了一定量的例题和习题,主要引导学生如何灵活运用基础知识处理物理问题。由于当代学生习惯于在别人的方法和答案中做习题,许多学生只要发现自己的答案与书上的答案相同,以为就学会了物理。因此,本书没有给出各章节后习题的答案,主要是希望培养学生独立思考、自信和独立解答问题的能力。

本书可作为高等院校物理专业教材、高等院校工科专业大学物理(电磁学)教材、高等院校电子系信息类专业课教材、高中物理教学参考教材等。

由于作者水平有限,书中可能有不少错误和不足,请读者批评指正。

目　录

第1章　静　电　场

1.1　电荷与电场

1.1.1　人们对电的认识

早在 3 000 多年前的殷商时期,甲骨文中就有了"雷"及"电"的形声字。西周初期,在青铜器上就已经出现"電"字。王充在《论衡·雷虚篇》中写道:"云雨至则雷电击。"明确地提出云与雷电之间的关系。在其后的古代典籍中,尤以明代张居正关于球形闪电的记载最为精彩,他详细地记述了球形闪电的大小、形状、颜色、出现时间等,留下了可靠且宝贵的文字资料。《淮南子·坠形训》提到雷电是"阴阳相薄为雷,激扬为电",即雷电是阴阳两气对立的产物。明代刘基说得更为明确:"雷者,天气之郁而激而发也。阳气困于阴,必迫,迫极而进,进而声为雷,光为电。"可见,当时已有人认识到雷电是同一自然现象的不同表现。

东汉《论衡》中有"顿牟掇芥",这里的顿牟也指玳瑁。南北朝时的雷敩在《炮炙论》中有"琥珀如血色,以布拭热,吸得芥子者真也"。西晋张华记述了梳子与丝绸摩擦起电引起的放电及发声现象:"今人梳头、脱著衣时,有随梳、解结有光者,亦有咤声。"唐代段成式描述了黑暗中摩擦黑猫皮起电:"猫黑者,暗中逆循其毛,即若火星。"宋代的张邦基《墨庄漫录》记载:"皇宫中每幸诸阁,掷龙脑以辟(避)秽。过则以翠羽扫之,皆聚,无有遗者。"即孔雀毛扎成的翠羽帚可以吸引龙脑(可制香料的有机化合物碎屑)。

近代电学正是在对雷电及摩擦起电的大量记载和认识的基础上发展起来的,我国古代学者对电的研究,大大地丰富了人们对电的认识,为构建静电的知识体系做出了应有的贡献。

1600 年,英国人吉尔伯特首先发明的静电验电器是一种可以侦测静电电荷的验电器。当带电物体接近金属指针的尖端时,因为静电感应,异性电荷会移动至指针的尖端,指针与带电物体会互相吸引,从而使指针转向带电物体。同年,英国医生威廉·吉尔伯特对于电磁现象做了一个很仔细的研究。他指出,琥珀不是唯一可以经过摩擦而产生静电的物质,并且他区分出了电与磁不同的属性。1660 年,科学家奥托·冯·格里克发明了可能是史上第一部静电发电机。他将一个硫黄球固定于一根铁轴的一端,然后一边旋转硫黄球,一边用干手摩擦硫黄球,使硫黄球产生电荷,从而吸引微小物质。1747 年,美国科学家 B. 富兰克林(B. Franklin)把自然界中与丝绸摩擦过的玻璃棒上电荷性质相同的电荷称为正电荷,与毛皮摩擦过的橡胶棒上电荷性质相同的电荷称为负电荷,这种对自然界两种电荷的命名一直沿用至今。

1.1.2　电荷与电荷守恒

电是物质的一种属性,一种能量的存在方式。电包括负电和正电两类,它们分别存在于电子和原子核中的质子上。物质都是由分子构成的,分子由原子构成,原子由带负电的电子和带正电的质子构成,如图 1 - 1 所示。在正常情况下,一个原子的质子数与电子数相同,正负平衡,所以对外表现出不带电。但是电子环绕于原子核周围,一经外力即脱离轨道,离开原来的原子 A 而侵入其他的原子 B,原子 A 因减少电子数而带有正电,称为阳离子;原子 B 因增加电子数而带负电,称为阴离子。造成不平衡电子分布的原因是电子受外力而脱离轨道,这个外力包含各种能量(如动能、势能、热能、化学能等)。当两个不同的物体相互接触,会使一个物体失去一些电子(如电子转移到另一个物体),则该物体带正电,而另一个物体得到剩余电子,则带负电。

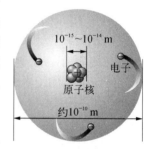

图 1 - 1

带正负电的基本粒子称为电荷。实验证明,自然界只存在两种电荷,分别称为正电荷和负电荷。同种电荷互相排斥,异种电荷互相吸引。

如果一个物理量有最小的单元且不可连续地分割,我们就说这个物理量是量子化的,并把最小的单元称为量子。物体所带的电荷量不可能连续地取任意量值,而只能取电子或质子电荷量的整数倍。电荷量只能取分立的、不连续量值的性质,称为电荷的量子化。一个电子的电荷量 $q = 1.602\,189\,246 \times 10^{-19}$ C,质量 $m = 9.11 \times 10^{-31}$ kg。

电荷的量值有一个基本单元,即一个质子或一个电子所带电量的绝对值 q,每个原子核、原子或离子、分子以及宏观物体所带电量,都只能是这个基元电荷 q 的整数倍。在一个与外界没有电荷交换的系统内,无论进行怎样的物理过程,系统内正、负电荷量的代数和总保持不变,这就是电荷守恒定律,为物理学中的基本定律之一。因此,电荷守恒定律也可以这样叙述:一个系统内电荷总电量的改变量等于通过其边界流入的净电荷电量。电荷守恒定律不管在宏观还是在微观领域都是成立的,譬如核反应、核衰变、核聚变乃至基本粒子的产生、湮没过程,都遵从电荷守恒定律。

1906—1917 年,密立根用液滴法首先从实验上证明了微小粒子带电量的变化不连续，$Q = Nq$。正电子质量为 9.1×10^{-31} kg，电量约为 $+1.6 \times 10^{-19}$ C，自旋与电子相同。正电子最早是由狄拉克从理论上预言的。1932 年 8 月 2 日，美国加州理工学院的安德森等人通过云室发现了正电子。其实在安德森发现正电子之前，约里奥·居里夫妇(皮埃尔·居里夫妇的女婿与女儿)就已观察到正电子的存在，但他们并未引起重视，从而错过了这一伟大发现。除错过了正电子的发现外，约里奥·居里夫妇还错过了中子的发现及核裂变的发现，以至于三次走到诺贝尔物理学奖的门槛前而终未能破门而入，但因他们在放射性方面的杰出贡献，他们获得了 1935 年的诺贝尔化学奖。

1.1.3　库仑定律

任何两个带电体之间都有相互作用力。实验发现，随着两带电体之间距离的增大，它们之间的作用力受它们的大小、形状及电荷分布情况的影响减小。当两个带电体之间的距离远远大于它们本身的线度时，它们之间的相互作用力受它们的大小、形状及电荷分布情况的影响可以忽略，在这种情况下，两个带电体可以简化为两个具有一定电荷电量的空间点。这种具有一定电量而可以忽略其大小、形状及其电荷分布情况所带来的影响的带电体，称为点电荷。点电荷是抽象化了的理想模型，借助这种模型，可以把很小的带电体所带电量与其空间位置这两个因素在所讨论的问题中凸显出来进行研究，从而把带电体的大小、形状及其上的电荷分布等次要因素忽略掉，从而使问题简化。

库仑定律表明，在真空中两个静止点电荷之间的相互作用力与距离的平方成反比，与电量乘积成正比，作用力的方向在它们的连线上，同号电荷相斥，异号电荷相吸。令 $\boldsymbol{F}_{12}$ 代表 q_1 与 q_2 之间的静电力，r 代表两电荷间的距离，$\boldsymbol{r}_0$ 代表由 q_1 到 q_2 方向的单位矢量，则

$$\boldsymbol{F}_{12} = \frac{1}{4\pi\varepsilon_0} \frac{q_1 q_2}{r^2} \boldsymbol{r}_0 \tag{1-1}$$

式中，ε_0 是物理学中的一个基本物理常量，称为真空电容率或真空介电常数，$\varepsilon_0 = 8.854\,187\,817 \times 10^{-12}$ C^2/(N·m^2)；r 的量纲是 m(米)；q 的量纲是 C(库仑)。

1.1.4　静电场

1. 静电场的物理表征

静电力本质上是一种电场力，即通过电荷在空间中产生电场而发生的相互作用，属于场相互作用力。实验研究发现，静电荷周围都会产生电场，它是使电荷与电荷之间相互作用的物理场，是电在空间存在的一种方式，是带电体的一种属性。

电场是客观存在的一种特殊物质,人们的眼睛无法看见,它具有质量、动量和能量等。观察者相对于电荷静止时所观察到的场称为静电场。近代物理学的发展已经证实,凡是有电荷的地方,四周就存在着电场,即任何电荷都能在自己周围的空间激发电场。

电场的一个重要性质是它对电荷施加作用力,我们就以这个性质来定量地描述电场。首先,要求被施加作用力的电荷的电量 q_0 充分小,因为引入该电荷是为了研究空间原来存在的电场性质,如果该电荷的电量 q_0 太大,它的影响就会显著地改变原有的电荷分布,从而改变原来的电场分布。其次,电荷的几何线度也要充分小,即可能把它看为点电荷,这样才可以用它来确定空间各点的电场性质。因此,对于电场中的固定点来说,F/q_0 是一个无论大小和方向都与试探电荷无关的矢量,它反映电场本身的性质,我们将它定义为电场强度,简称场强,用 $\boldsymbol{E}$ 表示,即

$$\boldsymbol{E} = \frac{\boldsymbol{F}}{q_0} = \frac{q}{4\pi\varepsilon_0 r^3}\boldsymbol{r} \qquad (1-2)$$

$\dfrac{\boldsymbol{F}}{q_0}$ 与试探电荷 q_0 无关,仅与该点处电场性质有关。电场中,某点的电场强度的大小等于单位电荷在该点受力的大小;方向为正电荷在该点受力的方向。从式 (1-2)中可以看出,点电荷的电场分布呈球形高度对称。以点电荷为坐标原点,任意半径球面上电场强度大小相等,方向垂直于球的表面,如图 1-2 所示。

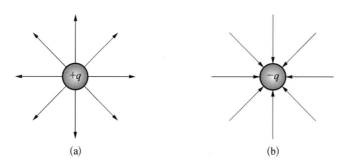

(a)   (b)

图 1-2

电场力是矢量,它服从矢量叠加原理。同样,电场强度也满足叠加原理。如果空间中有许多个点电荷,则空间中任意一点的电场强度等于空间中所有点电荷产生电场强度的矢量和,即

$$\boldsymbol{E} = \boldsymbol{E}_1 + \boldsymbol{E}_2 + \cdots + \boldsymbol{E}_n = \sum_{i=1}^{n}\boldsymbol{E}_i = \sum_{i=1}^{n}\frac{1}{4\pi\varepsilon_0}\frac{q_i}{r_i^3}\boldsymbol{r}_i \qquad (1-3)$$

式中,$\boldsymbol{r}_i$ 是定点到电荷的位置矢量。如果空间中电荷是连续分布的,单位体积的

电量为 ρ,则把带电体看作由许多个电荷元组成,然后利用场强叠加原理计算,取体积元 dV,该点总场强表达式为

$$\boldsymbol{E} = \iiint\limits_{V} \frac{\mathrm{d}q}{4\pi\varepsilon_0 r_i^3}\boldsymbol{r}_i = \iiint\limits_{V} \frac{\rho\,\mathrm{d}V}{4\pi\varepsilon_0 r_i^3}\boldsymbol{r}_i \tag{1-4}$$

或

$$\boldsymbol{E} = \iiint\limits_{V} \frac{\rho\,\mathrm{d}x_i\,\mathrm{d}y_i\,\mathrm{d}z_i\left[(x_i-x_p)\boldsymbol{i}+(y_i-y_p)\boldsymbol{j}+(z_i-z_p)\boldsymbol{k}\right]}{4\pi\varepsilon_0\left[(x_i-x_p)^2+(y_i-y_p)^2+(z_i-z_p)^2\right]^{\frac{3}{2}}}$$

式中,x、y、z 分别是微元在直角坐标系中的位置坐标,对应的分量式为

$$\begin{cases} \boldsymbol{E}_x = \iiint\limits_{V} \dfrac{\rho(x_i-x_p)\,\mathrm{d}x_i\,\mathrm{d}y_i\,\mathrm{d}z_i}{4\pi\varepsilon_0\left[(x_i-x_p)^2+(y_i-y_p)^2+(z_i-z_p)^2\right]^{\frac{3}{2}}}\boldsymbol{i} \\[3mm] \boldsymbol{E}_y = \iiint\limits_{V} \dfrac{\rho(y_i-y_p)\,\mathrm{d}x_i\,\mathrm{d}y_i\,\mathrm{d}z_i}{4\pi\varepsilon_0\left[(x_i-x_p)^2+(y_i-y_p)^2+(z_i-z_p)^2\right]^{\frac{3}{2}}}\boldsymbol{j} \\[3mm] \boldsymbol{E}_z = \iiint\limits_{V} \dfrac{\rho(z_i-z_p)\,\mathrm{d}x_i\,\mathrm{d}y_i\,\mathrm{d}z_i}{4\pi\varepsilon_0\left[(x_i-x_p)^2+(y_i-y_p)^2+(z_i-z_p)^2\right]^{\frac{3}{2}}}\boldsymbol{k} \end{cases} \tag{1-5}$$

对于单位面积电荷量为 σ 的面分布带电体,$\mathrm{d}q = \sigma\,\mathrm{d}S$;对于电荷线密度为 λ 的带电线,$\mathrm{d}q = \lambda\,\mathrm{d}l$。

2. 静电场的典型例题

例 1-1　如图 1-3 所示,一个半径为 R 的均匀带电圆环,单位长度带电量为 λ,计算轴心线上距任意一点的电场强度。

解　在带电圆环上取一个微元,微元上带的电量相当于一个点电荷。空间中任意一点的电场强度等于圆环上无限多个微元在空间产生的电场强度的叠加。如图 1-3 所示,微元上在 P 点产生的电场是关于 Ox 轴对称的,它产生的电场可以先分解为平行于 Ox 和垂直于 Ox 轴两个分量,即

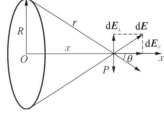

图 1-3

$$\mathrm{d}\boldsymbol{E} = \mathrm{d}\boldsymbol{E}_{/\!/} + \mathrm{d}\boldsymbol{E}_{\perp}$$

由对称性分析,有

$$E_{\perp} = \oint_L \mathrm{d}E_{\perp} = 0$$

但平行于 Ox 方向的电场叠加为

$$dE_x = \frac{1}{4\pi\varepsilon_0}\frac{\lambda\,dl}{r^2}\cos\theta$$

积分后得

$$E_x = \oint \frac{1}{4\pi\varepsilon_0}\frac{\lambda\,dl\,x}{(R^2+x^2)^{\frac{3}{2}}} = \frac{1}{4\pi\varepsilon_0}\frac{2\pi R\lambda x}{(R^2+x^2)^{\frac{3}{2}}} = \frac{1}{2\varepsilon_0}\frac{R\lambda x}{(R^2+x^2)^{\frac{3}{2}}}$$

例 1-2 如图 1-4 所示,一个半径为 R 的均匀带电薄圆盘,单位面积带电量为 σ,计算薄圆盘轴心线上任意一点的电场强度。

解 一个带电薄圆盘,相当于由许多半径不同的细圆环组成,细圆环在轴心线上产生的电场强度为

$$dE_x = \frac{1}{2\varepsilon_0}\frac{r\sigma\,dr\,x}{(r^2+x^2)^{\frac{3}{2}}}$$

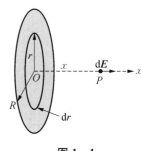

图 1-4

取积分表达式

$$E_x = \int_0^R \frac{1}{2\varepsilon_0}\frac{r\sigma\,dr\,x}{(r^2+x^2)^{\frac{3}{2}}} = -\frac{\sigma x}{2\varepsilon_0}\frac{1}{\sqrt{(r^2+x^2)}}\Bigg|_0^R$$

积分后得到

$$E_x = \frac{\sigma}{2\varepsilon_0}\left(1 - \frac{x}{\sqrt{R^2+x^2}}\right)$$

当 $R \gg x$ 时,有

$$\boldsymbol{E} = \frac{\sigma}{2\varepsilon_0}\boldsymbol{i}$$

对于有限大的圆盘,当 $x \to 0$ 时,有

$$\boldsymbol{E} = \frac{\sigma}{2\varepsilon_0}\boldsymbol{i}$$

由此推之,对于任意的带电平面,在表面附近的电场强度均表示为

$$\boldsymbol{E} = \frac{\sigma}{2\varepsilon_0}\boldsymbol{i}$$

例 1-3 如图 1-5 所示,一个半径为 R 均匀带电的导体球壳,球壳表面单位面积的电量为 σ。(1)求图中 P 点的电场强度;(2)求球壳内任意一点的电场强度。

解 (1)首先在球壳上取一个环带,带电环带相当于一个带电圆环,带电圆环

在 P 点产生的电场强度为

$$\mathrm{d}E_x = \frac{1}{2\varepsilon_0} \frac{xR\sin\varphi\sigma R\,\mathrm{d}\varphi}{(R^2\sin^2\varphi + x^2)^{\frac{3}{2}}}$$

根据图 1-5 中 L 与 x 的关系,不难得到

$$E_x = \int_0^\pi \frac{1}{2\varepsilon_0} \frac{(L - R\cos\varphi)\sigma R^2\sin\varphi\,\mathrm{d}\varphi}{\left[R^2\sin^2\varphi + (L - R\cos\varphi)^2\right]^{\frac{3}{2}}}$$

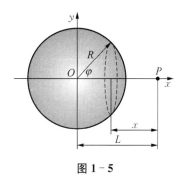

图 1-5

令 $h = \cos\varphi$,$\varphi = \arccos h$,$\mathrm{d}\varphi = \dfrac{\mathrm{d}h}{\sqrt{1 - h^2}}$,则有

$$E_x = \int_1^{-1} \frac{1}{2\varepsilon_0} \frac{(L - Rh)\sigma R^2\,\mathrm{d}h}{(R^2 + L^2 - 2LRh)^{\frac{3}{2}}}$$

将积分式分为两部分,即

$$
\begin{aligned}
E_x &= \int_1^{-1} \frac{1}{2\varepsilon_0} \frac{L\sigma R^2\,\mathrm{d}h}{(R^2 + L^2 - 2LRh)^{\frac{3}{2}}} - \int_1^{-1} \frac{1}{2\varepsilon_0} \frac{Rh\sigma R^2\,\mathrm{d}h}{(R^2 + L^2 - 2LRh)^{\frac{3}{2}}} \\
&= \frac{\sigma R}{2\varepsilon_0}\left(\frac{1}{L+R} - \frac{1}{L-R}\right) - \frac{\sigma R^2}{2L\varepsilon_0}\left(-\frac{1}{L+R} - \frac{1}{L-R}\right) + \frac{\sigma R^2}{\varepsilon_0} \\
&= \frac{\sigma R^2}{\varepsilon_0}\left(\frac{-1}{L^2 - R^2} + \frac{1}{L^2 - R^2} + \frac{1}{L^2}\right) \\
&= \frac{\sigma R^2}{L^2\varepsilon_0}
\end{aligned}
$$

　　均匀带电的导体球壳,在球壳外任意一点产生的总电场强度等于将所有电荷集中在球心处对球壳外产生的电场强度。由此推导,一个均匀带电的球体可以看成由许多半径不同的球壳叠加而成,带电球体在外产生的电场强度等于所有电荷集中在球心处对外产生的电场强度。

　　(2) 球壳内任意一点的电场强度,如图 1-6 中 P 点,对应的电场强度为

$$
\begin{aligned}
E_x = &\int_\theta^\pi \frac{1}{2\varepsilon_0} \frac{(R\cos\varphi - L)\sigma R^2\sin\varphi\,\mathrm{d}\varphi}{\left[R^2\sin^2\varphi + (R\cos\varphi - L)^2\right]^{\frac{3}{2}}} \\
&- \int_0^\theta \frac{1}{2\varepsilon_0} \frac{(L - R\cos\varphi)\sigma R^2\sin\varphi\,\mathrm{d}\varphi}{\left[R^2\sin^2\varphi + (L - R\cos\varphi)^2\right]^{\frac{3}{2}}}
\end{aligned}
\qquad (1\text{-}6)
$$

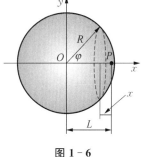

图 1-6

令 $h = \cos\varphi$, $\varphi = \arccos h$, $\mathrm{d}\varphi = \dfrac{\mathrm{d}h}{\sqrt{1-h^2}}$ 并代入式(1-6),得

$$
\begin{aligned}
E_x &= \int_\kappa^{-1} \frac{1}{2\varepsilon_0} \frac{(L-Rh)\sigma R^2 \mathrm{d}h}{(R^2+L^2-2LRh)^{\frac{3}{2}}} - \int_1^\kappa \frac{1}{2\varepsilon_0} \frac{(Rh-L)\sigma R^2 \mathrm{d}h}{(R^2+L^2-2LRh)^{\frac{3}{2}}} \\
&= \int_\kappa^{-1} \frac{1}{2\varepsilon_0} \frac{L\sigma R^2 \mathrm{d}h}{(R^2+L^2-2LRh)^{\frac{3}{2}}} - \int_\kappa^{-1} \frac{1}{2\varepsilon_0} \frac{Rh\sigma R^2 \mathrm{d}h}{(R^2+L^2-2LRh)^{\frac{3}{2}}} + \\
&\quad \int_1^\kappa \frac{1}{2\varepsilon_0} \frac{L\sigma R^2 \mathrm{d}h}{(R^2+L^2-2LRh)^{\frac{3}{2}}} - \int_1^\kappa \frac{1}{2\varepsilon_0} \frac{Rh\sigma R^2 \mathrm{d}h}{(R^2+L^2-2LRh)^{\frac{3}{2}}}
\end{aligned} \tag{1-7}
$$

直接对式(1-7)积分后得

$$
\begin{aligned}
E_x &= \frac{\sigma R}{\varepsilon_0 2}\left(\frac{-2L}{R^2-L^2}\right) + \frac{\sigma R^2}{2L\varepsilon_0}\left(\frac{2R}{R^2-L^2}\right) - \frac{\sigma R^2}{2L\varepsilon_0}\frac{2}{R} \\
&= \frac{\sigma R}{\varepsilon_0 2}\left[\frac{2(R^2-L^2)}{L(R^2-L^2)} - \frac{R}{L}\frac{2}{R}\right] = 0
\end{aligned}
$$

即一个均匀带电的导体球壳,球壳内任意一点的总电场强度为零,这是一个非常重要的结论,给以后相关问题的处理带来方便。

例1-4 如图1-7所示,一个半径为 R 的均匀带电的球体,单位体积的电量为 ρ,计算带电球体内任意一点的电场强度。

解 半径为 r 的球体,在其表面电场强度等于该球内所有电荷集中在球心处在球面产生的电场强度,即

$$
E_r = \frac{\frac{4}{3}\pi r^3 \rho}{4\pi\varepsilon_o r^2} = \frac{1}{3}\rho r
$$

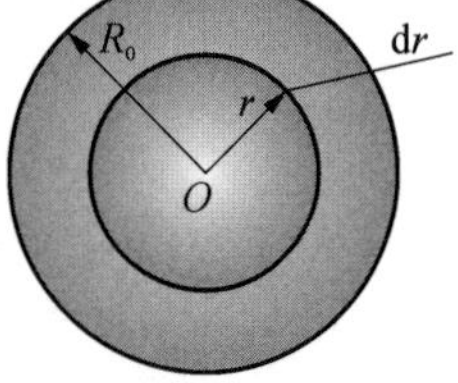

对于球体外产生的电场强度,有

$$
E = \frac{Q}{4\pi\varepsilon_0 r^2}
$$

图1-7

1.1.5 电通量

电通量这一概念将在1.4节中有详细的表述,这里先借用这一概念。根据点电荷电场强度的表达式,以点电荷为圆心、半径为 r 的球面 S 的表面积为 $4\pi r^2$,则

可以把电场强度理解为 S 球面上单位面积"占有"中心电荷的电荷量除以一个常量 ε_0。如果用电场线来表征电场强度矢量,则也可以把电场强度理解为垂直于电场线切线方向单位面积上通过的电场线数,取球面上微元面积为 $\mathrm{d}S$,则微元能"占有"的电量或者通过的电场线数为

$$\mathrm{d}\Phi = E\mathrm{d}S = \frac{q}{4\pi\varepsilon_0 r^2}\mathrm{d}S \tag{1-8}$$

按矢量式展开,有

$$\mathrm{d}\Phi = \boldsymbol{E} \cdot \mathrm{d}\boldsymbol{S} = (\boldsymbol{E}_x + \boldsymbol{E}_y + \boldsymbol{E}_z) \cdot (\mathrm{d}\boldsymbol{S}_x + \mathrm{d}\boldsymbol{S}_y + \mathrm{d}\boldsymbol{S}_z)$$
$$\Rightarrow \mathrm{d}\Phi = E_x\mathrm{d}S_x + E_y\mathrm{d}S_y + E_z\mathrm{d}S_z \tag{1-9}$$

$$\Rightarrow \begin{cases} \mathrm{d}\Phi_x = E_x\mathrm{d}S_x \\ \mathrm{d}\Phi_y = E_y\mathrm{d}S_y \\ \mathrm{d}\Phi_z = E_z\mathrm{d}S_z \end{cases} \tag{1-10}$$

$\mathrm{d}\Phi_x$、$\mathrm{d}\Phi_y$、$\mathrm{d}\Phi_z$ 在 1.4 节中定义为电通量,可以理解为 S 球面上 $\mathrm{d}S$ 微元"瓜分"中心电荷的电荷量除以 ε_0 或者是通过的电场线数。由于电量在不同的惯性参照系中是一个不变量,因此,在不同的惯性参照系中电通量也是不变量。

1.2 运动电荷与电场

静止电荷在空间产生的电场呈球形高度对称分布,运动电荷在空间产生的电场分布则不同。如果一个点电荷以速度 u 做匀速直线运动,把运动参照系放在运动点电荷上,运动参照系与电荷运动速度相同。在运动参照系中,电荷相对于参照系静止。当静止坐标系和运动坐标系的时刻都是 $t = t' = 0$,两个坐标系的原点重合,如图 1-8 所示。在运动坐标系中,电场强度表达式为

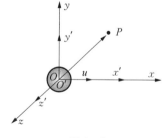

图 1-8

$$\boldsymbol{E}' = \frac{1}{4\pi\varepsilon_0} \frac{q}{r'^2} \boldsymbol{r}'_0 \tag{1-11}$$

式中,r' 是运动坐标系中距离电荷的矢径;$\boldsymbol{r}'_0$ 是运动坐标系中的单位矢量。运动坐标系中电场同样呈空间对称分布。

根据狭义相对论的洛伦兹变换,有

$$\begin{cases} x' = \dfrac{x-ut}{\sqrt{1-\dfrac{u^2}{c^2}}} \\ y' = y \\ z' = z \end{cases} \tag{1-12}$$

考虑到运动坐标系中任意一点的坐标变换到静止坐标系中,坐标必须保持静止坐标系中的同时性,也就是静止长度和运动长度的关系,式(1-12)可以转换为下列形式

$$\begin{cases} x = x'\sqrt{1-\dfrac{u^2}{c^2}} \\ y = y' \\ z = z' \end{cases} \tag{1-13}$$

对应的微分形式为

$$\mathrm{d}x = \mathrm{d}x'\sqrt{1-\frac{u^2}{c^2}}, \ \mathrm{d}y = \mathrm{d}y', \ \mathrm{d}z = \mathrm{d}z' \tag{1-14}$$

如果静止坐标系中某点电通量为 $\mathrm{d}\Phi_x$、$\mathrm{d}\Phi_y$ 和 $\mathrm{d}\Phi_z$,在匀速直线运动坐标系中,对应的电通量为 $\mathrm{d}\Phi'_x$、$\mathrm{d}\Phi'_y$ 和 $\mathrm{d}\Phi'_z$。在两个惯性参照系中,有

$$\begin{cases} \mathrm{d}\Phi'_{x'} = \mathrm{d}\Phi_x \\ \mathrm{d}\Phi'_{y'} = \mathrm{d}\Phi_y \\ \mathrm{d}\Phi'_{z'} = \mathrm{d}\Phi_z \end{cases} \tag{1-15}$$

根据式(1-10),有

$$\begin{cases} E'_x = \dfrac{\mathrm{d}\Phi'_{x'}}{\mathrm{d}S'_{x'}} = \dfrac{\mathrm{d}\Phi'_{x'}}{\mathrm{d}y'\mathrm{d}z'} \\ E'_y = \dfrac{\mathrm{d}\Phi'_{y'}}{\mathrm{d}S'_{y'}} = \dfrac{\mathrm{d}\Phi'_{y'}}{\mathrm{d}x'\mathrm{d}z'} \\ E'_z = \dfrac{\mathrm{d}\Phi'_{z'}}{\mathrm{d}S'_{z'}} = \dfrac{\mathrm{d}\Phi'_{z'}}{\mathrm{d}x'\mathrm{d}y'} \end{cases} \tag{1-16}$$

把式(1-14)和式(1-15)代入式(1-16)中,得

$$\begin{cases} E'_x = \dfrac{\mathrm{d}\Phi_x}{\mathrm{d}y'\mathrm{d}z'} = \dfrac{\mathrm{d}\Phi_x}{\mathrm{d}y\,\mathrm{d}z} = E_x \\[3mm] E'_y = \dfrac{\mathrm{d}\Phi_y}{\mathrm{d}x'\mathrm{d}z'} = \dfrac{\sqrt{1-\dfrac{u^2}{c^2}}\,\mathrm{d}\Phi_y}{\mathrm{d}x\,\mathrm{d}z} = \sqrt{1-\dfrac{u^2}{c^2}}\,E_y \\[3mm] E'_z = \dfrac{\mathrm{d}\Phi_z}{\mathrm{d}x'\mathrm{d}y'} = \dfrac{\sqrt{1-\dfrac{u^2}{c^2}}\,\mathrm{d}\Phi_z}{\mathrm{d}x\,\mathrm{d}y} = \sqrt{1-\dfrac{u^2}{c^2}}\,E_z \end{cases} \tag{1-17}$$

即两个惯性坐标系中电场强度之间的相互转换关系为

$$\begin{cases} E'_x = E_x \\[2mm] E'_y = \sqrt{1-\dfrac{u^2}{c^2}}\,E_y \\[2mm] E'_z = \sqrt{1-\dfrac{u^2}{c^2}}\,E_z \end{cases} \tag{1-18}$$

在图 1-8 中,点电荷相对于运动坐标系静止,它在运动坐标系中产生的电场强度为

$$E' = \frac{q}{4\pi\varepsilon_0 r'^2}$$

因为 $t = t' = 0$,有

$$\begin{cases} r'^2 = x'^2 + y'^2 + z'^2 \\ r^2 = x^2 + y^2 + z^2 \end{cases} \tag{1-19}$$

则运动坐标系中对应的电场分量式为

$$\begin{cases} E'_x = \dfrac{qx'}{4\pi\varepsilon_0(x'^2+y'^2+z'^2)^{\frac{3}{2}}} \\[3mm] E'_y = \dfrac{qy'}{4\pi\varepsilon_0(x'^2+y'^2+z'^2)^{\frac{3}{2}}} \\[3mm] E'_z = \dfrac{qz'}{4\pi\varepsilon_0(x'^2+y'^2+z'^2)^{\frac{3}{2}}} \end{cases} \tag{1-20}$$

将式(1-13)、式(1-18)和式(1-19)代入式(1-20),得

$$\begin{cases} E_x = \dfrac{qx}{4\pi\varepsilon_0\sqrt{1-\dfrac{u^2}{c^2}}}\dfrac{1}{\left(\dfrac{x^2}{1-\dfrac{u^2}{c^2}}+y^2+z^2\right)^{\frac{3}{2}}} = \dfrac{qx\left(1-\dfrac{u^2}{c^2}\right)}{4\pi\varepsilon_0 r^3\left[1-\dfrac{u^2}{c^2}\dfrac{(y^2+z^2)}{r^2}\right]^{\frac{3}{2}}} \\[4em] E_y = \dfrac{qy}{4\pi\varepsilon_0\sqrt{1-\dfrac{u^2}{c^2}}}\dfrac{1}{\left(\dfrac{x^2}{1-\dfrac{u^2}{c^2}}+y^2+z^2\right)^{\frac{3}{2}}} = \dfrac{qy\left(1-\dfrac{u^2}{c^2}\right)}{4\pi\varepsilon_0 r^3\left[1-\dfrac{u^2}{c^2}\dfrac{(y^2+z^2)}{r^2}\right]^{\frac{3}{2}}} \\[4em] E_z = \dfrac{qz}{4\pi\varepsilon_0\sqrt{1-\dfrac{u^2}{c^2}}}\dfrac{1}{\left(\dfrac{x^2}{1-\dfrac{u^2}{c^2}}+y^2+z^2\right)^{\frac{3}{2}}} = \dfrac{qz\left(1-\dfrac{u^2}{c^2}\right)}{4\pi\varepsilon_0 r^3\left[1-\dfrac{u^2}{c^2}\dfrac{(y^2+z^2)}{r^2}\right]^{\frac{3}{2}}} \end{cases}$$

$$(1-21)$$

在静止坐标系中，运动点电荷产生的总电场为

$$E^2 = (E_x)^2 + (E_y)^2 + (E_z)^2$$

$$= \left\{\dfrac{qx\left(1-\dfrac{u^2}{c^2}\right)}{4\pi\varepsilon_0 r^3\left[1-\dfrac{u^2}{c^2}\dfrac{(y^2+z^2)}{r^2}\right]^{\frac{3}{2}}}\right\}^2 + \left\{\dfrac{qy\left(1-\dfrac{u^2}{c^2}\right)}{4\pi\varepsilon_0 r^3\left[1-\dfrac{u^2}{c^2}\dfrac{(y^2+z^2)}{r^2}\right]^{\frac{3}{2}}}\right\}^2 +$$

$$\left\{\dfrac{qz\left(1-\dfrac{u^2}{c^2}\right)}{4\pi\varepsilon_0 r^3\left[1-\dfrac{u^2}{c^2}\dfrac{(y^2+z^2)}{r^2}\right]^{\frac{3}{2}}}\right\}^2$$

提出相同项，得

$$E^2 = \left\{\dfrac{q\left(1-\dfrac{u^2}{c^2}\right)}{4\pi\varepsilon_0 r^3\left[1-\dfrac{u^2}{c^2}\dfrac{(y^2+z^2)}{r^2}\right]^{\frac{3}{2}}}\right\}^2 (x^2+y^2+z^2)$$

由于 $r^2 = x^2 + y^2 + z^2$，上式两边开平方，得

$$E = \frac{q\left(1 - \dfrac{u^2}{c^2}\right)}{4\pi\varepsilon_0 r^2 \left[1 - \dfrac{u^2}{c^2} \dfrac{(y^2 + z^2)}{r^2}\right]^{\frac{3}{2}}} \qquad (1-22)$$

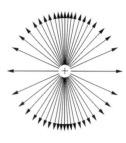

从式(1-22)中可以看出,对于一个运动的点电荷,空间分布的电场相对于水平轴对称,但不是球形对称(见图1-9),这与静电荷的电场分布明显不同。

图 1-9

1.3　两种电场的性质

1.3.1　静止电荷产生电场的特性

为了研究两种不同电场的性质,引入算子,即

$$\mathbf{\nabla} = \frac{\partial}{\partial x}\boldsymbol{i} + \frac{\partial}{\partial y}\boldsymbol{j} + \frac{\partial}{\partial z}\boldsymbol{k}$$

算子中,$\boldsymbol{i}$、$\boldsymbol{j}$、$\boldsymbol{k}$ 分别是三个方向上的单位矢量,$\mathbf{\nabla}$ 可以看成一个算符。算符的物理意义是一个符号作用在一个物理量上等于一个新的物理量。把算符作用在静电场和运动电荷的电场上,其结果是不同的。

1. 静电场的散度

对于静止电荷产生的电场,其对应的散度定义为

$$\mathbf{\nabla} \cdot \boldsymbol{E} = \left(\frac{\partial}{\partial x}\boldsymbol{i} + \frac{\partial}{\partial y}\boldsymbol{j} + \frac{\partial}{\partial z}\boldsymbol{k}\right) \cdot (\boldsymbol{E}_x + \boldsymbol{E}_y + \boldsymbol{E}_z) = \frac{\partial E_x}{\partial x} + \frac{\partial E_y}{\partial y} + \frac{\partial E_z}{\partial z} \quad (1-23)$$

对于单个电荷在真空中产生的电场强度,利用对应的分量式得

$$\mathbf{\nabla} \cdot \boldsymbol{E} = \frac{\partial}{\partial x}\left(\frac{qx}{4\pi\varepsilon_0 r^3}\right) + \frac{\partial}{\partial y}\left(\frac{qy}{4\pi\varepsilon_0 r^3}\right) + \frac{\partial}{\partial z}\left(\frac{qy}{4\pi\varepsilon_0 r^3}\right) \qquad (1-24)$$

上式各项的偏导数为

$$\begin{cases} \dfrac{\partial}{\partial x}\left[\dfrac{qx}{4\pi\varepsilon_0 (x^2+y^2+z^2)^{\frac{3}{2}}}\right] = \left[\dfrac{q}{4\pi\varepsilon_0 (x^2+y^2+z^2)^{\frac{3}{2}}} - \dfrac{3}{2}\dfrac{2x^2 q}{4\pi\varepsilon_0 (x^2+y^2+z^2)^{\frac{5}{2}}}\right] \\[4mm] \dfrac{\partial}{\partial y}\left[\dfrac{qy}{4\pi\varepsilon_0 (x^2+y^2+z^2)^{\frac{3}{2}}}\right] = \left[\dfrac{q}{4\pi\varepsilon_0 (x^2+y^2+z^2)^{\frac{3}{2}}} - \dfrac{3}{2}\dfrac{2y^2 q}{4\pi\varepsilon_0 (x^2+y^2+z^2)^{\frac{5}{2}}}\right] \\[4mm] \dfrac{\partial}{\partial z}\left[\dfrac{qz}{4\pi\varepsilon_0 (x^2+y^2+z^2)^{\frac{3}{2}}}\right] = \left[\dfrac{q}{4\pi\varepsilon_0 (x^2+y^2+z^2)^{\frac{3}{2}}} - \dfrac{3}{2}\dfrac{2z^2 q}{4\pi\varepsilon_0 (x^2+y^2+z^2)^{\frac{5}{2}}}\right] \end{cases}$$

把上式各项代入式(1-24)后合并同类项,得

$$\nabla \cdot \boldsymbol{E} = \frac{3q}{4\pi\varepsilon_0(x^2+y^2+z^2)^{\frac{3}{2}}} - \frac{3q}{4\pi\varepsilon_0(x^2+y^2+z^2)^{\frac{5}{2}}} = 0 \quad (1-25)$$

即在真空中,点电荷产生的静电场的散度为 0,说明电场强度在真空中是连续分布的。

2. 静电场的旋度

对静电场取旋度,按行列式展开,得

$$\nabla \times \boldsymbol{E} = \left(\frac{\partial}{\partial x}\boldsymbol{i} + \frac{\partial}{\partial y}\boldsymbol{j} + \frac{\partial}{\partial z}\boldsymbol{k}\right) \times (\boldsymbol{E}_x + \boldsymbol{E}_y + \boldsymbol{E}_z) = \begin{vmatrix} \boldsymbol{i} & \boldsymbol{j} & \boldsymbol{k} \\ \dfrac{\partial}{\partial x} & \dfrac{\partial}{\partial y} & \dfrac{\partial}{\partial z} \\ E_x & E_y & E_z \end{vmatrix}$$

$$(1-26)$$

将静电场的分量式代入式(1-26),得

$$\nabla \times \boldsymbol{E} = \begin{vmatrix} \boldsymbol{i} & \boldsymbol{j} & \boldsymbol{k} \\ \dfrac{\partial}{\partial x} & \dfrac{\partial}{\partial y} & \dfrac{\partial}{\partial z} \\ \dfrac{q}{4\pi\varepsilon_0 r^2}\dfrac{x}{r} & \dfrac{q}{4\pi\varepsilon_0 r^2}\dfrac{y}{r} & \dfrac{q}{4\pi\varepsilon_0 r^2}\dfrac{z}{r} \end{vmatrix} \quad (1-27)$$

将式(1-27)展开,得

$$\nabla \times \boldsymbol{E} = \left[\frac{\partial}{\partial y}\left(\frac{q}{4\pi\varepsilon_0 r^2}\frac{z}{r}\right) - \frac{\partial}{\partial z}\left(\frac{q}{4\pi\varepsilon_0 r^2}\frac{y}{r}\right)\right]\boldsymbol{i} +$$

$$\left[\frac{\partial}{\partial z}\left(\frac{q}{4\pi\varepsilon_0 r^2}\frac{x}{r}\right) - \frac{\partial}{\partial x}\left(\frac{q}{4\pi\varepsilon_0 r^2}\frac{z}{r}\right)\right]\boldsymbol{j} + \quad (1-28)$$

$$\left[\frac{\partial}{\partial x}\left(\frac{q}{4\pi\varepsilon_0 r^2}\frac{y}{r}\right) - \frac{\partial}{\partial y}\left(\frac{q}{4\pi\varepsilon_0 r^2}\frac{x}{r}\right)\right]\boldsymbol{k}$$

将式(1-28)中各项求偏导数,得

$$\begin{cases} \dfrac{\partial}{\partial y}\left[\dfrac{qz}{4\pi\varepsilon_0(x^2+y^2+z^2)^{\frac{3}{2}}}\right] = -\dfrac{3}{2}\dfrac{2qyz}{4\pi\varepsilon_0(x^2+y^2+z^2)^{\frac{5}{2}}} \\[4mm] \dfrac{\partial}{\partial z}\left[\dfrac{qy}{4\pi\varepsilon_0(x^2+y^2+z^2)^{\frac{3}{2}}}\right] = -\dfrac{3}{2}\dfrac{2qyz}{4\pi\varepsilon_0(x^2+y^2+z^2)^{\frac{5}{2}}} \end{cases}$$

$$\begin{cases} \dfrac{\partial}{\partial z}\left[\dfrac{qx}{4\pi\varepsilon_0(x^2+y^2+z^2)^{\frac{3}{2}}}\right]=-\dfrac{3}{2}\dfrac{2qxz}{4\pi\varepsilon_0(x^2+y^2+z^2)^{\frac{5}{2}}} \\[4mm] \dfrac{\partial}{\partial x}\left[\dfrac{qz}{4\pi\varepsilon_0(x^2+y^2+z^2)^{\frac{3}{2}}}\right]=-\dfrac{3}{2}\dfrac{2qxz}{4\pi\varepsilon_0(x^2+y^2+z^2)^{\frac{5}{2}}} \end{cases}$$

$$\begin{cases} \dfrac{\partial}{\partial x}\left[\dfrac{qy}{4\pi\varepsilon_0(x^2+y^2+z^2)^{\frac{3}{2}}}\right]=-\dfrac{3}{2}\dfrac{2qxy}{4\pi\varepsilon_0(x^2+y^2+z^2)^{\frac{5}{2}}} \\[4mm] \dfrac{\partial}{\partial y}\left[\dfrac{qx}{4\pi\varepsilon_0(x^2+y^2+z^2)^{\frac{3}{2}}}\right]=-\dfrac{3}{2}\dfrac{2qxy}{4\pi\varepsilon_0(x^2+y^2+z^2)^{\frac{5}{2}}} \end{cases}$$

将上式各偏导数代入式(1-28)后合并同类项,然后化简,得

$$\boldsymbol{\nabla}\times\boldsymbol{E}=0 \tag{1-29}$$

即静止电荷产生电场的旋度为 0,说明静止电荷的电场不会衍射出新的物理场。

1.3.2　运动电荷产生电场的特性

1. 运动电荷产生电场的散度

对于点电荷在真空产生电场的散度,将运动电荷产生电场强度的分量式代入电场散度的表达式中,得

$$\begin{aligned} \boldsymbol{\nabla}\cdot\boldsymbol{E}&=\frac{\partial E_x}{\partial x}+\frac{\partial E_y}{\partial y}+\frac{\partial E_z}{\partial z} \\[2mm] &=\frac{\partial}{\partial x}\left\{\frac{xq\left(1-\dfrac{u^2}{c^2}\right)}{4\pi\varepsilon_0 r^3\left[1-\dfrac{u^2}{c^2}\dfrac{(y^2+z^2)}{r^2}\right]^{\frac{3}{2}}}\right\}+\frac{\partial}{\partial y}\left\{\frac{yq\left(1-\dfrac{u^2}{c^2}\right)}{4\pi\varepsilon_0 r^3\left[1-\dfrac{u^2}{c^2}\dfrac{(y^2+z^2)}{r^2}\right]^{\frac{3}{2}}}\right\}+ \\[2mm] &\quad\frac{\partial}{\partial z}\left\{\frac{zq\left(1-\dfrac{u^2}{c^2}\right)}{4\pi\varepsilon_0 r^3\left[1-\dfrac{u^2}{c^2}\dfrac{(y^2+z^2)}{r^2}\right]^{\frac{3}{2}}}\right\} \end{aligned} \tag{1-30}$$

式(1-30)中三项的偏导数分别为

$$
\begin{cases}
\dfrac{\partial}{\partial x}\left\{\dfrac{xq\left(1-\dfrac{u^2}{c^2}\right)}{4\pi\varepsilon_0\left[(x^2+y^2+z^2)-\dfrac{u^2}{c^2}(y^2+z^2)\right]^{\frac{3}{2}}}\right\} \\[4mm]
=\left\{\dfrac{q\left(1-\dfrac{u^2}{c^2}\right)}{4\pi\varepsilon_0\left[(x^2+y^2+z^2)-\dfrac{u^2}{c^2}(y^2+z^2)\right]^{\frac{3}{2}}}-\dfrac{3}{2}\dfrac{2x^2q\left(1-\dfrac{u^2}{c^2}\right)}{4\pi\varepsilon_0\left[(x^2+y^2+z^2)-\dfrac{u^2}{c^2}(y^2+z^2)\right]^{\frac{5}{2}}}\right\} \\[4mm]
\dfrac{\partial}{\partial y}\left\{\dfrac{yq\left(1-\dfrac{u^2}{c^2}\right)}{4\pi\varepsilon_0\left[(x^2+y^2+z^2)-\dfrac{u^2}{c^2}(y^2+z^2)\right]^{\frac{3}{2}}}\right\} \\[4mm]
=\left\{\dfrac{q\left(1-\dfrac{u^2}{c^2}\right)}{4\pi\varepsilon_0\left[(x^2+y^2+z^2)-\dfrac{u^2}{c^2}(y^2+z^2)\right]^{\frac{3}{2}}}-\dfrac{3}{2}\dfrac{2y^2q\left(1-\dfrac{u^2}{c^2}\right)^2}{4\pi\varepsilon_0\left[(x^2+y^2+z^2)-\dfrac{u^2}{c^2}(y^2+z^2)\right]^{\frac{5}{2}}}+\right. \\[4mm]
\dfrac{\partial}{\partial z}\left\{\dfrac{zq\left(1-\dfrac{u^2}{c^2}\right)}{4\pi\varepsilon_0\left[(x^2+y^2+z^2)-\dfrac{u^2}{c^2}(y^2+z^2)\right]^{\frac{3}{2}}}\right\} \\[4mm]
=\left\{\dfrac{q\left(1-\dfrac{u^2}{c^2}\right)}{4\pi\varepsilon_0\left[(x^2+y^2+z^2)-\dfrac{u^2}{c^2}(y^2+z^2)\right]^{\frac{3}{2}}}-\dfrac{3}{2}\dfrac{2z^2q\left(1-\dfrac{u^2}{c^2}\right)^2}{4\pi\varepsilon_0\left[(x^2+y^2+z^2)-\dfrac{u^2}{c^2}(y^2+z^2)\right]^{\frac{5}{2}}}\right\}
\end{cases}
$$

把上述三项偏导数代入式(1-30)中,得

$$
\boldsymbol{\nabla}\cdot\boldsymbol{E}=\dfrac{3q\left(1-\dfrac{u^2}{c^2}\right)}{4\pi\varepsilon_0\left[(x^2+y^2+z^2)-\dfrac{u^2}{c^2}(y^2+z^2)\right]^{\frac{3}{2}}}-
$$

$$
\dfrac{3}{2}\dfrac{2x^2q\left(1-\dfrac{u^2}{c^2}\right)+2y^2q\left(1-\dfrac{u^2}{c^2}\right)^2+2z^2q\left(1-\dfrac{u^2}{c^2}\right)^2}{4\pi\varepsilon_0\left[(x^2+y^2+z^2)-\dfrac{u^2}{c^2}(y^2+z^2)\right]^{\frac{5}{2}}}
$$

$$= \frac{3q\left(1 - \dfrac{u^2}{c^2}\right)}{4\pi\varepsilon_0\left[(x^2 + y^2 + z^2) - \dfrac{u^2}{c^2}(y^2 + z^2)\right]^{\frac{3}{2}}} -$$

$$\frac{3}{2}\frac{2q\left(1 - \dfrac{u^2}{c^2}\right)\left[x^2 + (y^2 + z^2)\left(1 - \dfrac{u^2}{c^2}\right)\right]}{4\pi\varepsilon_0\left[(x^2 + y^2 + z^2) - \dfrac{u^2}{c^2}(y^2 + z^2)\right]^{\frac{5}{2}}}$$

将上式化简,得

$$\boldsymbol{\nabla \cdot E} = \frac{3q\left(1 - \dfrac{u^2}{c^2}\right)}{4\pi\varepsilon_0\left[(x^2 + y^2 + z^2) - \dfrac{u^2}{c^2}(y^2 + z^2)\right]^{\frac{3}{2}}} -$$

$$\frac{3q\left(1 - \dfrac{u^2}{c^2}\right)}{4\pi\varepsilon_0\left[(x^2 + y^2 + z^2) - \dfrac{u^2}{c^2}(y^2 + z^2)\right]^{\frac{3}{2}}} = 0$$

即运动电荷在真空中产生的电场,其散度仍然为 0。

2. 运动电荷产生电场的旋度

运动电荷产生电场的旋度为

$$\boldsymbol{\nabla \times E} = \begin{vmatrix} \boldsymbol{i} & \boldsymbol{j} & \boldsymbol{k} \\ \dfrac{\partial}{\partial x} & \dfrac{\partial}{\partial y} & \dfrac{\partial}{\partial z} \\ \dfrac{qx}{4\pi\varepsilon_0 r^3}\dfrac{\left(1 - \dfrac{u^2}{c^2}\right)}{\left(1 - \dfrac{(z^2 + y^2)u^2}{r^2 c^2}\right)^{\frac{3}{2}}} & \dfrac{yq\left(1 - \dfrac{u^2}{c^2}\right)}{4\pi\varepsilon_0 r^3\left[1 - \dfrac{u^2}{c^2}\dfrac{(y^2 + z^2)}{r^2}\right]^{\frac{3}{2}}} & \dfrac{qz}{4\pi\varepsilon_0 r^3}\dfrac{\left(1 - \dfrac{u^2}{c^2}\right)}{\left(1 - \dfrac{(z^2 + y^2)u^2}{r^2 c^2}\right)^{\frac{3}{2}}} \end{vmatrix}$$

将行列式展开,得

$$\boldsymbol{\nabla \times E} = \left[\dfrac{\partial}{\partial y}\dfrac{qz}{4\pi\varepsilon_0 r^3}\dfrac{\left(1 - \dfrac{u^2}{c^2}\right)}{\left(1 - \dfrac{(z^2 + y^2)u^2}{r^2 c^2}\right)^{\frac{3}{2}}} - \dfrac{\partial}{\partial z}\dfrac{yq\left(1 - \dfrac{u^2}{c^2}\right)}{4\pi\varepsilon_0 r^3\left[1 - \dfrac{u^2}{c^2}\dfrac{(y^2 + z^2)}{r^2}\right]^{\frac{3}{2}}}\right]\boldsymbol{i} +$$

$$\left[\frac{\partial}{\partial z}\frac{qx}{4\pi\varepsilon_0 r^3}\frac{\left(1-\dfrac{u^2}{c^2}\right)}{\left(1-\dfrac{(z^2+y^2)u^2}{r^2c^2}\right)^{\frac{3}{2}}}-\frac{\partial}{\partial x}\frac{qz}{4\pi\varepsilon_0 r^3}\frac{\left(1-\dfrac{u^2}{c^2}\right)}{\left(1-\dfrac{(z^2+y^2)u^2}{r^2c^2}\right)^{\frac{3}{2}}}\right]\boldsymbol{j}+$$

$$\left[\frac{\partial}{\partial x}\frac{yq\left(1-\dfrac{u^2}{c^2}\right)}{4\pi\varepsilon_0 r^3\left[1-\dfrac{u^2}{c^2}\dfrac{(y^2+z^2)}{r^2}\right]^{\frac{3}{2}}}-\frac{\partial}{\partial y}\frac{qx}{4\pi\varepsilon_0 r^3}\frac{\left(1-\dfrac{u^2}{c^2}\right)}{\left(1-\dfrac{(z^2+y^2)u^2}{r^2c^2}\right)^{\frac{3}{2}}}\right]\boldsymbol{k}$$

$$(1-31)$$

分别对式(1-31)中的各项求偏导数,得

$$\begin{cases}\dfrac{\partial}{\partial y}\dfrac{q}{4\pi\varepsilon_0}\dfrac{z\left(1-\dfrac{u^2}{c^2}\right)}{\left[(x^2+y^2+z^2)-(z^2+y^2)\dfrac{u^2}{c^2}\right]^{\frac{3}{2}}}=-\dfrac{3}{2}\dfrac{q}{4\pi\varepsilon_0}\dfrac{2yz\left(1-\dfrac{u^2}{c^2}\right)^2}{\left[(x^2+y^2+z^2)-(z^2+y^2)\dfrac{u^2}{c^2}\right]^{\frac{5}{2}}}\\[4mm]\dfrac{\partial}{\partial z}\dfrac{yq\left(1-\dfrac{u^2}{c^2}\right)}{4\pi\varepsilon_0\left[(x^2+y^2+z^2)-(z^2+y^2)\dfrac{u^2}{c^2}\right]^{\frac{3}{2}}}=-\dfrac{3}{2}\dfrac{q}{4\pi\varepsilon_0}\dfrac{2yz\left(1-\dfrac{u^2}{c^2}\right)^2}{\left[(x^2+y^2+z^2)-(z^2+y^2)\dfrac{u^2}{c^2}\right]^{\frac{5}{2}}}\end{cases}$$

$$\begin{cases}\dfrac{\partial}{\partial z}\dfrac{qx\left(1-\dfrac{u^2}{c^2}\right)}{4\pi\varepsilon_0\left[(x^2+y^2+z^2)-(z^2+y^2)\dfrac{u^2}{c^2}\right]^{\frac{3}{2}}}=-\dfrac{3}{2}\dfrac{q}{4\pi\varepsilon_0}\dfrac{2xz\left(1-\dfrac{u^2}{c^2}\right)^2}{\left[(x^2+y^2+z^2)-(z^2+y^2)\dfrac{u^2}{c^2}\right]^{\frac{5}{2}}}\\[4mm]\dfrac{\partial}{\partial x}\dfrac{qz\left(1-\dfrac{u^2}{c^2}\right)}{4\pi\varepsilon_0\left[(x^2+y^2+z^2)-(z^2+y^2)\dfrac{u^2}{c^2}\right]^{\frac{3}{2}}}=-\dfrac{3}{2}\dfrac{q}{4\pi\varepsilon_0}\dfrac{2xz\left(1-\dfrac{u^2}{c^2}\right)}{\left[(x^2+y^2+z^2)-(z^2+y^2)\dfrac{u^2}{c^2}\right]^{\frac{5}{2}}}\end{cases}$$

$$\begin{cases}\dfrac{\partial}{\partial x}\dfrac{yq\left(1-\dfrac{u^2}{c^2}\right)}{4\pi\varepsilon_0\left[(x^2+y^2+z^2)-\dfrac{u^2}{c^2}(y^2+z^2)\right]^{\frac{3}{2}}}=-\dfrac{3}{2}\dfrac{2xyq\left(1-\dfrac{u^2}{c^2}\right)}{4\pi\varepsilon_0\left[(x^2+y^2+z^2)-\dfrac{u^2}{c^2}(y^2+z^2)\right]^{\frac{5}{2}}}\\[4mm]\dfrac{\partial}{\partial y}\dfrac{qx\left(1-\dfrac{u^2}{c^2}\right)}{4\pi\varepsilon_0\left[(x^2+y^2+z^2)-\dfrac{u^2}{c^2}(y^2+z^2)\right]^{\frac{3}{2}}}=-\dfrac{3}{2}\dfrac{2yxq\left(1-\dfrac{u^2}{c^2}\right)^2}{4\pi\varepsilon_0\left[(x^2+y^2+z^2)-\dfrac{u^2}{c^2}(y^2+z^2)\right]^{\frac{5}{2}}}\end{cases}$$

将上式各偏导数的结果代入式(1-31),得

$$\nabla \times \boldsymbol{E} = \frac{3q}{4\pi\varepsilon_0} \left\{ \frac{xz\left(1-\dfrac{u^2}{c^2}\right)}{\left[(x^2+y^2+z^2)-(z^2+y^2)\dfrac{u^2}{c^2}\right]^{\frac{5}{2}}} \right\} \frac{u^2}{c^2} \boldsymbol{j} -$$

$$\frac{3q}{4\pi\varepsilon_0} \left\{ \frac{xy\left(1-\dfrac{u^2}{c^2}\right)}{\left[(x^2+y^2+z^2)-(z^2+y^2)\dfrac{u^2}{c^2}\right]^{\frac{5}{2}}} \right\} \frac{u^2}{c^2} \boldsymbol{k}$$

显然,运动电荷产生的电场的旋度

$$\nabla \times \boldsymbol{E} \neq 0 \tag{1-32}$$

运动电荷产生的电场的旋度不为零,意味着运动电荷除了产生电场外还会产生其他物理场。

1.4　静电场的高斯定理

1.4.1　电场线与电通量

1. 电场线的概念

为了形象地描述电场分布,通常引入电场线的概念。在电场中作出许多曲线,使这些曲线上每一点的切线方向与该点场强方向一致,垂直于切线方向上单位面积通过的电场线数等于该点的电场强度,如图 1-10 所示。对于正点电荷,我们得到许多条以点电荷为中心、向外辐射的直线;对于负点电荷,我们得到许多条以点电荷为中心、向内辐射的直线,如图 1-11(a)和(b)所示。对于相距不远的正负点电荷,每个正电荷 q 发出的电场线终止于负电荷 $-q$,如图 1-11(c)所示。两根电场线不会相交,否则,在交点场强就有两个不同的方向,这是不可能的,除非该点场强为零。如果在带电体系中有等量的正、负电荷,若正电荷多于负电荷(或根本没有负电荷),则从正电荷发出的多余的电场线只能延伸到无穷远;反之,若负电荷多于正电荷,则终止于负电荷上多余的电场线只能来自无穷远。

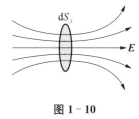

图 1-10

空间中的电场线告诉我们:电场线疏的地方场强小,电场线密的地方场强大。

电场强度等于单位面积上通过的电场线数: $E = \dfrac{\mathrm{d}N}{\mathrm{d}S}$。

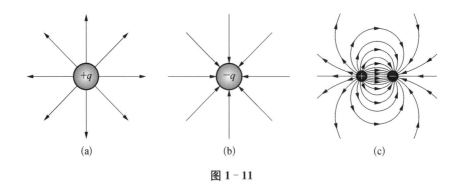

图 1-11

2. 电通量的概念以及用途

如图 1-12 所示,在一个面积为 dS 的微元上通过的电场线数定义为电通量,即 $\mathrm{d}\Phi = \boldsymbol{E} \cdot \mathrm{d}\boldsymbol{S}$,这样,通过任意曲面上总的电场线数量为

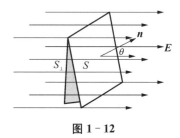

图 1-12

$$\Phi = \iint\limits_{(S)} \boldsymbol{E} \cdot \mathrm{d}\boldsymbol{S} = \iint\limits_{(S)} E\cos\theta\,\mathrm{d}S$$

一个曲面有正反两面,与此对应,它的法向矢量也有正反两种取法。正和反本是相对的,对于单个面元或封闭的曲面,法向矢量的正向朝哪一面选取是无关紧要的。但封闭曲面则把整个空间划分成内外两部分,其法线矢量正方向的两种取向就有了特定的含义:将指向曲面外部空间的称为外法向矢量,并且约定,对于封闭曲面,总是取它的外法向矢量为正。在电场线穿出曲面的地方,$\theta < \dfrac{\pi}{2}$,$\cos\theta > 0$ 时,电通量 $\mathrm{d}\Phi$ 为正;在电场线进入曲面的地方,$\theta > \dfrac{\pi}{2}$,$\cos\theta < 0$ 时,电通量 $\mathrm{d}\Phi$ 为负。通过任意封闭曲面上的电通量为

$$\Phi = \iint\limits_{S} \boldsymbol{E} \cdot \mathrm{d}\boldsymbol{S} \tag{1-33}$$

1.4.2　高斯定律

K. F. 高斯(K. F. Gauss)是德国物理学家和数学家,他在理论物理、实验物理以及数学方面均有杰出的贡献。他导出的高斯定理表述了电场中通过任一闭合曲面的电通量与该曲面所包围的源电荷之间的定量关系,是静电场的一条基本定理,也是电磁场理论的基本规律之一。

基本推导如下。如图 1-13 所示,如 N 个正点电荷构成的系统,在它的外围

作一个封闭的曲面 S。对于单个点电荷产生的电场线，式(1-25)证明了点电荷产生的电场线在真空中是连续的。因此，对于电荷 q_1 在 S 面上产生的电场通量等于该电荷周围小球面上 S_1 的电场通量，有

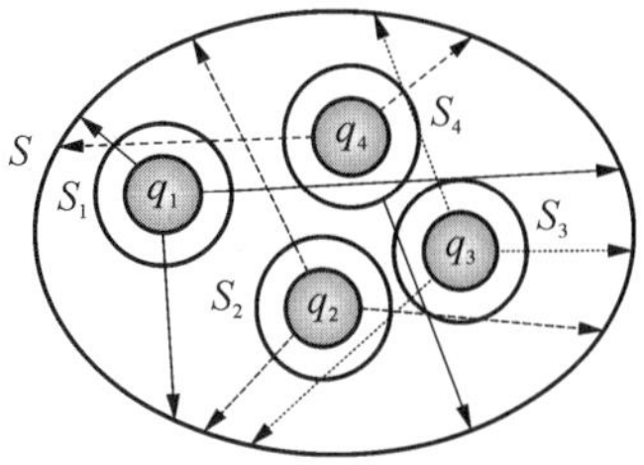

图 1-13

$$\boldsymbol{\Phi}_1 = \iint\limits_{S_1} \boldsymbol{E}_1 \cdot \mathrm{d}\boldsymbol{S} = \iint\limits_{S} \boldsymbol{E}'_1 \cdot \mathrm{d}\boldsymbol{S} = \frac{q_1}{\varepsilon_0}$$

同样的道理，每个点电荷 q_i 在 S 面上产生的电场通量都等于 S_i 面通过的电场通量

$$\begin{cases} \boldsymbol{\Phi}_2 = \oiint\limits_{S_2} \boldsymbol{E}_2 \cdot \mathrm{d}\boldsymbol{S} = \oiint\limits_{S} \boldsymbol{E}'_2 \cdot \mathrm{d}\boldsymbol{S} = \frac{q_2}{\varepsilon_0} \\[2ex] \boldsymbol{\Phi}_3 = \oiint\limits_{S_3} \boldsymbol{E}_3 \cdot \mathrm{d}\boldsymbol{S} = \oiint\limits_{S} \boldsymbol{E}'_3 \cdot \mathrm{d}\boldsymbol{S} = \frac{q_3}{\varepsilon_0} \\[2ex] \boldsymbol{\Phi}_4 = \oiint\limits_{S_4} \boldsymbol{E}_4 \cdot \mathrm{d}\boldsymbol{S} = \oiint\limits_{S} \boldsymbol{E}'_4 \cdot \mathrm{d}\boldsymbol{S} = \frac{q_4}{\varepsilon_0} \\[2ex] \cdots \\[1ex] \boldsymbol{\Phi}_N = \oiint\limits_{S_N} \boldsymbol{E}_N \cdot \mathrm{d}\boldsymbol{S} = \oiint\limits_{S} \boldsymbol{E}'_N \cdot \mathrm{d}\boldsymbol{S} = \frac{q_N}{\varepsilon_0} \end{cases}$$

将它们全部叠加后，得

$$\boldsymbol{\Phi} = \sum_1^N \boldsymbol{\Phi}_i = \sum_1^N \oiint\limits_{S_i} \boldsymbol{E}_i \cdot \mathrm{d}\boldsymbol{S} = \sum_1^N \oiint\limits_{S} \boldsymbol{E}'_i \cdot \mathrm{d}\boldsymbol{S} = \frac{\sum q_i}{\varepsilon_0} = \frac{Q}{\varepsilon_0}$$

总的电场通量 $\boldsymbol{\Phi}$ 也等于 S 面上总电场的曲面积分，如果封闭曲面 S 上总电场强度为 $\boldsymbol{E}$，则

$$\boldsymbol{\Phi} = \oiint\limits_{S} \boldsymbol{E} \cdot \mathrm{d}\boldsymbol{S} = \frac{\sum q_i}{\varepsilon_0} = \frac{Q}{\varepsilon_0} \qquad (1-34)$$

式(1-34)就是高斯定理的数学表达式，其表述如下：通过一个任意封闭曲面 S 的电通量 $\boldsymbol{\Phi}$ 等于该面所包围的所有电量的代数和 $\sum q$ 除以 ε_0，与封闭面外的电荷无关。这封闭曲面 S 习惯上称为高斯面，E 是带电体系中所有电荷（无论是高斯面内或高斯面外）产生的总场强，而 $\sum q$ 只是对高斯面内的电荷求和，高斯面外的电荷对总电通量 $\boldsymbol{\Phi}$ 没有贡献，对总场强 E 有贡献。

不连续分布源电荷：
$$\int_S \boldsymbol{E} \cdot \mathrm{d}\boldsymbol{S} = \frac{1}{\varepsilon_0} \sum_i q_i$$

连续分布源电荷：
$$\oint_S \boldsymbol{E} \cdot \mathrm{d}\boldsymbol{S} = \frac{1}{\varepsilon_0} \iiint_V \rho \, \mathrm{d}V$$

根据斯托克斯公式

$$\boldsymbol{\Phi} = \oiint \boldsymbol{E} \cdot \mathrm{d}\boldsymbol{S} = \iiint_V (\boldsymbol{\nabla} \cdot \boldsymbol{E}) \mathrm{d}V = \frac{Q}{\varepsilon_0}$$

由于 $\mathrm{d}V$ 是体积，则

$$\boldsymbol{\nabla} \cdot \boldsymbol{E} = \frac{\rho}{\varepsilon_0} \qquad (1-35)$$

它的物理意义是电场强度的散度等于该点的电荷密度。如果在真空中，则

$$\boldsymbol{\nabla} \cdot \boldsymbol{E} = 0$$

1.4.3　高斯定律的应用举例

例 1-5　如图 1-14(a)所示，利用高斯定理计算均匀带电球壳内外的电场强度分布，球壳总电量为 Q，半径为 R。

解　作一高斯的球面，如图 1-14(a)中所示的点线，则根据高斯定理，有

$$\boldsymbol{\Phi} = \oiint_S \boldsymbol{E} \cdot \mathrm{d}\boldsymbol{S}$$

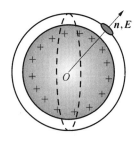

图 1-14(a)

因为场强与高斯面垂直向外，与曲面的外法线矢量方向一致，有

$$\boldsymbol{\Phi} = \oiint_S \boldsymbol{E} \cdot \mathrm{d}\boldsymbol{S} = \oiint_S E \mathrm{d}S = \frac{Q}{\varepsilon_0}$$

在球壳外 $r > R$，有

$$\oiint_S E \mathrm{d}S = E \oiint_S \mathrm{d}S = \frac{Q}{\varepsilon_0}$$

$$\Rightarrow E 4\pi R^2 = \frac{Q}{\varepsilon_0}$$

$$\Rightarrow E = \frac{Q}{4\varepsilon_0 \pi R^2}$$

在球壳内作高斯球面,如图 1-14(b)所示,在球壳内以球心为原点、半径为 r 的球面上的每一点都对应相同的带电环境,则可以定性判断,有

$$\boldsymbol{\Phi} = \oiint_S E \,\mathrm{d}S = 0$$

$$4\pi r^2 E = 0$$

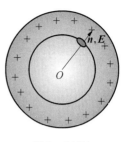

图 1-14(b)

从而有 $E = 0$,即可得电荷均匀分布的带电球壳,内电场为 0。

例 1-6　如图 1-15 所示,一个无限大的均匀带电的薄平面,平面单位面积带电量为 σ,计算距离带电平面为 r 的地方电场强度。

解　在图 1-15 中,作一个垂直于平面的高斯圆柱面,有

$$\boldsymbol{\Phi} = \oiint_S \boldsymbol{E} \cdot \mathrm{d}\boldsymbol{S} = \oiint_S E \,\mathrm{d}S = \frac{Q}{\varepsilon_0}$$

由于圆柱侧面电通量为 0,圆柱两个底面有电通量,即有

$$2SE = \frac{S\sigma}{\varepsilon_0}$$

$$E = \frac{\sigma}{2\varepsilon_0}$$

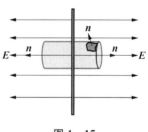

图 1-15

无限大带电平板在周围产生的电场具有以下特征:① 场分布有平移不变性; ② 场分布有反演不变性;③ 电场强度沿垂直于平板的方向。

特别指出的是,任意的带电曲面,在表面附近用例 1-6 的方法,同样可以计算该表面某一点附近的电场强度,其值为 $E = \dfrac{\sigma}{2\varepsilon_0}$,其中 σ 是该点处单位面积的带电量。

例 1-7　如图 1-16 所示,电荷线密度为 λ 的无限长均匀带电直线,计算空间电场强度分布。

解　取一高斯圆柱面,高斯圆柱面上的电通量为

$$\Phi_E = \oint_S \boldsymbol{E} \cdot \mathrm{d}\boldsymbol{S} = \int_{侧} \boldsymbol{E} \cdot \mathrm{d}\boldsymbol{S} + \int_{上下底面} \boldsymbol{E} \cdot \mathrm{d}\boldsymbol{S}$$

由于上下底面矢量方向与电场强度矢量方向相互垂直,两个底面的电通量为 0,只有圆柱的侧面有电通量,则

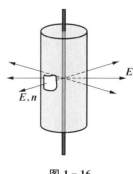

图 1-16

$$\Phi_E = \int_{\text{侧}} E \, \mathrm{d}S + \int_{\text{上下底面}} E \cos 90° \mathrm{d}S = E \int_{\text{侧}} \mathrm{d}S = E 2\pi r l$$

根据高斯定律得

$$2\pi r l E = \frac{l\lambda}{\varepsilon_0}$$

从上式解得

$$E = \frac{\lambda}{2\pi\varepsilon_0 r}$$

例 1-8　如图 1-17 所示，一个半径为 R 的均匀带电球面，总的电量是 Q，计算球面上单位面积静电荷受到的静电力。

解　球表面的单位面积电荷为

$$\sigma = \frac{Q}{4\pi R^2}$$

在球表面取一微元，如图 1-17 所示。在任意微元表面附近，对应的电场强度为

$$\boldsymbol{E}_S = \frac{\sigma}{2\varepsilon_0} \boldsymbol{e}_n$$

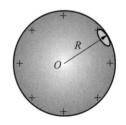

图 1-17

而在导体球壳的外表面附近，总的电场强度为微元上电荷在表面附近产生的电场与导体球壳除微元外其他区域电荷在此处产生电场的矢量之和，即

$$\boldsymbol{E}_0 = \boldsymbol{E} + \boldsymbol{E}_S = \frac{Q}{4\pi\varepsilon_0 R^2} = \frac{\sigma}{\varepsilon_0}$$

这样，除微元外，导体球壳在微元表面附近产生的电场强度为

$$\boldsymbol{E} = \frac{\sigma}{2\varepsilon_0} \boldsymbol{e}_n$$

则带电微元受到的静电场力为

$$F = q\boldsymbol{E} = S \frac{\sigma^2}{2\varepsilon_0} \boldsymbol{e}_n$$

球壳表面单位面积受到的静电力为

$$P = \frac{F}{S} = \frac{\sigma^2}{2\varepsilon_0} \boldsymbol{e}_n$$

1.5 环流定理与电势

1. 环流定理

静电场沿空间封闭曲线的积分为零,这是静电场的特性之一。由静电场的旋度

$$\mathbf{\nabla} \times \boldsymbol{E} = 0$$

由斯托克斯公式得

$$\oint \boldsymbol{E} \cdot \mathrm{d}\boldsymbol{l} = \iint_S (\mathbf{\nabla} \times \boldsymbol{E}) \cdot \mathrm{d}\boldsymbol{S} = 0 \qquad (1-36)$$

式(1-36)就是静电场的环路定律,它表明静电场沿一条封闭曲线的积分为 0。一个点电荷在电场中受到的静电力沿静电场的封闭曲线的积分为

$$W = \oint q\boldsymbol{E} \cdot \mathrm{d}\boldsymbol{l} = q \iint_S (\mathbf{\nabla} \times \boldsymbol{E}) \cdot \mathrm{d}\boldsymbol{S} = 0$$

即静电力沿封闭曲线做的功为 0,说明静电力做功大小只与试验电荷运动的起点和终点的位置有关,与路径无关。由此可以判定静电场是保守场,静电力是保守力。

2. 电势能

电势能是处于电场中的电荷所具有的能量,与电荷分布有关,电势能的单位是焦耳,由外力做功导出。电荷在静电场中,静电力做的功为

$$W = \int_a^b q\boldsymbol{E} \cdot \mathrm{d}\boldsymbol{l} = \int_a^b q\boldsymbol{E} \cdot \mathrm{d}\boldsymbol{l} \qquad (1-37)$$

在点电荷产生的电场中,如果有一个试验点电荷移动了一段距离,则静电力做的功为

$$W_{ab} = \int_{r_a}^{r_b} \frac{q_0 q}{4\pi\varepsilon_0 r^2} \mathrm{d}r = \frac{q_0 q}{4\pi\varepsilon_0} \left(\frac{1}{r_a} - \frac{1}{r_b} \right)$$

设空间两个正点电荷 q 和 q_0,它们之间相距 r,它们构成的带电系统的电势能等于外力把 q_0 电荷从无限远的地方移动到距离 q 电荷为 r 的地方。在移动过程中,为了确保没有其他能量消耗,任意时刻的外力都近似于两个电荷之间的电场力,电荷的移动非常缓慢。如果外力不等于电场力,则 q_0 电荷有加速度,加速移动的电荷会向空间辐射电磁波,这样的话,外力做的功不等于两个电荷的电势能。因此,计算电势能时,直接利用静电力来计算,即

$$W = \int_\infty^r \frac{qq_0}{4\pi\varepsilon_0 r^3} \boldsymbol{r} \cdot \mathrm{d}\boldsymbol{l}$$

由于把电荷 q_0 从无限远移动到距离电荷 q 为 r 的地方，r 矢量与 dl 矢量相反，这样

$$W = -\int_\infty^r \frac{qq_0}{4\pi\varepsilon_0 r^2}dr = \frac{qq_0}{4\pi\varepsilon_0 r}$$

做功与路径无关的力场称为保守力场或势场，对应的力就是保守力，式中 W 就是电势能，它等于把一个试验电荷从无穷远移动到空间中某一点时，外力所做的功，电势能属于带电荷系统所共有。

如果一个半径为 R 的均匀带电球壳，它的电势能等于把一个个的点电荷通过外力从无限远处非常缓慢地移动到球壳表面所做的功。那么，现假设球壳带电电量为 Q，在任意时刻，球壳表面电量为 q，此时，把 dq 的电量从无限远处移动到球壳表面所做的功为

$$dW = \int_\infty^R \frac{q\,dq}{4\pi\varepsilon_0 r^3}r \cdot dl = -\int_\infty^R \frac{q\,dq}{4\pi\varepsilon_0 r^2}dr = \frac{q\,dq}{4\pi\varepsilon_0 R}$$

当球壳带的电量为 Q 时，外力做的总功为

$$W = \int_0^Q dW = \int_0^Q \frac{q\,dq}{4\pi\varepsilon_0 R} = \frac{Q^2}{4\pi\varepsilon_0 R}$$

式中的 W 也是均匀带电球壳的电势能。

电势能的数值不具有绝对意义，只具有相对意义。所以，必须先设定一个电势能为零的参考系统。当物理系统内的每一个点电荷都互相分开很远（分开距离为无穷远），都相对静止不动时，该物理系统通常可以设定为电势能等于零的参考系统。

3. 电势(U)

静电场是保守场或势场，存在着一个可以用来描述静电场特性的、只与位置有关的标量函数——电势。电势是描述静电场特性的基本物理量之一，属于标量。

如果将点电荷系统的电势能稍做变换，有

$$U = \frac{W}{q_0}$$

则比值 W/q_0 与试探电荷无关，定义为电场中某两点的电势，或称电压，它反映了电场在空间分布的另外一种性质。

一个点电荷在空间的电势分布为

$$U = \frac{W}{q_0} = \int_\infty^R \frac{q}{4\pi\varepsilon_0 r^3}r \cdot dl = -\int_\infty^R \frac{q}{4\pi\varepsilon_0 r^2}dr = \int_r^\infty E \cdot dr$$

这样，空间中任意一点的电势或者电压为

$$U = \frac{W}{q_0} = \int_r^{P(\text{零点电势})} \boldsymbol{E} \cdot \mathrm{d}\boldsymbol{r} \qquad (1-38)$$

若存在两点 a 和 b，a、b 两点间的电势差定义为电压(voltage)，也称作电势差或电位差，是衡量单位电荷在静电场中由于电势不同所产生的能量差的物理量，其大小等于单位正电荷因受电场力作用从 a 点移动到 b 所做的功，电势差的方向规定为从高电位指向低电位的方向。电势差的国际单位制为伏特(V)，简称伏，计算式为

$$\int_{(a)}^{(b)} \boldsymbol{E} \cdot \mathrm{d}\boldsymbol{l} = U_a - U_b \qquad (1-39)$$

电势是一个相对量，其参考点是可以任意选取的。无论被选取的物体是否带电，都可以被选取为标准位置即零电势参考点。例如地球本身是带负电的，其电势相对于无穷远处约为 8.2×10^{-8} V。尽管如此，照样可以把地球作为零电势参考点，同时由于地球本身就是一个大导体，容量很大，所以在这样的大导体上增减一些电荷，对它的电势改变影响不大，其电势比较稳定。因此，在一般的情况下，选地球为零电势参考点。

根据分析问题的需要，可以任意选择电势零点作为参考点。选择不同的参考点，给出电场的电势描述不同。在理论计算时，对有限带电体，一般选无限远为参考点。

4. 电势叠加原理

电势叠加原理主要用于研究多电荷问题。在带电体系静电场中，任意一点的电势等于每一点电荷单独存在时在该点电势的代数和。电势叠加原理是场的叠加原理的必然结果。

任意带电体系的电势可以通过每个电荷产生的电势叠加而得，与场强叠加不同，电势叠加是标量叠加，即

$$U = \int_{(P)}^{P(0)} \boldsymbol{E} \cdot \mathrm{d}\boldsymbol{l} = \int_{(P)}^{P(0)} \sum_i \boldsymbol{E}_i \cdot \mathrm{d}\boldsymbol{l} = \sum_i \int_{(P)}^{P(0)} \boldsymbol{E}_i \cdot \mathrm{d}\boldsymbol{l}$$

还可以表示为

$$U = \sum_i \int_{(P)}^{P(0)} \boldsymbol{E}_i \cdot \mathrm{d}\boldsymbol{l} = \sum_i U_i \qquad (1-40)$$

在许多场合下，用下式计算带电体上的电势更方便：

$$U = \int_0^Q \frac{\mathrm{d}q}{4\pi\varepsilon_0 r} \qquad (1-41)$$

电势有以下特点：

(1) 不管是正电荷的电场线还是负电荷的电场线，顺着电场线的方向总是电势减小的方向，逆着电场线的方向总是电势增大的方向。所以同一电场线上，任意

两点电势不相等;

(2) 正电荷电场中各点电势为正(以无穷远处为零电势点时),远离正电荷,电势降低,电势以距离的一次方递减;

(3) 负电荷电场中各点电势为负(以无穷远处为零电势点时),远离负电荷,电势增高,电势以距离的一次方递增。

5. 有关计算电势的举例

例 1 - 9　一个半径为 R 的均匀带电球体,单位体积带电量为 ρ,计算球体内外电势分布。

解　由均匀带电球体内外电场强度的表达式

$$E = \begin{cases} \dfrac{1}{4\pi\varepsilon_0}\dfrac{Q}{r^2}, & r > R \\[3mm] \dfrac{\rho r}{3\varepsilon_0}, & r < R \end{cases}$$

在球体外(当 $r > R$ 时),有

$$U_1(r) = \int_r^\infty \boldsymbol{E} \cdot \mathrm{d}\boldsymbol{r} = \frac{1}{4\pi\varepsilon_0}\frac{Q}{r}$$

在球体内,有

$$U(r) = \int_r^\infty \boldsymbol{E} \cdot \mathrm{d}\boldsymbol{r} = \int_r^R \boldsymbol{E} \cdot \mathrm{d}\boldsymbol{r} + \int_R^\infty \boldsymbol{E} \cdot \mathrm{d}\boldsymbol{r}$$

把球体中电场强度 $E(r) = \dfrac{\rho r}{3\varepsilon_0}$ 和球体外电场强度 $E(r) = \dfrac{Q}{4\pi\varepsilon_0 r^2}$ 代入上式,则有

$$U(r) = \int_r^R \frac{\rho r}{3\varepsilon_0}\mathrm{d}r + \int_R^\infty \frac{Q}{4\pi\varepsilon_0 r^2}\mathrm{d}r$$

积分后,得到

$$U(r) = \frac{\rho}{6\varepsilon_0}(R^2 - r^2) + \frac{Q}{4\varepsilon_0 R}$$

或

$$U(r) = \frac{\rho}{6\varepsilon_0}(R^2 - r^2) + \frac{QR^2\rho}{3\varepsilon_0}$$

例 1 - 10　如图 1 - 18(a)所示,均匀带电的半个球壳所带的电量为 Q。计算:(1) 球心处的电场强度;(2) 半球壳外表面附近的电场强度。

解　(1) 先计算球心处的电场强度。假设在半个球壳的球心处有点电荷 q,

则在半个球壳处产生的电场强度为

$$E = \frac{q}{4\pi\varepsilon_0 R^2}$$

则半个球壳上单位面积电量受到的静电力为

$$\Delta F = E\sigma\Delta S = \frac{Qq}{8\pi^2\varepsilon_0 R^4}\Delta S$$

$$\Rightarrow P = \frac{\Delta F}{\Delta S} = \frac{Qq}{8\pi^2\varepsilon_0 R^4}$$

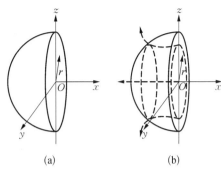

(a)　　　　　(b)

图 1-18

半个球面在水平方向总的受力为

$$F = P\pi R^2 = \frac{qQ}{8\pi\varepsilon_0 R^2} = \frac{qQ}{8\pi\varepsilon_0 R^2}$$

根据牛顿第三定律，q 受到的力也等于 F_1，则球心处的电场强度为

$$E_0 = \frac{F}{q} = \frac{Q}{8\pi\varepsilon_0 R^2}$$

(2) 把两个均匀带电的半球面补成电荷均匀分布的球面，总的带电量就是 $2Q$。设半球面球心电势为 U_0，半球面开口面上距离球心为 r 处的电势为 U_r，则

$$2U_0 = 2U_r = \frac{2Q}{4\pi\varepsilon_0 R}$$

得

$$U_0 = U_r = \frac{Q}{4\pi\varepsilon_0 R}$$

即均匀带电的半个球面，由于半球面和开口平面都是电势相等的平面。球壳外表面附近的电场线与外表面垂直，内表面附近的电场线也与内表面垂直，但内表面附近的电场线在内表面附近很快转弯，转弯后近似于水平线向开口平面辐射出去。设内表面附近的电场强度为 E_1，开口平面上对应位置的电场强度为 E_2。取内表面附近一个薄圆环，它的电通量等于开口平面上对应位置薄圆环的电通量，这样能保证电场线垂直于开口面，电场线之间不会相交，也不会断开，如图 1-18(b)所示。

$$\Phi = 2\pi R\sin\theta R\,\mathrm{d}\theta E_1 = E_2 2\pi r\,\mathrm{d}r$$

利用 $r = R\cos\theta$，$\mathrm{d}r = -R\sin\theta\mathrm{d}\theta$，代入上式，得

$$\Phi = 2\pi R\sin\theta R\,\mathrm{d}\theta E_1 = E_2 2\pi R\sin\theta\cos\theta\mathrm{d}\theta$$

得

$$E_2 = \frac{E_1}{\cos\theta}$$

显然,当 $\theta=0$ 时, $E_2 = E_0$,则

$$E_1 = E_0$$

即垂直于开口面并且通过球心的电场强度没有变化。

要使开口平面与半个球面之间的电势差相等,则必须保证图 1-18(b)中虚线构成的两个椭圆之间的电势差相等,它们之间的电场强度必须满足

$$\Delta U = E_0 R = E(r) R \cos\theta$$

$$E(r) = \frac{E_0}{\cos\theta}$$

在开口平面上取一个薄圆环,环上电通量为

$$\mathrm{d}\Phi(r) = 2\pi r E(r)\mathrm{d}r = \frac{E_0}{\cos\theta}2\pi r\,\mathrm{d}r$$

将 $r = R\cos\theta$, $\mathrm{d}r = -R\sin\theta\mathrm{d}\theta$ 代入上式,得半球壳开口面上的电通量为

$$\Phi = \int_0^R \frac{E_0}{\cos\theta}2\pi r\,\mathrm{d}r = \int_0^R E_0 2\pi R^2 \sin\theta\,\mathrm{d}\theta = E_0 2\pi R^2$$

设半球壳表面附近的电场强度为 E' ,根据高斯定律,有

$$2\pi R^2 E' + \Phi = \frac{Q}{\varepsilon_0}$$

把 $E_0 = \dfrac{Q}{8\pi\varepsilon_0 R^2}$ 代入后得

$$2\pi R^2 E' + 2\pi R^2 \frac{Q}{8\pi\varepsilon_0 R^2} = \frac{Q}{\varepsilon_0}$$

半球壳外表面附近的电场强度为

$$E' = \frac{3Q}{8\pi R^2 \varepsilon_0}$$

例 1-11 如图 1-19 所示,将两个半球面同心放置在一起,半径分别为 R_1 与 $R_2(R_1 > R_2)$,两球面都均匀带电,电荷面密度分别为 σ_1 与 σ_2 。试求图中底面直径 AOB 上的电势分布。

解 半径为 R_1 的球底,电势是一个常量,即

$$U_1' = \frac{Q_1}{4\pi\varepsilon_0 R_1} = \frac{4\pi R_1^2 \sigma_1}{4\pi\varepsilon_0 R_1} = \frac{\sigma_1 R_1}{\varepsilon_0}$$

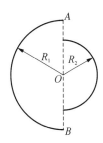

利用上题的结论,半个球面截面上的电势为

$$U_1 = \frac{1}{2}U_1' = \frac{\sigma_1 R_1}{2\varepsilon_0}$$

用相同的方法处理,则半径为 R_2 的底面,电势为

$$U_2 = \frac{1}{2}U_2' = \begin{cases} \dfrac{\sigma_2 R_2}{2\varepsilon_0}, & r \leqslant R_2 \\[3mm] \dfrac{\sigma_2 R_2^2}{2\varepsilon_0 r}, & R_2 < r \leqslant R_1 \end{cases}$$

图 1-19

则 AOB 线上的电势分布为

$$U = U_1 + U_2 = \begin{cases} \dfrac{\sigma_1 R_1 + \sigma_2 R_2}{2\varepsilon_0}, & r \leqslant R_2 \\[3mm] \dfrac{1}{2\varepsilon_0}\left(\sigma_1 R_1 + \dfrac{\sigma_2 R_2^2}{r}\right), & R_2 < r \leqslant R_1 \end{cases}$$

例 1-12　如图 1-20 所示,一个半径为 R 的金属球壳,球壳表面最高处开了一个小孔,在球心上方距离为 h 处有一大液滴。现有一个质量为 m、电荷为 q 的小液滴从大液滴中缓缓滴下,在滴下的过程中,在大液滴与球壳之间总是只有一滴小液滴。不考虑大液滴对小液滴的影响,求球壳的最高电势(球壳刚开始的电势为零)。

解　在液滴下降的过程中,机械能、电势能守恒

$$mgh + \frac{Qq}{4\pi\varepsilon_0 h} = \frac{1}{2}mu^2 + mgR + \frac{Qq}{4\pi\varepsilon_0 R}$$

稍变化得

$$\frac{1}{2}mu^2 = mg(h-R) + \frac{Qq}{4\pi\varepsilon_0 h} - \frac{Qq}{4\pi\varepsilon_0 R}$$

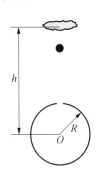

当金属球壳电势达到极限时,小液滴进入球壳内的速度为零,即

$$mg(h-R) + \frac{Qq}{4\pi\varepsilon_0 h} - \frac{Qq}{4\pi\varepsilon_0 R} = 0$$

$$\Rightarrow \frac{q}{4\pi\varepsilon_0}Q\left(\frac{R-h}{Rh}\right) = -mg(h-R)$$

$$\Rightarrow Q = \frac{4\pi\varepsilon_0 mgRh}{q}$$

图 1-20

则球壳对应的电势为

$$U_{\max}=\frac{Q}{4\pi\varepsilon_0 R}=\frac{mgh}{q}$$

例 1-13 如图 1-21 所示，两个半径 R 完全相同的球壳平行于纸面并排放置，其圆心相距 a，两球均匀分布异种电荷 $+Q$ 和 $-Q$。现有质量为 m、电量为 q 的小球沿着通过两环中心并平行环面的直细丝自由滑动。起初，小球位于无限远处以 u 速度向其靠近，如果小球停止在一个球壳中，计算停止的位置（不考虑电荷在运动过程中的电磁辐射）。

解 当电荷从无限远处移动到球壳中，电势在无限远处为零，则电荷在无限远处的动能应该等于它停止时的电势能。由图 1-21 所示，有

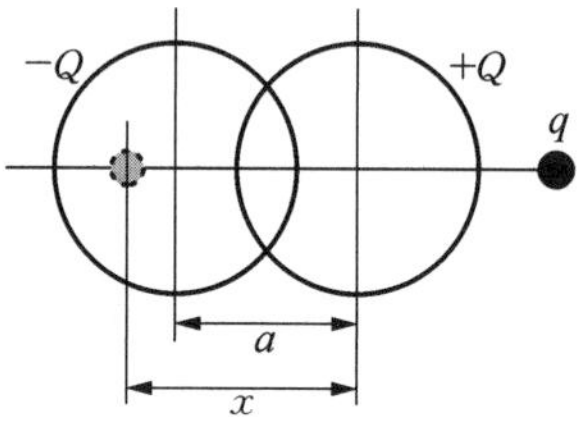

$$\frac{1}{2}mu^2=-\frac{Qq}{4\pi\varepsilon_0 x}+\frac{Qq}{4\pi\varepsilon_0 R}$$

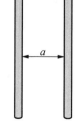

图 1-21

解得

$$x=\frac{RQq}{-2\pi\varepsilon_0 Rmu^2+Qq}$$

现在电荷停留在带正电荷球壳的内部，则有

$$x=\frac{RQq}{-2\pi\varepsilon_0 Rmu^2+Qq}\leqslant a+R$$

$$\Rightarrow RQq\leqslant(a+R)(-2\pi\varepsilon_0 Rmu^2+Qq)$$

得

$$u\geqslant\sqrt{\frac{aQq}{(a+R)2\pi\varepsilon_0 Rm}}$$

例 1-14 如图 1-22 所示，两根无限长的带异种电荷的细棒，单位长度电量为 λ，两棒之间的距离为 a，计算两细棒之间的电势。

解 利用无限长的带电细棒在周围产生的电场

$$\begin{cases}E_+=\dfrac{\lambda}{2\pi\varepsilon_0 x}\\[2mm]E_-=\dfrac{\lambda}{2\pi\varepsilon_0(a-x)}\end{cases}$$

选择两根细棒中间为电势零点，则

图 1-22

$$U = \int_{\frac{a}{2}}^{r} \frac{\lambda \, \mathrm{d}x}{2\pi\varepsilon_0 x} - \int_{\frac{a}{2}}^{r} \frac{\lambda \, \mathrm{d}x}{2\pi\varepsilon_0 (a-x)}$$

$$= \frac{\lambda}{2\pi\varepsilon_0} \ln \frac{2r}{a} + \frac{\lambda}{2\pi\varepsilon_0} \ln \frac{a}{2(a-r)}$$

例 1-15 如图 1-23 所示,一个正电荷和一个负电荷组成的电偶极子,已知两电荷之间的距离为 l,求距电偶极子相当远的地方任一点的电势。

解 设 P 点到 $\pm q$ 的距离为 r_+ 和 r_-,则 $\pm q$ 在 P 点产生的电势分别为

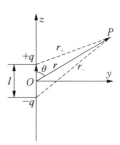

$$\begin{cases} U_+ = \dfrac{1}{4\pi\varepsilon_0} \dfrac{q}{r_+} \\ U_- = \dfrac{1}{4\pi\varepsilon_0} \dfrac{(-q)}{r_-} \end{cases}$$

根据电势叠加原理,有

图 1-23

$$U = U_+ + U_- = \frac{q}{4\pi\varepsilon_0} \left(\frac{1}{r_+} - \frac{1}{r_-} \right)$$

下面进行近似计算。设 P 点到电偶极子中点 O 的距离为 r,PO 连线与偶极矩方向的夹角为 θ。由于 $r \gg l$,忽略 l/r 的高级无穷小量,于是,$r_+ \approx r - \dfrac{l}{2}\cos\theta$,$r_- = r + \dfrac{l}{2}\cos\theta$。代入 U 的表达式后,得

$$U = \frac{q}{4\pi\varepsilon_0} \left(\frac{1}{r - \frac{l}{2}\cos\theta} - \frac{1}{r + \frac{l}{2}\cos\theta} \right) = \frac{q}{4\pi\varepsilon_0} \frac{\left(r + \frac{l}{2}\cos\theta \right) - \left(r - \frac{l}{2}\cos\theta \right)}{\left(r - \frac{l}{2}\cos\theta \right) \left(r + \frac{l}{2}\cos\theta \right)}$$

即

$$U = \frac{q}{4\pi\varepsilon_0} \frac{l\cos\theta}{r^2 - \left(\frac{l}{2}\cos\theta \right)^2}$$

忽略 l 的平方项,即得

$$U \approx \frac{1}{4\pi\varepsilon_0} \frac{ql\cos\theta}{r^2} = \frac{1}{4\pi\varepsilon_0} \frac{p\cos\theta}{r^2} = U = \frac{1}{4\pi\varepsilon_0} \frac{\boldsymbol{p} \cdot \hat{\boldsymbol{r}}}{r^3}$$

注意,这里用到了 $p=ql$ 的关系。

1.6　等势面和电势梯度

1. 等势面的概念

一般说来,静电场中的电势值是逐点变化的,但总有一些点的电势值彼此相同,这些点往往处于一定的曲面(或平面)上。我们把这些电势相等的点所组成的面称为等势面,等势面如图 1-24 所示。等势面有如下性质:

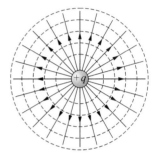

（1）等势面与电场线处处正交,在点电荷的特例里我们看到,两者是处处正交的。

（2）等势面较密集的地方场强大,较稀疏的地方场强小。根据等势面的分布图,我们不仅可以知道场强的方向,还可判定它的大小。

（3）电荷在等势面上移动,静电力做功为零。

图 1-24

2. 电势对空间导数和电势梯度

空间坐标的标量函数称为标量场,电势 U 是一个标量,它在空间每点有一定的数值,所以电势是一个标量场。电势对应的全微分为

$$dU = \frac{\partial U}{\partial x}dx + \frac{\partial U}{\partial y}dy + \frac{\partial U}{\partial z}dz \tag{1-42}$$

$$dU = -\boldsymbol{E} \cdot d\boldsymbol{l} = -(\boldsymbol{E}_x + \boldsymbol{E}_y + \boldsymbol{E}_z) \cdot (dx\boldsymbol{i} + dy\boldsymbol{j} + dz\boldsymbol{k}) \\ = -(E_x dx + E_y dy + E_z dz) \tag{1-43}$$

对比式(1-42)和式(1-43),得

$$\boldsymbol{E} = -\left(\frac{\partial U}{\partial x}\boldsymbol{i} + \frac{\partial U}{\partial y}\boldsymbol{j} + \frac{\partial U}{\partial z}\boldsymbol{k}\right) = -\boldsymbol{\nabla} U \tag{1-44}$$

式中,$\boldsymbol{\nabla} = \dfrac{\partial}{\partial x}\boldsymbol{i} + \dfrac{\partial}{\partial y}\boldsymbol{j} + \dfrac{\partial}{\partial z}\boldsymbol{k}$。

电势的全微分可写为

$$dU = \left(\frac{\partial U}{\partial x}\boldsymbol{i} + \frac{\partial U}{\partial y}\boldsymbol{j} + \frac{\partial U}{\partial z}\boldsymbol{k}\right) \cdot (dx\boldsymbol{i} + dy\boldsymbol{j} + dz\boldsymbol{k}) \\ = \left(\frac{\partial U}{\partial x}\boldsymbol{i} + \frac{\partial U}{\partial y}\boldsymbol{j} + \frac{\partial U}{\partial z}\boldsymbol{k}\right) \cdot d\boldsymbol{l}$$

式中,$\boldsymbol{i}$、$\boldsymbol{j}$、$\boldsymbol{k}$ 是 x、y、z 三个方向的单位矢量,$d\boldsymbol{l} = (dx\boldsymbol{i} + dy\boldsymbol{j} + dz\boldsymbol{k})$。由上式

还可以得

$$\frac{\mathrm{d}U}{\mathrm{d}l} = \left(\frac{\partial U}{\partial x}\boldsymbol{i} + \frac{\partial U}{\partial y}\boldsymbol{j} + \frac{\partial U}{\partial z}\boldsymbol{k}\right) \cdot \frac{\mathrm{d}\boldsymbol{l}}{\mathrm{d}l}$$

式中，$\dfrac{\mathrm{d}\boldsymbol{l}}{\mathrm{d}l}$ 是单位矢量。很显然，当 $\boldsymbol{E}$ 与 $\mathrm{d}\boldsymbol{l}$ 方向相同时，电势空间的变化率绝对值最大，即

$$\frac{\mathrm{d}U}{\mathrm{d}l}\bigg|_{\max} = |E|$$

在两个等势面之间，只有当等势面之间的距离最短时，电势的空间变化率最大。换言之，要保证两个等势面之间距离最短，$\mathrm{d}\boldsymbol{l}$ 矢量方向必须垂直于两个等势面，定义这种电势空间变化率最大的方向导数为电势梯度，即

$$\boldsymbol{\nabla} U = \frac{\partial U}{\partial x}\boldsymbol{i} + \frac{\partial U}{\partial y}\boldsymbol{j} + \frac{\partial U}{\partial z}\boldsymbol{k}$$

而其他方向的方向导数为

$$\frac{\mathrm{d}U}{\mathrm{d}l} = (\boldsymbol{\nabla} U) \cdot \frac{\mathrm{d}\boldsymbol{l}}{\mathrm{d}l}$$

圆柱坐标系和球面坐标系的电势梯度的表达式为

$$\begin{cases} \boldsymbol{\nabla} U = \dfrac{\partial U}{\partial r}\boldsymbol{r}_0 + \dfrac{1}{r}\dfrac{\partial U}{\partial \theta}\boldsymbol{e}_\theta + \dfrac{\partial U}{\partial z}\boldsymbol{k} \\ \boldsymbol{\nabla} U = \dfrac{\partial U}{\partial r}\boldsymbol{r}_0 + \dfrac{1}{r}\dfrac{\partial U}{\partial \theta}\boldsymbol{e}_\theta + \dfrac{1}{r\sin\theta}\dfrac{\partial U}{\partial \varphi}\boldsymbol{e}_\varphi \end{cases} \tag{1-45}$$

例 1-16 如同例 1-15 中的电偶极子，计算在球坐标系中场强的各个分量。

解 因它具有轴对称性，最方便的办法是以它自身轴（从负电荷到正电荷的方向，即电偶极矩 $\boldsymbol{P}$ 的方向）为轴取球坐标 (r, θ, φ)，偶极子的电势为

$$U = \frac{p\cos\theta}{r^2}\frac{1}{4\pi\varepsilon_0}$$

根据球面坐标系中的电势梯度，得

$$\begin{cases} E_r = -\dfrac{\partial U}{\partial r} \\ \\ E_\theta = -\dfrac{1}{r}\dfrac{\partial U}{\partial \theta} \\ \\ E_\varphi = -\dfrac{1}{r\sin\theta}\dfrac{\partial U}{\partial \varphi} \end{cases}$$

在球坐标系中,其极轴沿电偶极矩 $\boldsymbol{P}$,原点 O 位于电偶极子的中心。由于轴对称性,U 与方位角 φ 无关。$\boldsymbol{E}$ 的 3 个分量为

$$\begin{cases} E_r = -\dfrac{\partial U}{\partial r} = \dfrac{1}{4\pi\varepsilon_0} \dfrac{2p\cos\theta}{r^3} \\[3mm] E_\theta = -\dfrac{1}{r}\dfrac{\partial U}{\partial\theta} = \dfrac{1}{4\pi\varepsilon_0}\dfrac{p\sin\theta}{r^3} \\[3mm] E_\varphi = -\dfrac{1}{r\sin\theta}\dfrac{\partial U}{\partial\varphi} = 0 \end{cases}$$

在偶极子的延长线上,$\theta = 0$ 或 π,$E_\theta = 0$,$E = E_r = \dfrac{1}{4\pi\varepsilon_0}\dfrac{2p}{r^3}$;在中垂面上,$\theta = 2/\pi$,$E = E_\theta = \dfrac{1}{4\pi\varepsilon_0}\dfrac{p}{r^3}$。

从上面的例题中我们看到,由于电势是标量,我们往往先求出电势,然后利用方向微商或梯度的方法求场强。

3. 电势、电场强度和电场线

由电势和电场强度之间的关系

$$\boldsymbol{E} = -\left(\dfrac{\partial U}{\partial x}\boldsymbol{i} + \dfrac{\partial U}{\partial y}\boldsymbol{j} + \dfrac{\partial U}{\partial z}\boldsymbol{k}\right)$$

得三个分量式

$$\begin{cases} E_x = -\dfrac{\partial U}{\partial x} \\[3mm] E_y = -\dfrac{\partial U}{\partial y} \\[3mm] E_z = -\dfrac{\partial U}{\partial z} \end{cases} \tag{1-46}$$

根据电场线的定义,在 xy 坐标系中,电场线任意一点切线的斜率为

$$\dfrac{\mathrm{d}y}{\mathrm{d}x} = \dfrac{E_y}{E_x} = \dfrac{\dfrac{\partial U}{\partial y}}{\dfrac{\partial U}{\partial x}} \tag{1-47}$$

电场线对应的微分方程为

$$\left(\dfrac{\partial U}{\partial x}\right)\mathrm{d}y = \left(\dfrac{\partial U}{\partial y}\right)\mathrm{d}x$$

如果给出了空间电势的分布,由式(1-27),就能求出电场线的方程。

例 1-17　如图 1-25 所示,在平面上有一段长为 $2l$ 的均匀带电直线 AB,单位长度带电量为 λ,在该平面取直角坐标 Oxy,原点 O 为 AB 的中点,AB 沿 x 轴,y 轴与 x 轴垂直。(1) 试求该平面上的等势线方程;(2) 试求该平面上的电场线方程。

解　(1) 等势线的方程。在 xy 坐标系中取点 $P(x,y)$,在直线 AB 上取微元,则微元在 P 点产生的电势为

$$\mathrm{d}U = \frac{\lambda \,\mathrm{d}x'}{4\pi\varepsilon_0 r}$$

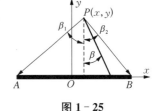

图 1-25

利用 $x' = y\tan\beta$,得 $\mathrm{d}x' = \dfrac{y\,\mathrm{d}\beta}{\cos^2\beta}$,$r = \dfrac{y}{\cos\beta}$,代入上式得

$$\mathrm{d}U = \frac{\lambda\,\mathrm{d}\beta}{4\pi\varepsilon_0 \cos\beta}$$

取定积分

$$U = \int_{\beta_1}^{\beta_2} \frac{\lambda\,\mathrm{d}\beta}{4\pi\varepsilon_0 \cos\beta} = -\frac{\lambda}{4\pi\varepsilon_0}\ln\left|\frac{\tan\beta_2 + \dfrac{1}{\cos\beta_2}}{\tan\beta_1 + \dfrac{1}{\cos\beta_1}}\right|$$

把上式转化为含 x、y 的方程,有

$$U = -\frac{\lambda}{4\pi\varepsilon_0}\ln\left[\frac{\dfrac{x-l}{y} + \dfrac{\sqrt{(l-x)^2 + y^2}}{y}}{\dfrac{x+l}{y} + \dfrac{\sqrt{(l+x)^2 + y^2}}{y}}\right] = -\frac{\lambda}{4\pi\varepsilon_0}\ln\left[\frac{x-l+\sqrt{(x-l)^2+y^2}}{x+l+\sqrt{(x+l)^2+y^2}}\right]$$

则等势线的方程为

$$\left[\frac{x-l+\sqrt{(x-l)^2+y^2}}{x+l+\sqrt{(x+l)^2+y^2}}\right] = \mathrm{e}^{-\frac{4\pi\varepsilon_0 U}{\lambda}}$$

令 $\mathrm{e}^{-\frac{4\pi\varepsilon_0 U}{\lambda}} = C$,则

$$\frac{x-l+\sqrt{(x-l)^2+y^2}}{x+l+\sqrt{(x+l)^2+y^2}} = C$$

则等势线的方式为

$$x - l + \sqrt{(x-l)^2 + y^2} = C[(x+l) + \sqrt{(x+l)^2 + y^2}]$$

（2）电场线的方程。

在直角坐标系中，电场强度为

$$\begin{cases} E_x = -\dfrac{\partial U}{\partial x} = \dfrac{\lambda}{4\pi\varepsilon_0 y}\left[\dfrac{y}{\sqrt{(x-l)^2 + y^2}} - \dfrac{y}{\sqrt{(x+l)^2 + y^2}}\right] \\[3mm] E_y = -\dfrac{\partial U}{\partial y} = \dfrac{\lambda}{4\pi\varepsilon_0 y}\left[\dfrac{x+l}{\sqrt{(x+l)^2 + y^2}} - \dfrac{x-l}{\sqrt{(x-l)^2 + y^2}}\right] \end{cases}$$

电场线上切线的斜率为

$$\frac{\mathrm{d}y}{\mathrm{d}x} = \frac{E_y}{E_x} = \frac{\dfrac{x+l}{\sqrt{(x+l)^2 + y^2}} - \dfrac{x-l}{\sqrt{(x-l)^2 + y^2}}}{\dfrac{y}{\sqrt{(x-l)^2 + y^2}} - \dfrac{y}{\sqrt{(x+l)^2 + y^2}}}$$

变换一下微分方程，有

$$\frac{y\,\mathrm{d}y}{\sqrt{(x-l)^2 + y^2}} - \frac{y\,\mathrm{d}y}{\sqrt{(x+l)^2 + y^2}} = \frac{(x+l)\,\mathrm{d}x}{\sqrt{(x+l)^2 + y^2}} - \frac{(x-l)\,\mathrm{d}x}{\sqrt{(x-l)^2 + y^2}}$$

和

$$\frac{\mathrm{d}[(x-l)^2 + y^2]}{\sqrt{(x-l)^2 + y^2}} = \frac{\mathrm{d}[(x+l)^2 + y^2]}{\sqrt{(x+l)^2 + y^2}}$$

积分后得电场线方程为

$$\sqrt{(x-l)^2 + y^2} = \sqrt{(x+l)^2 + y^2} + h \qquad -l \leqslant h \leqslant l$$

例 1 - 18 如图 1 - 26 所示，在 x 轴的 $-a$ 和 $+a$ 放置两个点电荷，电量分别是 $+Q$ 和 $-Q$，求：（1）在 xOy 平面上的等势线的方程；（2）在 xOy 平面上，相对于原点 O 为径向的点的轨迹方程。

解（1）等势线方程，取任意一点的电势为

$$U = \frac{Q}{4\pi\varepsilon_0}\left[\frac{1}{\sqrt{(x+a)^2 + y^2}} - \frac{1}{\sqrt{(x-a)^2 + y^2}}\right]$$

等势线的方程为

$$\frac{1}{\sqrt{(x+a)^2 + y^2}} - \frac{1}{\sqrt{(x-a)^2 + y^2}} = \frac{4\pi\varepsilon_0 U}{Q}$$

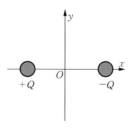

图 1 - 26

（2）xOy 平面内电场分量为

$$\begin{cases} E_x = -\dfrac{\partial U}{\partial x} = \dfrac{Q}{4\pi\epsilon_0} \left\{ \dfrac{x+a}{\sqrt{[(x+a)^2+y^2]^3}} - \dfrac{x-a}{\sqrt{[(x-a)^2+y^2]^3}} \right\} \\[4mm] E_y = -\dfrac{\partial U}{\partial y} = \dfrac{Q}{4\pi\epsilon_0} \left\{ \dfrac{y}{\sqrt{[(x+a)^2+y^2]^3}} - \dfrac{y}{\sqrt{[(x-a)^2+y^2]^3}} \right\} \end{cases}$$

根据题意，电场线上任意一点切线的斜率为

$$\frac{\mathrm{d}y}{\mathrm{d}x} = \frac{E_y}{E_x} = \frac{\dfrac{y}{\sqrt{[(x+a)^2+y^2]^3}} - \dfrac{y}{\sqrt{[(x-a)^2+y^2]^3}}}{\dfrac{x+a}{\sqrt{[(x+a)^2+y^2]^3}} - \dfrac{x-a}{\sqrt{[(x-a)^2+y^2]^3}}} = \frac{y}{x}$$

或得

$$x\left\{ \sqrt{[(x-a)^2+y^2]^3} + \sqrt{[(x+a)^2+y^2]^3} \right\}$$
$$= (x-a)\sqrt{[(x+a)^2+y^2]^3} + (x+a)\sqrt{[(x-a)^2+y^2]^3}$$

化简后得

$$(x+a)^2+y^2 = (x-a)^2+y^2$$

1.7　静电场中的唯一性定理

静电场唯一性定理是在一个空间内，导体的带电量或者电势给定以后，空间电场分布恒定、唯一。边界条件可以是各导体电势、各导体电量或部分导体电量与部分导体电势之混合。它包含如下特点：

（1）它的散度遍及全区域是确定的；

（2）它的旋度遍及全区域是确定的；

（3）在包围的全区域的封闭面上，它的法向分量是确定的。

假如在某一区域，在电势确定的条件下，存在不同的矢量场 $\boldsymbol{A}$ 和 $\boldsymbol{B}$，它们相差一个常数，它们在整个区域有相同的散度和旋度，并且在边界上有相同的法向分量，即

$$\begin{cases} \boldsymbol{\nabla} \cdot \boldsymbol{A} = \boldsymbol{\nabla} \cdot \boldsymbol{B} \\ \boldsymbol{\nabla} \times \boldsymbol{A} = \boldsymbol{\nabla} \times \boldsymbol{B} \\ \boldsymbol{A} \cdot \mathrm{d}\boldsymbol{S} = \boldsymbol{B} \cdot \mathrm{d}\boldsymbol{S} \end{cases}$$

令一个矢量 $\boldsymbol{C} = \boldsymbol{A} - \boldsymbol{B}$，于是有

$$\begin{cases} \boldsymbol{\nabla} \cdot \boldsymbol{C} = \boldsymbol{\nabla} \cdot \boldsymbol{A} - \boldsymbol{\nabla} \cdot \boldsymbol{B} = 0 \\ \boldsymbol{\nabla} \times \boldsymbol{C} = \boldsymbol{\nabla} \times \boldsymbol{A} - \boldsymbol{\nabla} \times \boldsymbol{B} = 0 \\ \boldsymbol{C} \cdot \mathrm{d}\boldsymbol{S} = \boldsymbol{A} \cdot \mathrm{d}\boldsymbol{S} - \boldsymbol{B} \cdot \mathrm{d}\boldsymbol{S} = 0 \end{cases}$$

由于 $\boldsymbol{\nabla} \times \boldsymbol{C} = 0$，它可用一个标函数的梯度来表征

$$\boldsymbol{C} = -\boldsymbol{\nabla} f$$

又由于 $\quad\quad\quad\quad \boldsymbol{\nabla} \cdot \boldsymbol{C} = 0 \Rightarrow \boldsymbol{\nabla} \cdot (-\boldsymbol{\nabla} f) = -\boldsymbol{\nabla}^2 f = 0$

和 $\quad\quad\quad\quad\quad \boldsymbol{C} \cdot \mathrm{d}\boldsymbol{S} = 0 \Rightarrow \boldsymbol{\nabla} f \cdot \mathrm{d}\boldsymbol{S} = 0$

根据格林定理 $\quad \displaystyle\int_V \psi \boldsymbol{\nabla}^2 \psi \mathrm{d}V + \int_V (\boldsymbol{\nabla}\psi)^2 \mathrm{d}V = \oint_S \psi \boldsymbol{\nabla} \psi \cdot \mathrm{d}\boldsymbol{S}$

不难得到

$$\int_V (\boldsymbol{\nabla} f)^2 \mathrm{d}V = 0 \quad\quad\quad (1-48)$$

由于 $(\boldsymbol{\nabla} f)^2$ 是一个正数，所以在上述区域内必须处处满足 $\boldsymbol{\nabla} f = 0$，也就是 $\boldsymbol{C}$ 必须为零，所以 $\boldsymbol{A}$、$\boldsymbol{B}$ 矢量必须相同，它们没有理由不相同，这就证明了场的唯一性定理。

　　唯一性定理可以用来直接或间接求解静电场，如常用的试探法、镜像法等，而其他求解静电场的常规方法如分离变量法和格林函数法，在求解静电场时直接解场方程得到场解，似乎无须用到唯一性定理，但实际求解时，唯一性定理的应用解决了所得解的正确性和唯一性的问题。

1.8　泊松方程和拉普拉斯方程

　　拉普拉斯方程又名调和方程、位势方程，是一种偏微分方程，因为由法国数学家拉普拉斯首先提出而得名。求解拉普拉斯方程是电磁学、天文学和流体力学等领域经常遇到的一类重要的数学问题，因为这种方程以势函数的形式描写了电场、引力场和流场等物理对象（一般统称为"保守场"或"有势场"）的性质。所以，许多条件下，可以直接用拉普拉斯方程直接求解相关的电学问题。

　　由 $\boldsymbol{\nabla} \cdot \boldsymbol{E} = \dfrac{\rho}{\varepsilon_0}$ 得到

$$\boldsymbol{\nabla} \cdot (\varepsilon \boldsymbol{E}) = \rho \quad\quad\quad (1-49)$$

把式（1-44）代入上式，得

$$\boldsymbol{\nabla} \cdot (\varepsilon \boldsymbol{\nabla} U) = -\rho$$

　　如果介电常数与空间位置矢量有关，展开后得

$$\varepsilon\mathbf{\nabla}\cdot(\mathbf{\nabla}U)+\mathbf{\nabla}U\cdot(\mathbf{\nabla}\varepsilon)=-\rho$$

或

$$\varepsilon\mathbf{\nabla}^2U+\mathbf{\nabla}U\cdot\mathbf{\nabla}\varepsilon=-\rho$$

一般条件下,介电常数与空间位置矢量无关,是一个常数,即 $\mathbf{\nabla}\varepsilon=0$,则有

$$\mathbf{\nabla}^2U=-\frac{\rho}{\varepsilon} \qquad (1-50)$$

式(1-50)就是泊松方程。在真空中,电荷密度 $\rho=0$,则有

$$\mathbf{\nabla}^2U=0 \qquad (1-51)$$

式(1-51)就是拉普拉斯方程。在直角坐标系中,泊松方程和拉普拉斯方程分别为

$$\begin{cases} \mathbf{\nabla}^2U=\dfrac{\partial^2U}{\partial x^2}+\dfrac{\partial^2U}{\partial y^2}+\dfrac{\partial^2U}{\partial z^2}=0 \\[2mm] \mathbf{\nabla}^2U=\dfrac{\partial^2U}{\partial x^2}+\dfrac{\partial^2U}{\partial y^2}+\dfrac{\partial^2U}{\partial z^2}=\dfrac{\rho}{\varepsilon_0} \end{cases} \qquad (1-52)$$

在球坐标和圆柱坐标中,对应的泊松方程和拉普拉斯方程为

$$\begin{cases} \dfrac{1}{\rho}\dfrac{\partial}{\partial\rho}\left(\rho\dfrac{\partial U}{\partial\rho}\right)+\dfrac{1}{\rho^2}\dfrac{\partial^2U}{\partial\phi^2}+\dfrac{\partial^2U}{\partial z^2}=0 \\[2mm] \dfrac{1}{\rho}\dfrac{\partial}{\partial\rho}\left(\rho\dfrac{\partial U}{\partial\rho}\right)+\dfrac{1}{\rho^2}\dfrac{\partial^2U}{\partial\phi^2}+\dfrac{\partial^2U}{\partial z^2}=\dfrac{\rho}{\varepsilon_0} \end{cases} \qquad (1-53)$$

$$\begin{cases} \dfrac{1}{r^2}\dfrac{\partial}{\partial r}\left(r^2\dfrac{\partial U}{\partial r}\right)+\dfrac{1}{r^2\sin\theta}\dfrac{\partial}{\partial\theta}\left(\sin\theta\dfrac{\partial U}{\partial\theta}\right)+\dfrac{1}{r^2\sin^2\theta}\dfrac{\partial^2U}{\partial\phi^2}=0 \\[2mm] \dfrac{1}{r^2}\dfrac{\partial}{\partial r}\left(r^2\dfrac{\partial U}{\partial r}\right)+\dfrac{1}{r^2\sin\theta}\dfrac{\partial}{\partial\theta}\left(\sin\theta\dfrac{\partial U}{\partial\theta}\right)+\dfrac{1}{r^2\sin^2\theta}\dfrac{\partial^2U}{\partial\phi^2}=\dfrac{\rho}{\varepsilon_0} \end{cases} \qquad (1-54)$$

一般解为

$$U=\sum_{nm}\left[\left(A_{nm}r^n+\frac{B_{nm}}{r^{n+1}}\right)\cos m\phi P_n^m(\cos\theta)+\left(C_{nm}r^n+\frac{D_{nm}}{r^{n+1}}\right)\sin m\phi P_n^m(\cos\theta)\right]$$

$$(1-55)$$

其中

$$\begin{cases} P_0=1 \\ P_1(\cos\theta)=\cos\theta \\ P_2(\cos\theta)=\dfrac{1}{2}(3\cos^2\theta-1) \\ \cdots \end{cases}$$

　　拉普拉斯方程是电磁学中最基本的方程之一,它在计算空间电势和电场分布时非常有用。在具体问题中,我们需要根据对称性选取适当的坐标系来求出矢量的各个分量。

　　例 1 - 19　如图 1 - 27 所示,同轴电缆内外半径分别为 a 和 b,外层接地,内外层电压差为 U_0。(1) 计算两层导体之间的电势分布;(2) 计算内导体的电荷密度分布。

　　解　(1) 根据拉普拉斯方程

$$\boldsymbol{\nabla}^2 U = \frac{1}{\rho}\frac{\partial}{\partial\rho}\left(\rho\frac{\partial U}{\partial\rho}\right) + \frac{1}{\rho^2}\frac{\partial^2 U}{\partial\phi^2} + \frac{\partial^2 U}{\partial z^2} = 0$$

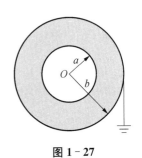

图 1 - 27

由于电势分布只与圆心的距离有关,所以

$$\frac{1}{\rho}\frac{\partial}{\partial\rho}\left(\rho\frac{\partial U}{\partial\rho}\right) = 0$$

两次积分后得

$$U = c\ln\rho + d$$

利用 $\rho = b$, $U = 0$, 得 $d = -c\ln b$, 有

$$U = c\ln\frac{\rho}{b}$$

利用 $\rho = a$, $U = U_0$, 得 $c = U_0/\ln\dfrac{a}{b}$, 有

$$U = U_0\,\frac{\ln\dfrac{\rho}{b}}{\ln\dfrac{a}{b}}$$

则电场强度

$$E = -\boldsymbol{\nabla} U = U_0\,\frac{1}{\rho\ln\dfrac{a}{b}}\boldsymbol{e}_\rho$$

　　(2) 利用 $D = \varepsilon_0 E$, $\sigma = D$, 得面电荷分布

$$\sigma = U_0\,\frac{\varepsilon_0}{a\ln\dfrac{a}{b}}\boldsymbol{e}_\rho$$

例 1 - 20 如图 1 - 28 所示,半径为 R 的均匀带电球体,单位体积的电荷密度为 ρ,计算球内的电势和电场强度分布。

解 球体的拉普拉斯方程

$$\begin{cases} \mathbf{\nabla}^2 U_1 = -\dfrac{\rho}{\varepsilon_0}, & \text{球内} \\[2mm] \mathbf{\nabla}^2 U_2 = 0, & \text{球外} \end{cases}$$

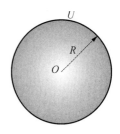

于是球坐标方程可以写为

$$\begin{cases} \dfrac{1}{r^2}\dfrac{\partial}{\partial r}\left(r^2\dfrac{\partial U_1}{\partial r}\right) = -\dfrac{\rho}{\varepsilon_0}, & r < R \\[3mm] \dfrac{1}{r^2}\dfrac{\partial}{\partial r}\left(r^2\dfrac{\partial U_2}{\partial r}\right) = 0, & r > R \end{cases}$$

图 1 - 28

积分求解,有

$$\begin{cases} U_1 = -\dfrac{\rho}{6\varepsilon_0}r^2 - \dfrac{c_1}{r} + d_1 \\[3mm] U_2 = -\dfrac{c_2}{r} + d_2 \end{cases}$$

在球心处,电势不可能无穷大;在无限远处,电势 U_2 为 0。所以必然有

$$\begin{cases} r = 0 \Rightarrow c_1 = 0 \\[2mm] r \to \infty \Rightarrow d_2 = 0 \end{cases}$$

则电势方程为

$$\begin{cases} U_1 = -\dfrac{\rho}{6\varepsilon_0}r^2 + d_1 \\[3mm] U_2 = -\dfrac{c_2}{r} \end{cases}$$

球表面两边电势相等,满足边界条件

$$\begin{cases} U_1 \big|_{r=R} = U_2 \big|_{r=R} \\[3mm] \dfrac{\partial U_1}{\partial r}\bigg|_{r=R} = \dfrac{\partial U_2}{\partial r}\bigg|_{r=R} \end{cases}$$

则可由边界条件得

$$\begin{cases} d_1 = \dfrac{\rho}{2\varepsilon_0}R^2 \\[3mm] c_2 = -\dfrac{\rho}{3\varepsilon_0}R^3 \end{cases}$$

最后的解为

$$
\begin{cases}
U_1 = \dfrac{R^2 \rho}{2\varepsilon_0} - \dfrac{\rho}{6\varepsilon_0} r^2, & r < R \\[3mm]
U_2 = \dfrac{R^3 \rho}{3\varepsilon_0 r}, & r > R
\end{cases}
$$

对应的电场强度为

$$
\begin{cases}
\boldsymbol{E}_1 = -\boldsymbol{\nabla} U_1 = \dfrac{\rho}{3\varepsilon_0} \boldsymbol{r}, & r < R \\[3mm]
E_2 = -\boldsymbol{\nabla} U_2 = \dfrac{R^3 \rho}{3\varepsilon_0 r^3} \boldsymbol{r}, & r > R
\end{cases}
$$

例 1-21　如图 1-29 所示，一个半径为 R 的接地导体球，放在均匀的外电场 E_0 中，球外是真空，求电场的分布。

解　球壳的拉普拉斯方程为

$$
\boldsymbol{\nabla}^2 U = \frac{1}{r^2} \frac{\partial}{\partial r}\left(r^2 \frac{\partial U}{\partial r}\right) + \frac{1}{r^2 \sin\theta} \frac{\partial}{\partial \theta}\left(\sin\theta \frac{\partial U}{\partial \theta}\right) +
$$

$$
\frac{1}{r^2 \sin^2\theta} \frac{\partial^2 U}{\partial \phi^2} = 0
$$

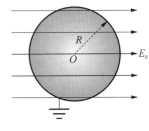

图 1-29

由于球形的对称关系，U 与 φ 无关，所以拉普拉斯方程的求解中 $m = 0$，只有

$$
U = \sum_{n=0}^{\infty} \left(A_n r^n + \frac{B_n}{r^{n+1}}\right) P_n(\cos\theta)
$$

式中，$P_n^m(\cos\theta)$ 是勒让德多项式。对于本题，$r \to \infty$，$-\dfrac{\partial U}{\partial z} = E_0$。所以

$$
U = -E_0 z
$$

也就是

$$
U = -E_0 z = -E_0 r\cos\theta = -E_0 r P_1(\cos\theta)
$$

则必然有

$$
\sum_{n=0}^{\infty} \left(A_n r^n + \frac{B_n}{r^{n+1}}\right) P_n(\cos\theta) = -E_0 r P_1(\cos\theta)
$$

对任意 θ 都成立，必须有 $A_1 = -E_0$，$A_n = 0$ （$n \neq 1$）。

当 $r = R$ 时，$U = 0$，有

$$-E_0 R P_1 \cos\theta + \sum_{n=0}^{\infty} \left(\frac{B_n}{R^{n+1}} \right) P_n(\cos\theta) = 0$$

对任意 θ 都成立,必须有

$$-E_0 R + \frac{B_1}{R^2} = 0, \ B_n = 0 \ (n \neq 1)$$

得
$$B_1 = E_0 R^3$$

因此

$$U = -E_0 r\cos\theta + \frac{E_0 R^3 \cos\theta}{r^2} = -\boldsymbol{E}_0 \cdot \boldsymbol{r} + \frac{\boldsymbol{P} \cdot \boldsymbol{r}}{4\pi\varepsilon_0 r^3} \qquad (P = 4\pi\varepsilon_0 R^3 E_0)$$

对应的电场强度为

$$\boldsymbol{E} = -\boldsymbol{\nabla} U = -\boldsymbol{E}_0 + \boldsymbol{\nabla}\left(\frac{\boldsymbol{P} \cdot \boldsymbol{r}}{4\pi\varepsilon_0 r^3} \right) = -\boldsymbol{E}_0 + \frac{1}{4\pi\varepsilon_0}\left[\frac{3(\boldsymbol{P} \cdot \boldsymbol{r})\boldsymbol{r}}{r^5} - \frac{\boldsymbol{P}}{r^3} \right]$$

显然,该电场相当于一个外电场加上一个偶极对产生的电场的矢量叠加。

例 1-22　上题中,如果导体球不接地,计算球内外电场的分布。

解　球壳的拉普拉斯方程为

$$U = \sum_{nm} \left[\left(A_{nm} r^n + \frac{B_{nm}}{r^{n+1}} \right) \cos m\phi P_n^m(\cos\theta) + \left(C_{nm} r^n + \frac{D_{nm}}{r^{n+1}} \right) \sin m\phi P_n^m(\cos\theta) \right]$$

设球外
$$U_1 = \sum_n \left[\left(A_n r^n + \frac{B_n}{r^{n+1}} \right) P_n(\cos\theta) \right]$$

球内
$$U_2 = \sum_n \left[\left(C_n r^n + \frac{D_n}{r^{n+1}} \right) P_n(\cos\theta) \right]$$

同样的处理方法: $r \to \infty$, $-\frac{\partial U}{\partial z} = E_0$。

所以
$$U = -E_0 z$$

也就是
$$U_1 = -E_0 z = -E_0 r\cos\theta = -E_0 r P_1(\cos\theta)$$

利用
$$\sum_{n=0}^{\infty} \left(A_n r^n + \frac{B_n}{r^{n+1}} \right) P_n(\cos\theta) = -E_0 r P_1(\cos\theta)$$

对任意 θ 都成立,必须有 $A_1 = -E_0$, $A_n = 0 \ (n \neq 1)$。

当 $r = 0$ 时,$U_2 = C$,必然有 $D_n = 0$。

当 $r = R$ 时,$U_1 = U_2$,有

$$\varepsilon_0 \left(\frac{\partial U_1}{\partial r} \bigg|_{r=R} - \frac{\partial U_2}{\partial r} \bigg|_{r=R} \right) = \sigma (感应电荷密度)$$

因此

$$\begin{cases} -E_0 R P_1 \cos\theta + \sum_{n=0}^{\infty} \left(\frac{B_n}{R^{n+1}} \right) P_n(\cos\theta) = \sum_n C_n R^n P_n(\cos\theta) = C \\ E_0 P_1 \cos\theta + \sum_{n=0}^{\infty} \left[(n+1) \frac{B_n}{R^{n+2}} \right] P_n(\cos\theta) = \frac{\sigma}{\varepsilon_0} P_n(\cos\theta) \end{cases}$$

要满足上两式相等,各项系数必须满足

$$\begin{cases} -E_0 R + \dfrac{B_1}{R_2} = C \\ E_0 + \dfrac{2B_1}{R^3} = \dfrac{\sigma}{\varepsilon_0} \end{cases} \quad (n=1)$$

以及

$$\begin{cases} \dfrac{B_n}{R^{n+1}} = C_n R^n \\ -(n+1) \dfrac{B_n}{R^{n+2}} - C_n n R^{n-1} = \dfrac{\sigma}{\varepsilon_0} \end{cases} \quad (n \neq 1)$$

解方程组得

$$\begin{cases} C_1 = -\dfrac{3}{2} E_0 R + \dfrac{\sigma}{2\varepsilon_0} \\ B_1 = \dfrac{1}{2} \left(\dfrac{\sigma}{\varepsilon_0} - E_0 \right) R^3 \\ B_n = C_n = 0 \end{cases}$$

球壳内电势和电场强度为

$$\begin{cases} U_2 = -\dfrac{3}{2} E_0 R + \dfrac{\sigma}{2\varepsilon_0} \\ \boldsymbol{E}_2 = -\boldsymbol{\nabla} U_2 = 0 \end{cases}$$

球壳内的电势为一常量,取零,则

$$\begin{cases} \sigma = 3E_0 \\ \boldsymbol{P} = \sigma \boldsymbol{e} = 3\boldsymbol{E}_0 \end{cases}$$

球壳外电势与电场强度分布为

$$\begin{cases} U_2 = -E_0 r \cos\theta + \dfrac{1}{2r^2}\left(\dfrac{\sigma}{\varepsilon_0} - E_0\right)R^3 \cos\theta = -E_0 r \cos\theta + \dfrac{E_0 R^3 \cos\theta}{r^2} \\[3mm] \boldsymbol{E}_1 = -\boldsymbol{\nabla} U_1 = E_0 \cos\theta + \dfrac{2E_0 R^3 \cos\theta}{r^3} \end{cases}$$

习　　题

1-1　氢原子由一个质子(即氢原子核)和一个电子组成,根据经典模型,在正常状态下,电子绕核做圆周运动,轨道半径为 5.29×10^{-11} m。已知质子质量为 1.67×10^{-27} kg,电子质量为 9.11×10^{-31} kg,电荷分别为 $\pm q = \pm1.67\times10^{-19}$ C,万有引力常量 $G = 6.67\times10^{-11}$ N·m²/kg²。

(1) 求电子所受质子的库仑力和引力;

(2) 库仑力是万有引力的多少倍?

(3) 求电子的速度。

1-2　卢瑟福实验证明,当两个原子核之间的距离小到 10^{-15} m 时,它们之间的排斥力仍遵守库仑定律。金的原子核中有 79 个质子,氦的原子核(即 α 粒子)中有 2 个质子。已知每个质子带电 1.60×10^{-19} C,α 粒子的质量为 6.6×10^{-27} kg。当 α 粒子与金核相距 6.9×10^{-15} m 时(设这时它们都仍可当作点电荷)。求:

(1) α 粒子受到的力;

(2) α 粒子的加速度。

1-3　习题 1-3 图所示为一种电四极子,它由两个相同的电偶极子组成,偶极矩的大小 $p = ql$;它们的负电荷重合在一起。计算电偶极子延长线上电场强度的分布和电势的分布。

1-4　如习题 1-4 图所示,一根无限长的导管,单位长度的电荷数为 n,每个电荷的电量为 q。

(1) P 点与导管的垂直距离为 d,计算 P 点的电场强度;

(2) 如果所有电荷以相同的速度沿导管运动,计算 P 点的电场强度。

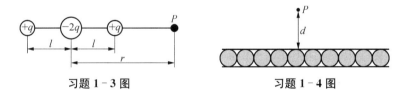

习题 1-3 图　　　　　　　　　习题 1-4 图

1-5　如习题 1-5 图所示,一个半径为 R 的均匀带电球体,单位体积电量为 ρ,球体中有一个半径为 $R/2$ 的球形空腔。

(1) 计算球体内外的电场强度;

(2) 计算空间电势的分布。

1-6　一个均匀带电的薄球壳,单位面积电量为 σ,球壳表面有一小圆孔,面积为 S。

(1) 计算球壳内外的电场强度;

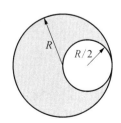

习题 1-5 图

（2）计算空间电势的分布。

1-7　一个半径为 R 的无限长的薄圆筒，圆筒表面上单位面积电量为 σ。

（1）计算圆筒表面上单位面积受到的静电力；

（2）计算半薄圆筒表面单位长度受到的静电力。

1-8　金原子核可当作均匀带电球，其半径约为 6.9×10^{-15} m，电荷为 1.26×10^{-17} C。

（1）求金原子核表面上的电势；

（2）某电子（$q = -1.60 \times 10^{-19}$ C，质量为 1.67×10^{-27} kg）以 1.2×10^7 m/s 的初速度从很远的地方射向金原子核，求它能达到金原子核的最近距离（不考虑电场辐射）。

1-9　一对无限长的共轴直圆筒，半径分别为 R_1 和 R_2，筒面上都均匀带电。沿轴线单位长度的电量分别为 λ_1 和 λ_2。

（1）求各区域内的电场强度与电势分布；

（2）若 $\lambda_1 = -\lambda_2$，情况如何？画出此情形下的 $E\text{-}r$ 曲线。

1-10　半径为 R 的无限长直圆柱体内均匀带电，电荷的体密度为 ρ。

（1）求场强分布，并画出 $E\text{-}r$ 曲线。

（2）以轴线为电势零点，求电势分布。

1-11　设气体放电形成的等离子体圆柱内的体电荷分布可表示为 $\rho_e(x) = \dfrac{\rho_0}{\left(1 + \dfrac{r^2}{a}\right)^2}$，

式中 r 是到轴线的距离，ρ_0 是轴线上的 ρ_e 值，a 是一个常量（它是 ρ_e 减少到 $\rho_0/4$ 处的半径）。求：

（1）场强分布；

（2）以轴线为电势零点，求电势分布。

1-12　实验表明，地球表面有相当大的电场强度，E 垂直于地球表面向下，大小约为 100 N/C，在距离地面 1.5 km 的地方，E 也是垂直于地球表面向下，大小约为 25 N/C。

（1）计算地面到大气层中电荷的平均体密度；

（2）如果地球上的电荷全部均匀分布在表面，计算地球表面上的电荷面密度。

1-13　轻原子核（如氢及其同位素氘、氚的原子核）结合成为较重原子核的过程，称为核聚变。核聚变过程可以释放出大量能量。例如，四个氢原子核（质子）结合成一个氦原子核（α 粒子）时，可释放出 28 MeV 的能量，这类核聚变就是太阳发光、发热的能量来源。如果我们能在地球上实现核聚变，就可以得到非常丰富的能源。实现核聚变的困难在于原子核都带正电，互相排斥，在一般情况下不能互相靠近而发生结合，只有在温度非常高时，热运动的速度非常大，才能冲破库仑排斥力的壁垒，发生结合，这称为热核反应。根据统计物理学，绝对温度为 T 时，粒子的平均平动动能为

$$\frac{1}{2}mv^2 = \frac{3}{2}kT$$

式中，k 为玻耳兹曼常量，$k = 1.38 \times 10^{-23}$ J/K。已知质子质量 $m = 1.67 \times 10^{-27}$ kg，电荷 $q = -1.60 \times 10^{-19}$ C，半径的数量级为 10^{-15} m。

试计算：（1）一个质子以怎样的动能才能从很远的地方到达与另一个质子接触的距离？

（2）平均热运动动能到此数值时，温度（以 K 表示）为多少？

1-14　带电粒子经过加速电压加速后,速度增大,已知电子质量 $m = 9.11 \times 10^{-31}$ kg,电荷 $q = -1.60 \times 10^{-19}$ C。设电子质量与速度无关,求把静止电子加速到光速 $C = 3 \times 10^8$ m/s 时需多高的电压 ΔU。

1-15　如习题 1-15 图所示,两个平行带电平板,两板上电荷的面密度分别为 σ 和 $-\sigma$。设 P 为两板间任一点,略去边缘效应(即可把两板当作无限大)。

(1) 求 A 板上的电荷在 P 点产生的电场强度 E_A；

(2) 求 B 板上的电荷在 P 点产生的电场强度 E_B；

(3) 求 A、B 两板上的电荷在 P 点产生的电场强度。

1-16　如习题 1-16 图所示,两块带有等量异号电荷的金属板 A 和 B,相距 5.0 mm,两板的面积都是 150 cm²,电量的数值都是 2.66×10^{-8} C,A 板带正电并接地。以地的电势为零,并略去边缘效应。求:

(1) B 板的电势是多少?

(2) A、B 间 1.0 mm 处的电势是多少?

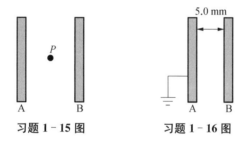

习题 1-15 图　　　　习题 1-16 图

1-17　三平行金属板 A、B 和 C,面积都是 200 cm²,A、B 相距 4.0 mm,A、C 相距 2.0 mm,B、C 两板都接地。如果使 A 板带正电 3.0×10^{-7} C,在略去边缘效应时,问 B 板和 C 板上感应电荷各是多少? 以地的电势为零,问 A 板的电势是多少?

1-18　如习题 1-18 图所示,一个半径为 R_1 的导体球带有电荷 q,球外有一个内外半径为 R_2、R_3 的同心导体球壳,壳上带有电荷 Q。

(1) 求两球的电势 U_1 和 U_2；

(2) 求两球的电势差 ΔU；

(3) 用导线把内球和外壳连接在一起后,U_1、U_2 和 ΔU 分别是多少?

(4) 在情形(1)(2)中,若外球接地,则 U_1、U_2 和 ΔU 为多少?

(5) 设外球离地面很远,若内球接地,则情况如何?

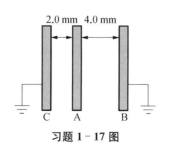

习题 1-17 图

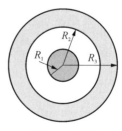

习题 1-18 图

1-19　如习题 1-19 图所示,地面可看作无穷大的导体平面,一个均匀带电的无限长直导线平行于地面放置(垂直于本题图),求空间的电场强度、电势分布和地表面上的电荷分布。

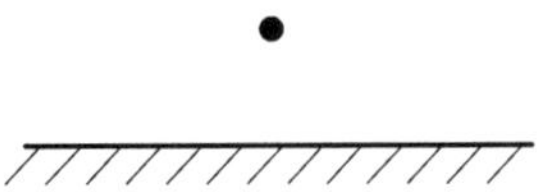

习题 1-19 图

第2章 静磁场

　　磁场是一种看不见、摸不着的特殊物质，磁场不是由原子或分子组成的，但磁场是客观存在的。磁体周围存在磁场，磁体间的相互作用就是以磁场作为媒介，所以两磁体不用接触就能发生作用。由于磁体的磁性来源于电流，电流是电荷的运动，因而概括地说，磁场是由运动电荷或电场的变化而产生的。

　　我们的祖先远在春秋战国时期，就对天然磁石（磁铁矿）有了一些认识。我国古代"磁石"写作"慈石"，意思是"石铁之母"。公元前4世纪左右成书的《管子》中就有"上有慈石者，其下有铜金"的记载。公元前239年《吕氏春秋》记载：慈石召铁，或引之也。东汉高诱《吕氏春秋注》记载：石，铁之母也。以有慈石，故能引其子。石之不慈者，亦不能引也。西汉《淮南子》记载：慈石能吸铁，及其于铜则不通矣，慈石之能连铁也，而求其引瓦，则难矣。

　　指南针是我国古代的伟大发明之一，对世界文明的发展有重大的影响。11世纪北宋的沈括在《梦溪笔谈》中第一次明确地记载了指南针，沈括还记载了以天然强磁体摩擦进行人工磁化制作指南针的方法。北宋时还有利用地磁场化法的记载，而西方在200多年后才有类似的记载。此外，沈括还是世界上最早发现地磁偏角的人，他的发现比欧洲早400年。

　　关于磁石的奥妙磁性，最早出现的几个学术性论述之一，是由法国学者皮埃·德马立克于公元1269年提出的。德马立克仔细标注了铁针在块形磁石附近各个位置的定向，根据这些标注号，又描绘出了很多条磁场线。他发现这些磁场线相会于磁石的相反两端，就好像地球的经线相会于南极与北极。1820年，丹麦物理学家汉斯·奥斯特于7月发现载流导线的电流会施加作用力于磁针，使磁针偏转指向（见图2-1）。同年，安德烈·玛丽·安培成功发现，假若所载电流的流向相同，则两条平行的载流导线会互相吸引；假若流向相反，则会互相排斥。紧接着，法国物理学家让·巴蒂斯特·毕奥和菲利克斯·萨伐尔于同年10月共同发表了毕奥-萨伐尔定律，该定律能够计算出载流导线四周的磁场。

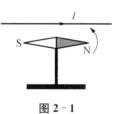

图 2-1

2.1 磁场的产生

　　19世纪20年代，安培提出了著名的分子电流说。分子电流说认为，组成磁铁的每个分子都具有一个小的环形分子电流,其小环形分子电流都定向地规则排列,这会导致磁铁内部分子电流因电流方向相反,影响相互抵消,仅在铁表面上有不能抵消的分子电流,于是组成类似螺线管电流。物质磁性的分子电流说解释表明,磁是运动电荷(即电流)的一种属性。这样,电与磁的根源均在于电荷运动。本书主要从狭义相对论的基本原理出发,阐述磁场与电场的相对论变换关系,然后由此为基础拓展到电流与磁场的关系,这便于读者从一个侧面理解磁场的物理本质。

2.1.1　静止坐标系中两个运动电荷之间的电场力

设有两个惯性坐标系:一个为静止坐标系 S 系,另一个为匀速直线运动坐标系 S' 系。运动坐标系相对于静止坐标系沿 x 方向以速度 u 运动。当 $t = t' = 0$ 时,两个坐标系原点重合。在运动坐标系中,有分别为 q 和 q_0 的两个电荷,q 位于运动坐标系的原点,q_0 位于运动坐标系的 P 点,两个电荷相对于运动坐标系静止,如图 2-2 所示。

沿 x 方向做匀速直线运动的点电荷 q 在静止坐标系中产生的电场强度为

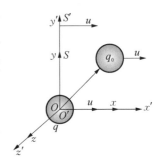

图 2-2

$$E = \frac{q}{4\pi\varepsilon_o r^2} \frac{1 - \left(\frac{u}{c}\right)^2}{\left[1 - \left(\frac{u}{c}\right)^2 \left(\frac{y^2 + z^2}{r^2}\right)\right]^{\frac{3}{2}}} \boldsymbol{r}_0$$

式中,r 是 S 系中两个电荷之间的距离;u 是运动电荷的速度;$\boldsymbol{r}_0$ 是单位矢量。在 S 系中,电场强度的分量式为

$$\begin{cases} \boldsymbol{E}_x = \dfrac{q}{4\pi\varepsilon_o r^2} \dfrac{1 - \left(\dfrac{u}{c}\right)^2}{\left[1 - \left(\dfrac{u}{c}\right)^2 \left(\dfrac{y^2 + z^2}{r^2}\right)\right]^{\frac{3}{2}}} \dfrac{x}{r}\boldsymbol{i} \\[4ex] \boldsymbol{E}_y = \dfrac{q}{4\pi\varepsilon_o r^2} \dfrac{1 - \left(\dfrac{u}{c}\right)^2}{\left[1 - \left(\dfrac{u}{c}\right)^2 \left(\dfrac{y^2 + z^2}{r^2}\right)\right]^{\frac{3}{2}}} \dfrac{y}{r}\boldsymbol{j} \\[4ex] \boldsymbol{E}_z = \dfrac{q}{4\pi\varepsilon_o r^2} \dfrac{1 - \left(\dfrac{u}{c}\right)^2}{\left[1 - \left(\dfrac{u}{c}\right)^2 \left(\dfrac{y^2 + z^2}{r^2}\right)\right]^{\frac{3}{2}}} \dfrac{z}{r}\boldsymbol{k} \end{cases} \quad (2-1)$$

在 S 系中，q_0 受到的三个分力为

$$
\begin{cases}
\boldsymbol{F}_x = q_0 \boldsymbol{E}_x = \dfrac{qq_0}{4\pi\varepsilon_o r^2} \dfrac{1-\left(\dfrac{u}{c}\right)^2}{\left[1-\left(\dfrac{u}{c}\right)^2\left(\dfrac{y^2+z^2}{r^2}\right)\right]^{\frac{3}{2}}} \dfrac{x}{r}\boldsymbol{i} \\[2em]
\boldsymbol{F}_y = q_0 \boldsymbol{E}_y = \dfrac{qq_0}{4\pi\varepsilon_o r^2} \dfrac{1-\left(\dfrac{u}{c}\right)^2}{\left[1-\left(\dfrac{u}{c}\right)^2\left(\dfrac{y^2+z^2}{r^2}\right)\right]^{\frac{3}{2}}} \dfrac{y}{r}\boldsymbol{j} \\[2em]
\boldsymbol{F}_z = q_0 \boldsymbol{E}_z = \dfrac{qq_0}{4\pi\varepsilon_o r^2} \dfrac{1-\left(\dfrac{u}{c}\right)^2}{\left[1-\left(\dfrac{u}{c}\right)^2\left(\dfrac{y^2+z^2}{r^2}\right)\right]^{\frac{3}{2}}} \dfrac{z}{r}\boldsymbol{k}
\end{cases}
\tag{2-2}
$$

或写为

$$
\boldsymbol{F}_1 = \frac{qq_0}{4\pi\varepsilon_o r^2} \frac{1-\left(\dfrac{u}{c}\right)^2}{\left[1-\left(\dfrac{u}{c}\right)^2\left(\dfrac{y^2+z^2}{r^2}\right)\right]^{\frac{3}{2}}} \frac{x}{r}\boldsymbol{i} + \frac{qq_0}{4\pi\varepsilon_o r^2} \frac{1-\left(\dfrac{u}{c}\right)^2}{\left[1-\left(\dfrac{u}{c}\right)^2\left(\dfrac{y^2+z^2}{r^2}\right)\right]^{\frac{3}{2}}} \frac{y}{r}\boldsymbol{j} +
$$

$$
\frac{qq_0}{4\pi\varepsilon_o r^2} \frac{1-\left(\dfrac{u}{c}\right)^2}{\left[1-\left(\dfrac{u}{c}\right)^2\left(\dfrac{y^2+z^2}{r^2}\right)\right]^{\frac{3}{2}}} \frac{z}{r}\boldsymbol{k}
\tag{2-3}
$$

式中，$\boldsymbol{i}$、$\boldsymbol{j}$、$\boldsymbol{k}$ 分别是 x、y、z 三个方向的单位矢量。

2.1.2 电场强度的相对论变换

两个惯性坐标系的洛伦兹时空变换关系为

$$
x' = \frac{x-ut}{\sqrt{1-\dfrac{u^2}{c^2}}}, \ y'=y, \ z'=z
$$

式中，x'、y'、z' 是运动坐标系中的坐标，x、y、z 是静止坐标系统中的坐标。由

于 $t = t' = 0$ 时，两个坐标系原点重合。运动坐标中的坐标转换为静止坐标系中的坐标，长度是收缩的，即

$$x = x' \sqrt{1 - \frac{u^2}{c^2}} , \ y = y', \ z = z'$$

对应的微分表达式为

$$\mathrm{d}x = \mathrm{d}x' \sqrt{1 - \frac{u^2}{c^2}} , \ \mathrm{d}y = \mathrm{d}y', \ \mathrm{d}z = \mathrm{d}z' \tag{2-4}$$

在静止坐标系 S 系和运动坐标系 S' 中，静止质量、运动质量和力分别定义如下：

$$\text{静止坐标系中} \begin{cases} \boldsymbol{F}_{2x} = \dfrac{\mathrm{d}(m\boldsymbol{v}_x)}{\mathrm{d}t} \\[2mm] \boldsymbol{F}_{2y} = \dfrac{\mathrm{d}(m\boldsymbol{v}_y)}{\mathrm{d}t} \\[2mm] \boldsymbol{F}_{2z} = \dfrac{\mathrm{d}(m\boldsymbol{v}_z)}{\mathrm{d}t} \\[2mm] m = \dfrac{m_0}{\sqrt{1 - \left(\dfrac{v}{c}\right)^2}} \\[4mm] W = mc^2 \end{cases}$$

$$\text{运动坐标系中} \begin{cases} \boldsymbol{F}'_{x'} = \dfrac{\mathrm{d}(m'\boldsymbol{v}'_{x'})}{\mathrm{d}t'} \\[2mm] \boldsymbol{F}'_{y'} = \dfrac{\mathrm{d}(m'\boldsymbol{v}'_{y'})}{\mathrm{d}t'} \\[2mm] \boldsymbol{F}'_{z'} = \dfrac{\mathrm{d}(m'\boldsymbol{v}'_{z'})}{\mathrm{d}t'} \\[2mm] m' = \dfrac{m_0}{\sqrt{1 - \left(\dfrac{v'}{c}\right)^2}} \\[4mm] W' = m'c^2 \end{cases}$$

两个惯性坐标系中，洛伦兹速度变换关系为

$$\begin{cases} v'_x = \dfrac{v_x - u}{1 - \dfrac{uv_x}{c^2}} \\[4ex] v'_y = \dfrac{v_y\sqrt{1 - u^2/c^2}}{1 - \dfrac{uv_x}{c^2}} \\[4ex] v'_{z'} = \dfrac{v_z\sqrt{1 - u^2/c^2}}{1 - \dfrac{uv_x}{c^2}} \end{cases} \qquad (2-5)$$

在运动坐标系 S' 中,电荷 q_0 总速度的平方为

$$v'^2 = (v'_x)^2 + (v'_y)^2 + (v'_z)^2$$

$$= \left(\frac{v_x - u}{1 - \dfrac{uv_x}{c^2}}\right)^2 + \left(\frac{v_y\sqrt{1 - u^2/c^2}}{1 - \dfrac{uv_x}{c^2}}\right)^2 + \left(\frac{v_z\sqrt{1 - u^2/c^2}}{1 - \dfrac{uv_x}{c^2}}\right)^2$$

$$= \frac{1}{\left(1 - \dfrac{uv_x}{c^2}\right)^2}\left(v_x^2 - 2v_x u + u^2 + v_y^2 - v_y^2\frac{u^2}{c^2} + v_z^2 - v_z^2\frac{u^2}{c^2}\right)$$

$$= \frac{1}{\left(1 - \dfrac{uv_x}{c^2}\right)^2}\left(v^2 - 2v_x u + u^2 + v_x^2\frac{u^2}{c^2} - \frac{v^2 u^2}{c^2}\right)$$

化简开平方后得

$$v' = \frac{\sqrt{v^2\left(1 - \dfrac{u^2}{c^2}\right) + u^2 - 2v_x u + v_x^2\dfrac{u^2}{c^2}}}{1 - \dfrac{uv_x}{c^2}} \qquad (2-6)$$

再利用洛伦兹时空变换关系,有

$$t' = \frac{t - \dfrac{ux}{c^2}}{\sqrt{1 - \left(\dfrac{u}{c}\right)^2}}$$

两边取微分，有

$$
\mathrm{d}t' = \frac{\mathrm{d}t - \dfrac{u\,\mathrm{d}x}{c^2}}{\sqrt{1 - \left(\dfrac{u}{c}\right)^2}} = \frac{\mathrm{d}t\left(1 - \dfrac{u\,\mathrm{d}x}{c^2\,\mathrm{d}t}\right)}{\sqrt{1 - \left(\dfrac{u}{c}\right)^2}} = \frac{\mathrm{d}t\left(1 - \dfrac{uv_x}{c^2}\right)}{\sqrt{1 - \left(\dfrac{u}{c}\right)^2}} \tag{2-7}
$$

根据电场强度的定义，电场强度等于单位电荷受到的静电力，即

$$
\begin{cases}
\boldsymbol{E}_x = \dfrac{\boldsymbol{F}_x}{q_0} \\[2mm]
\boldsymbol{E}_y = \dfrac{\boldsymbol{F}_y}{q_0} \\[2mm]
\boldsymbol{E}_z = \dfrac{\boldsymbol{F}_z}{q_0}
\end{cases}
$$

在运动坐标系中，力和动量之间的关系为

$$
\boldsymbol{F}'_{x'} = \frac{\mathrm{d}(m'\boldsymbol{v}'_{x'})}{\mathrm{d}t'}
$$

在图 2-2 中，在运动坐标系 S' 系中，点电荷 q_0 的电场强度可表示为

$$
\boldsymbol{E}'_{x'} = \frac{\boldsymbol{F}'_{x'}}{q_0} = \frac{\mathrm{d}(m'\boldsymbol{v}'_{x'})}{q_0\,\mathrm{d}t'} \tag{2-8}
$$

式中，m' 是电荷 q_0 在 S' 系中的运动质量。设 m_0 是电荷 q_0 的静止质量，把运动坐标系中的运动质量和静止质量的关系以及式(2-5)和式(2-6)代入式(2-8)，得矢量值的关系式

$$
E'_{x'} = \frac{1}{q_0}\mathrm{d}\,\frac{\dfrac{m_0}{\sqrt{1 - \dfrac{v^2\left(1 - \dfrac{u^2}{c^2}\right) + u^2 - 2v_x u + v_x^2\dfrac{u^2}{c^2}}{c^2\left(1 - \dfrac{uv_x}{c^2}\right)^2}}}\dfrac{v_x - u}{1 - \dfrac{uv_x}{c^2}}}{\dfrac{\mathrm{d}t\left(1 - \dfrac{uv_x}{c^2}\right)}{\sqrt{1 - \left(\dfrac{u}{c}\right)^2}}}
$$

$$=\frac{1}{q_0}\mathrm{d}\frac{\dfrac{m_0\left(1-\dfrac{uv_x}{c^2}\right)}{\sqrt{1-\dfrac{v^2}{c^2}\left(1-\dfrac{u^2}{c^2}\right)-\dfrac{u^2}{c^2}}}\dfrac{v_x-u}{1-\dfrac{uv_x}{c^2}}}{\dfrac{\mathrm{d}t\left(1-\dfrac{uv_x}{c^2}\right)}{\sqrt{1-\left(\dfrac{u}{c}\right)^2}}}=\frac{1}{q_0}\mathrm{d}\frac{\dfrac{m_0(v_x-u)}{\sqrt{\left(1-\dfrac{v^2}{c^2}\right)\left(1-\dfrac{u^2}{c^2}\right)}}}{\dfrac{\mathrm{d}t\left(1-\dfrac{uv_x}{c^2}\right)}{\sqrt{1-\left(\dfrac{u}{c}\right)^2}}}$$

$$=\frac{1}{q_0}\mathrm{d}\frac{\dfrac{m_0(v_x-u)}{\sqrt{\left(1-\dfrac{v^2}{c^2}\right)}}}{\mathrm{d}t\left(1-\dfrac{uv_x}{c^2}\right)} \tag{2-9}$$

静止坐标系中的运动质量 $m=\dfrac{m_0}{\sqrt{1-\dfrac{v^2}{c^2}}}$，则从式(2-9)可得

$$E_{x'}=\frac{1}{q_0}\frac{\mathrm{d}(p_x-mu)}{\left(1-\dfrac{uv_x}{c^2}\right)\mathrm{d}t}=\frac{\dfrac{\mathrm{d}p_x}{\mathrm{d}t}-u\dfrac{\mathrm{d}m}{\mathrm{d}t}}{1-\dfrac{uv_x}{c^2}} \tag{2-10}$$

在静止坐标系 S 系中,利用 $F_{2x}=\dfrac{\mathrm{d}p_x}{\mathrm{d}t}$ 和 $W=mc^2$,代入式(2-10)后得

$$E'_{x'}=\frac{1}{q_0}\frac{F_{2x}-\dfrac{\mathrm{d}(mu)}{\mathrm{d}t}}{1-\dfrac{uv_x}{c^2}}=\frac{1}{q_0}\frac{F_{2x}-\dfrac{u\,\mathrm{d}W}{c^2\mathrm{d}t}}{1-\dfrac{uv_x}{c^2}} \tag{2-11}$$

$$E'_{x'}\left(1-\frac{uv_x}{c^2}\right)=\frac{1}{q_0}\left(F_{2x}-\frac{u\,\mathrm{d}W}{c^2\mathrm{d}t}\right)$$

静止坐标系中的功率关系为

$$\frac{\mathrm{d}W}{\mathrm{d}t}=\boldsymbol{F}_2\cdot\boldsymbol{v}=\boldsymbol{F}_{2x}\cdot\boldsymbol{v}_x+\boldsymbol{F}_{2y}\cdot\boldsymbol{v}_y+\boldsymbol{F}_{2z}\cdot\boldsymbol{v}_z$$

代入式(2-11),得

$$E'_{x'}\left(1-\frac{uv_x}{c^2}\right)=\frac{1}{q_0}\left(F_{2x}-\frac{u}{c^2}\frac{\mathrm{d}W}{\mathrm{d}t}\right)=\frac{1}{q_0}\left[F_{2x}-\frac{u}{c^2}(F_{2x}v_x+F_{2y}v_y+F_{2z}v_z)\right]$$

化简得

$$E'_{x'}=\frac{1}{q_0}\left[F_{2x}-\frac{u}{c^2-uv_x}(F_{2y}v_y+F_{2z}v_z)\right] \tag{2-12}$$

F_{2x}、F_{2y}、F_{2z} 是静止坐标系中电荷 q_0 受到的三个方向的作用力,等于单位时间内动量的改变量,这三个力不仅仅包含运动坐标系中的电场力转换到静止坐标系中的电场力,也包含转换过程中产生的其他形式的力。

对于与运动速度方向 u 垂直的 y' 方向,也存在相同的推导关系

$$E'_{y'}=\frac{\mathrm{d}(m'v'_y)}{q_0\mathrm{d}t'}$$

同理,可得

$$E'_{y'}=\frac{1}{q_0}\mathrm{d}\left[\frac{m_0\dfrac{v_y\sqrt{1-u^2/c^2}}{1-\dfrac{uv_x}{c^2}}}{\sqrt{1-\dfrac{v^2\left(1-\dfrac{u^2}{c^2}\right)+u^2-2v_xu+v_x^2\dfrac{u^2}{c^2}}{c^2\left(1-\dfrac{uv_x}{c^2}\right)^2}}}\right]\bigg/\frac{\mathrm{d}t\left(1-\dfrac{uv_x}{c^2}\right)}{\sqrt{1-\left(\dfrac{u}{c}\right)^2}}$$

$$=\frac{1}{q_0}\mathrm{d}\left[\frac{m_0v_y}{\sqrt{\left(1-\dfrac{v^2}{c^2}\right)}}\right]\bigg/\frac{\mathrm{d}t\left(1-\dfrac{uv_x}{c^2}\right)}{\sqrt{1-\left(\dfrac{u}{c}\right)^2}}=\frac{1}{q_0}\frac{\sqrt{1-\left(\dfrac{u}{c}\right)^2}\mathrm{d}(mv_y)}{\left(1-\dfrac{uv_x}{c^2}\right)\mathrm{d}t}$$

$$=\frac{1}{q_0}\frac{F_{2y}\sqrt{1-\left(\dfrac{u}{c}\right)^2}}{\left(1-\dfrac{uv_x}{c^2}\right)t} \tag{2-13}$$

用同样的处理方法,得在 z' 轴方向上有

$$E'_{z'}=\frac{1}{q_0}\frac{F_{2z}\sqrt{1-u^2/c^2}}{1-\dfrac{uv_x}{c^2}} \tag{2-14}$$

由于电荷与运动坐标系的运动速度相同,即 $u=v_x$,代入式(2-12)、式(2-13)和式(2-14),得

$$\begin{cases} E'_{x'}=\dfrac{F_{2x}}{q_0} \\[3mm] E'_{y'}\sqrt{1-\dfrac{u^2}{c^2}}=\dfrac{1}{q_0}F_{2y} \\[3mm] E'_{z'}\sqrt{1-\dfrac{u^2}{c^2}}=\dfrac{1}{q_0}F_{2z} \end{cases} \tag{2-15}$$

2.1.3　磁场的产生

如图 2-2 所示,点电荷 q 在 S' 系中的电场强度为

$$\bm{E}'=\frac{q}{4\pi\varepsilon_0 r'^3}\bm{r}'$$

在运动坐标系中,对应的电场分量式分别为

$$\begin{cases} E'_{x'}=\dfrac{q}{4\pi\varepsilon_0 r'^2}\dfrac{x'}{r'}=\dfrac{qx'}{4\pi\varepsilon_0(x'^2+y'^2+z'^2)^{\frac{3}{2}}} \\[4mm] E'_{y'}=\dfrac{q}{4\pi\varepsilon_0 r'^2}\dfrac{y'}{r'}=\dfrac{qy'}{4\pi\varepsilon_0(x'^2+y'^2+z'^2)^{\frac{3}{2}}} \\[4mm] E'_{z'}=\dfrac{q}{4\pi\varepsilon_0 r'^2}\dfrac{z'}{r'}=\dfrac{qz'}{4\pi\varepsilon_0(x'^2+y'^2+z'^2)^{\frac{3}{2}}} \end{cases}$$

把 $x=\sqrt{1-\left(\dfrac{u}{c}\right)^2}\,x'$, $y=y'$, $z=z'$, $r^2=x^2+y^2+z^2$ 代入上式后化简,得

$$\begin{cases} E'_{x'}=\dfrac{qx}{4\pi\varepsilon_0\sqrt{1-\left(\dfrac{u}{c}\right)^2}}\left[\dfrac{1-\left(\dfrac{u}{c}\right)^2}{r^2-\left(\dfrac{u}{c}\right)^2(y^2+z^2)}\right]^{\frac{3}{2}} \\[8mm] E'_{y'}=\dfrac{qy}{4\pi\varepsilon_0}\left[\dfrac{1-\left(\dfrac{u}{c}\right)^2}{r^2-\left(\dfrac{u}{c}\right)^2(y^2+z^2)}\right]^{\frac{3}{2}} \\[8mm] E'_{z'}=\dfrac{qz}{4\pi\varepsilon_0}\left[\dfrac{1-\left(\dfrac{u}{c}\right)^2}{r^2-\left(\dfrac{u}{c}\right)^2(y^2+z^2)}\right]^{\frac{3}{2}} \end{cases} \tag{2-16}$$

将式(2-16)代入式(2-15),得

$$
\begin{cases}
F_{2x} = \dfrac{qq_0 x}{4\pi\varepsilon_0 \sqrt{1-\left(\dfrac{u}{c}\right)^2}} \left[\dfrac{1-\left(\dfrac{u}{c}\right)^2}{r^2-\left(\dfrac{u}{c}\right)^2(y^2+z^2)}\right]^{\frac{3}{2}} = \dfrac{qq_0 x}{4\pi\varepsilon_0 r^3} \dfrac{1-\left(\dfrac{u}{c}\right)^2}{\left[1-\left(\dfrac{u}{c}\right)^2\dfrac{(y^2+z^2)}{r^2}\right]^{\frac{3}{2}}} \\[4ex]
F_{2y} = \dfrac{qq_0 y}{4\pi\varepsilon_0} \sqrt{1-\dfrac{u^2}{c^2}} \left[\dfrac{1-\left(\dfrac{u}{c}\right)^2}{r^2-\left(\dfrac{u}{c}\right)^2(y^2+z^2)}\right]^{\frac{3}{2}} = \dfrac{qq_0 y}{4\pi\varepsilon_0 r^3} \dfrac{\left[1-\left(\dfrac{u}{c}\right)^2\right]^2}{\left[1-\left(\dfrac{u}{c}\right)^2\dfrac{(y^2+z^2)}{r^2}\right]^{\frac{3}{2}}} \\[4ex]
F_{2z} = \dfrac{qq_0 z}{4\pi\varepsilon_0} \sqrt{1-\dfrac{u^2}{c^2}} \left[\dfrac{1-\left(\dfrac{u}{c}\right)^2}{r^2-\left(\dfrac{u}{c}\right)^2(y^2+z^2)}\right]^{\frac{3}{2}} = \dfrac{qq_0 z}{4\pi\varepsilon_0 r^3} \dfrac{\left[1-\left(\dfrac{u}{c}\right)^2\right]^2}{\left[1-\left(\dfrac{u}{c}\right)^2\dfrac{(y^2+z^2)}{r^2}\right]^{\frac{3}{2}}}
\end{cases}
$$

写成矢量式,有

$$
\boldsymbol{F}_2 = \dfrac{qq_0 x}{4\pi\varepsilon_0 r^3} \dfrac{1-\left(\dfrac{u}{c}\right)^2}{\left[1-\left(\dfrac{u}{c}\right)^2\dfrac{(y^2+z^2)}{r^2}\right]^{\frac{3}{2}}}\boldsymbol{i} + \dfrac{qq_0 y}{4\pi\varepsilon_0 r^3} \dfrac{\left[1-\left(\dfrac{u}{c}\right)^2\right]^2}{\left[1-\left(\dfrac{u}{c}\right)^2\dfrac{(y^2+z^2)}{r^2}\right]^{\frac{3}{2}}}\boldsymbol{j} +
$$

$$
\dfrac{qq_0 z}{4\pi\varepsilon_0 r^3} \dfrac{\left[1-\left(\dfrac{u}{c}\right)^2\right]^2}{\left[1-\left(\dfrac{u}{c}\right)^2\dfrac{(y^2+z^2)}{r^2}\right]^{\frac{3}{2}}}\boldsymbol{k} \tag{2-17}
$$

式(2-17)是通过运动坐标系转换过来的力,在转换过程中把时间和空间统一起来了,含时间和能量的转换关系,式(2-17)获得的力不是单纯的电场力。与式(2-3)比较,两者之差就是电场力相对论变换过程中产生的其他形式的力,令为 $\boldsymbol{f}$,则有

$$
\boldsymbol{f} = \boldsymbol{F}_1 - \boldsymbol{F}_2 = \dfrac{qq_0 x}{4\pi\varepsilon_o r^3} \dfrac{1-\left(\dfrac{u}{c}\right)^2}{\left[1-\left(\dfrac{u}{c}\right)^2\left(\dfrac{y^2+z^2}{r^2}\right)\right]^{\frac{3}{2}}}\boldsymbol{i} + \dfrac{qq_0 y}{4\pi\varepsilon_o r^3} \dfrac{1-\left(\dfrac{u}{c}\right)^2}{\left[1-\left(\dfrac{u}{c}\right)^2\left(\dfrac{y^2+z^2}{r^2}\right)\right]^{\frac{3}{2}}}\boldsymbol{j} +
$$

$$
\dfrac{qq_0 z}{4\pi\varepsilon_o r^3} \dfrac{1-\left(\dfrac{u}{c}\right)^2}{\left[1-\left(\dfrac{u}{c}\right)^2\left(\dfrac{y^2+z^2}{r^2}\right)\right]^{\frac{3}{2}}}\boldsymbol{k} - \dfrac{qq_0 x}{4\pi\varepsilon_0 r^3} \dfrac{1-\left(\dfrac{u}{c}\right)^2}{\left[1-\left(\dfrac{u}{c}\right)^2\dfrac{(y^2+z^2)}{r^2}\right]^{\frac{3}{2}}}\boldsymbol{i} -
$$

$$\frac{qq_0y}{4\pi\varepsilon_0 r^3}\frac{\left[1-\left(\dfrac{u}{c}\right)^2\right]^2}{\left[1-\left(\dfrac{u}{c}\right)^2\dfrac{(y^2+z^2)}{r^2}\right]^{\frac{3}{2}}}\boldsymbol{j}-\frac{qq_0z}{4\pi\varepsilon_0 r^3}\frac{\left[1-\left(\dfrac{u}{c}\right)^2\right]^2}{\left[1-\left(\dfrac{u}{c}\right)^2\dfrac{(y^2+z^2)}{r^2}\right]^{\frac{3}{2}}}\boldsymbol{k}$$

相减后得

$$\boldsymbol{f}=\frac{qq_0y}{4\pi\varepsilon_o r^3}\frac{1-\left(\dfrac{u}{c}\right)^2}{\left[1-\left(\dfrac{u}{c}\right)^2\left(\dfrac{y^2+z^2}{r^2}\right)\right]^{\frac{3}{2}}}\left(\frac{u^2}{c^2}\right)\boldsymbol{j}+$$

$$\frac{qq_0z}{4\pi\varepsilon_o r^3}\frac{1-\left(\dfrac{u}{c}\right)^2}{\left[1-\left(\dfrac{u}{c}\right)^2\left(\dfrac{y^2+z^2}{r^2}\right)\right]^{\frac{3}{2}}}\left(\frac{u^2}{c^2}\right)\boldsymbol{k}$$

因为电荷的运动速度（运动坐标系的速度）远小于光速,利用 $\dfrac{u}{c}\ll 1$ 和 $1-\dfrac{u}{c}\approx 1$,则将上式简化为

$$\boldsymbol{f}=\frac{qq_0y}{4\pi\varepsilon_o r^3}\left(\frac{u^2}{c^2}\right)\boldsymbol{j}+\frac{qq_0z}{4\pi\varepsilon_o r^3}\left(\frac{u^2}{c^2}\right)\boldsymbol{k}=\frac{qq_0}{4\pi\varepsilon_o r^2}\frac{u^2}{c^2}\left[\frac{y\boldsymbol{j}+z\boldsymbol{k}}{r}\right]$$

令 $\sin\theta=\dfrac{\sqrt{y^2+z^2}}{r}$,$\theta$ 是点电荷 q_0 的空间位矢与 x 轴之间的夹角;$\boldsymbol{e}_\tau$ 是矢量 $y\boldsymbol{j}+z\boldsymbol{k}$ 的单位矢量,它平行于 y、z 构成的平面但垂直于 x 轴(见图 2-2)。这样,$\boldsymbol{f}$ 的表达式可以写为

$$\boldsymbol{f}=\frac{qq_0u^2\sin\theta}{4\pi\varepsilon_o r^2c^2}\boldsymbol{e}_\tau$$

仔细观察,可以将 $\boldsymbol{f}$ 表达式写为

$$\boldsymbol{f}=\left(\frac{qu\sin\theta}{4\pi\varepsilon_o r^2c^2}\right)q_0u\boldsymbol{e}_\tau$$

令

$$B=\frac{qu}{4\pi\varepsilon_o c^2r^2}\sin\theta=\frac{\mu_0 qu}{4\pi r^2}\sin\theta \tag{2-18}$$

则

$$f = Bq_0 u \tag{2-19}$$

式(2-18)表明,电荷的运动在空间产生一种新的场,这种场就是磁场,磁场是运动电荷的一种属性和特征。f 是洛伦兹力,它是电场力的相对论变换衍生出来的,是计算安培力的基础。式(2-18)有多种推导方法。

因为 r 是矢量,速度 u 也是矢量,θ 是 r 和 u 之间的夹角,$\mu_0 = \dfrac{1}{\varepsilon_o c^2} = 4\pi \times 10^{-7}$ T·m/A,μ_0 被定义为真空中的磁导率。根据矢量叉乘关系,则 B 可表示为

$$B = \frac{q}{4\pi\varepsilon_o r^3} \frac{u \times r}{c^2} = \frac{\mu_0 q}{4\pi r^3} u \times r$$

令 $D = \dfrac{qr}{4\pi r^3}$,则上式

$$B = u \times \frac{q}{4\pi\varepsilon_o c^2 r^3} r = \mu_0 (u \times D) \tag{2-20}$$

式中,D 被定义为电位移矢量。式(2-20)表明磁场与电场的关系,是电荷运速度和电位移矢量的叉积。

从式(2-18)和式(2-20)可以看出,在静止坐标系中,在电荷运动速度矢量方向作轴线,并作空间任意一点到该轴线的垂线,对应垂直距离为 $r\sin\theta$。以垂线和轴线交点为圆心,以 $r\sin\theta$ 为半径作一个圆,圆上每一点的磁感应强度大小相同,圆周上任意一点的切线方向就是磁感应强度的矢量方向,满足右手定则(见图2-3和图2-4)。B 矢量始终垂直于速度矢量 u 和电场矢量 E(或者 r)构成的平面。

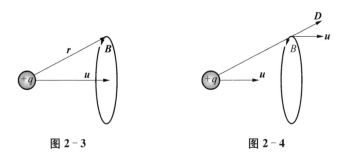

图 2-3 　　　　　　　　　　　　图 2-4

式(2-20)表明,磁感应强度 B 是电荷运动产生的,电荷的运动是磁场产生的源头,是电场的相对论变换。电荷在空间运动,在运动电荷周围的整个空间就有磁场。当电荷运动停止,磁场也就消失。由于磁场来源于电场的相对论变换,所以宇宙中不存在与电场脱离的单独的磁场。

例 2 - 1　如图 2 - 5 所示，一个长度为 L 的有限长导线，导线内单位长度电荷数为 n，当所有的电荷沿导线以速度 u 运动时，计算图 2 - 5 中 P 点的磁感应强度。

解　单个电子在 P 点产生的磁感应强度，取微量

$$\mathrm{d}B = \frac{q}{4\pi\varepsilon_o r^2}\frac{u}{c^2}\sin\theta = \frac{\mu_0 qu}{4\pi r^2}\sin\theta$$

设单位长度运动电荷数为 n，在导线中取一微小段 $\mathrm{d}l$，则微小段中运动电荷在 P 点产生的磁感应强度为

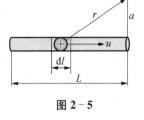

图 2 - 5

$$\mathrm{d}B = \frac{\mu_0 qun\,\mathrm{d}l}{4\pi r^2}\sin\theta$$

整个导线中运动电荷在 P 点产生的磁感应强度为

$$B = \int_0^L \frac{\mu_0 qun\,\mathrm{d}l}{4\pi r^2}\sin\theta$$

利用 $r = \sqrt{l^2 + a^2}$，$\sin\theta = \dfrac{a}{\sqrt{l^2 + a^2}}$，代入上式中得到

$$B = \frac{\mu_0 qun}{4\pi}\int_0^L \frac{a}{\sqrt{(l^2 + a^2)^3}}\mathrm{d}l$$

根据图 2 - 5 中的几何关系，有

$$l = a\,\mathrm{ctg}\,\theta,\ \mathrm{d}l = -\frac{a\,\mathrm{d}\theta}{\sin^2\theta}$$

将其代入磁感应强度的计算式中，得

$$B = -\frac{\mu_0 qun}{4\pi}\int_{\frac{\pi}{2}}^{\theta_1}\frac{\sin\theta\,\mathrm{d}\theta}{a}$$

$$B = \frac{\mu_0 qun}{4\pi a}\cos\theta_1 = \frac{\mu_0 I}{4\pi a}\cos\theta_1$$

如图 2 - 6 所示，如果导线无限长，$L \to \infty$，利用电流强度的定义，则由上式可得

$$B = \frac{\mu_0 nqu}{4\pi d} = \frac{\mu_0 I}{4\pi d}$$

则直接可得图 2 - 6 中 P 点的磁感应强度为

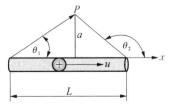

图 2 - 6

$$B=-\frac{\mu_0 qun}{4\pi}\int_{\theta_2}^{\theta_1}\frac{\sin\theta\,\mathrm{d}\theta}{a}=\frac{\mu_0 I}{4\pi a}(\cos\theta_1-\cos\theta_2)$$

例 2-2　如图 2-7 所示,一个半径为 R 的圆线圈,单位长度电荷为 λ,线圈绕轴心线以 ω 的速度旋转。在线圈旋转过程中,线圈上的电荷分布不发生改变,计算线圈轴心线上 P 点的磁感应强度。

解　当线圈绕轴心线旋转时,线圈中的电荷与线圈一起转动,线圈中电荷的线速度大小为 $R\omega$,方向为线圈切线方向。单个电荷在 P 点产生的磁感应强度为

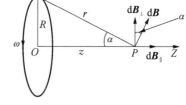

图 2-7

$$\mathrm{d}B=\frac{\mu_0 qu}{4\pi r^2}\sin\theta=\frac{\mu_0 qu}{4\pi r^2}$$

考虑到 N 个运动电荷在 P 点产生磁感应强度的对称性,在垂直于 Z 轴的方向上,磁感应强度分量抵消,只有 Z 轴方向上磁感应强度分量方向相同。所以

$$\mathrm{d}B_\parallel=\frac{\mu_0 qu}{4\pi r^2}\cos\alpha$$

线圈上总的电荷数 $N=2\pi R\lambda$,电荷运动速度 $u=R\omega$,则

$$B_\parallel=N\frac{\mu_0 R\omega}{4\pi r^2}\cos\alpha=2\pi R\lambda\frac{\mu_0 R\omega}{4\pi r^2}\cos\alpha$$

将

$$r^2=R^2+z^2,\ \cos\alpha=\frac{z}{\sqrt{R^2+z^2}}$$

代入上式,得

$$B_\parallel=\frac{\mu_0 R^2\omega\lambda}{2r^2}\cos\alpha=\frac{\mu_0 R^2\omega\lambda z}{2(R^2+z^2)^{\frac{3}{2}}}$$

2.2　毕奥-萨伐尔定律

2.2.1　毕奥-萨伐尔定律的推导

毕奥-萨伐尔定律是描述电流元在空间产生磁感应强度的基本公式。1820年,毕奥和萨伐尔两人用实验方法证明:很长的直导线周围的磁场与距离成反比。

之后,拉普拉斯进一步从数学上证明,任何闭合载流回路产生的磁场是由电流元的作用叠加起来的。他从毕奥-萨伐尔的实验结果倒推出上述电流元产生元磁感应强度的公式,但是这个公式也可从安培定律中分解出来。本书采用比较通用的名称,即毕奥-萨伐尔定律。

原则上,利用式(2-18)可以计算空间中所有运动电荷产生的磁场,但如果是大量的运动电荷产生的磁感应强度,可以把式(2-18)转化为电流产生磁场的表达式,即毕奥-萨伐尔定律。下面给出推导过程。

对于一个有限长的载流导线在空间产生的磁感应强度,可以把有限长的载流导线分为无限多个无限小的电流元,如图2-8所示。每个无限小的电流元会在空间产生磁感应强度,这些磁感应强度的矢量叠加是整个载流导线产生的总的磁感应强度。

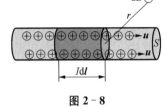

图 2-8

对于一个电流元,设单位体积有 n 个运动电荷,则体积元中的电荷数为 $dN = n dl S$,每个电荷的运动速度为 u,则利用式(2-5),dN 个运动电荷产生的磁场为

$$d\boldsymbol{B} = \frac{n dl S q}{4\pi\varepsilon_o r^3}\frac{\boldsymbol{u}\times\boldsymbol{r}}{c^2}$$

利用电流强度的定义 $I = n S q u$,则电流元产生的磁感应强度为

$$d\boldsymbol{B} = \frac{I d\boldsymbol{l}\times\boldsymbol{r}}{4\pi\varepsilon_o r^3 c^2}$$

由不同的电流元 $I d\boldsymbol{l}$ 产生的磁感应强度 $d\boldsymbol{B}$ 的方向都一致(在 P 点垂直于纸面向内)。因此,在计算总磁感应强度 $\boldsymbol{B}$ 的大小时,只需求 dB 的代数和,即

$$B = \int dB = \frac{\mu_0}{4\pi}\int_0^L \frac{I dl\sin\theta}{r^2} \tag{2-21}$$

式(2-21)称为毕奥-萨伐尔定律,它是通过宏观电流强度计算空间磁感应强度的公式,但它反映的物理意义本质上与式(2-18)相同。

例 2-3　一个半径为 R 的载流圆环,线圈中通过的电流强度为 I,计算载流圆环在轴心任意一点上产生的磁感应强度。

解　根据毕奥-萨伐尔定律,有

$$dB = \frac{\mu_0}{4\pi}\frac{I dl}{r^2}$$

因为只有 z 方向的磁场分量不能抵消,所以

$$B_z = \frac{\mu_0 I}{4\pi} \int \frac{\mathrm{d}l \sin\alpha}{r^2} = \frac{\mu_0 I}{4\pi r^2} \sin\alpha \int_0^{2\pi R} \mathrm{d}l = \frac{\mu_0 I R^2}{2(R^2 + z^2)^{3/2}}$$

下面我们考虑两个特殊情形，在圆心处，有

$$z = 0, \quad B = \frac{\mu_0 I}{2R}$$

当 $z \gg R$ 时，有

$$B = \frac{\mu_0 R^2 I}{2z^3}$$

例 2 - 4　如图 2 - 9 所示，一对相同的圆形线圈彼此平行且共轴。设两线圈内的电流强度都是 I 且回绕方向一致，圈的半径为 R，两者的间距为 a。

（1）求轴线上的磁场分布；

（2）a 为多大时，距两线圈等远的中点 O 处附近的磁场最均匀？

解　令其中 $r_0 = x \pm a/2$，即得两线圈在轴线上产生的磁感应强度 B_1 和 B_2 分别为

$$\begin{cases} B_1 = \dfrac{\mu_0}{4\pi} \dfrac{2\pi R^2 I}{\left[R^2 + \left(x + \dfrac{a}{2} \right)^2 \right]^{3/2}} \\[4mm] B_2 = \dfrac{\mu_0}{4\pi} \dfrac{2\pi R^2 I}{\left[R^2 + \left(x - \dfrac{a}{2} \right)^2 \right]^{3/2}} \end{cases}$$

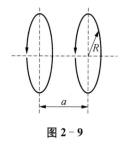

图 2 - 9

由于 $\boldsymbol{B}_1$ 和 $\boldsymbol{B}_2$ 的方向一致，总磁感应强度 $\boldsymbol{B}$ 的大小为

$$B = B_1 + B_2 = \frac{\mu_0 \pi R^2 I}{2} \left\{ \frac{1}{\left[R^2 + \left(x + \dfrac{a}{2} \right)^2 \right]^{3/2}} + \frac{1}{\left[R^2 + \left(x - \dfrac{a}{2} \right)^2 \right]^{3/2}} \right\}$$

它的一、二阶导数分别为

$$\frac{\mathrm{d}B}{\mathrm{d}x} = \frac{3\mu_0 \pi R^2 I}{2} \left\{ \frac{x + \dfrac{a}{2}}{\left[R^2 + \left(x + \dfrac{a}{2} \right)^2 \right]^{5/2}} + \frac{x - \dfrac{a}{2}}{\left[R^2 + \left(x - \dfrac{a}{2} \right)^2 \right]^{5/2}} \right\}$$

$$\frac{\mathrm{d}^2 B}{\mathrm{d}x^2} = \frac{3\mu_0 \pi R^2 I}{2} \left\{ \frac{\left(x + \dfrac{a}{2} \right)^2 - R^2}{\left[R^2 + \left(x + \dfrac{a}{2} \right)^2 \right]^{7/2}} + \frac{\left(x - \dfrac{a}{2} \right)^2 - R^2}{\left[R^2 + \left(x - \dfrac{a}{2} \right)^2 \right]^{7/2}} \right\}$$

令 $x=0$ 处的 $\dfrac{\mathrm{d}^2 B}{\mathrm{d}x^2}=0$，即得 O 点附近磁场最均匀的条件为 $a=R$，即两线圈的间距等于它们的半径。这种间距等于半径的一对共轴圆线圈称为亥姆霍兹线圈。在生产和科学研究中往往需要把样品放在均匀磁场中进行测试，当所需的磁场太强时，使用亥姆霍兹线圈是比较方便的。

例 2－5 如图 2－10 所示，绕在圆柱面上的螺线圈称为螺线管。设螺线管长度为 l，半径为 R，螺线管中通过的电流强度为 I，在圆柱面上单位长度上绕 n 圈。如果 $l \gg R$，计算螺线管轴线上任意一点的磁感应强度。

解 取螺线管中一微小段，相当于一个载流圆环，直接利用圆环在轴心线上产生的磁感应强度表达式，有

$$\mathrm{d}B_p = \frac{\mu_0 R^2 n I \mathrm{d}x}{2(R^2+x^2)^{3/2}}$$

在 P 点产生的总磁场为

$$B_p = \int_{x_1}^{x_2} \frac{\mu_0 R^2 n I \mathrm{d}x}{2(R^2+x^2)^{3/2}}$$

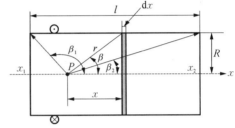

图 2－10

将 $x=R\cot\beta$，$\mathrm{d}x = -\dfrac{R}{\sin^2\beta}\mathrm{d}\beta$ 代入上式，得

$$B_p = -\frac{\mu_0 n I}{2}\int_{\beta_1}^{\beta_2}\sin\beta\mathrm{d}\beta = \frac{\mu_0 n I}{2}(\cos\beta_2 - \cos\beta_1)$$

由图 2－10 可以看出，$\cos\beta_1$、$\cos\beta_2$ 与场点坐标的关系为

$$\begin{cases} \cos\beta_1 = \dfrac{x+l/2}{\sqrt{R^2+(x+l/2)^2}} \\[2mm] \cos\beta_2 = \dfrac{x-l/2}{\sqrt{R^2+(x-l/2)^2}} \end{cases}$$

对于无限长的螺旋管，管内轴心线上对应的磁感应强度分布情况如下：

(1) 对于螺线管管内，有 $B_p = \mu_0 n I$；

(2) 对于螺线管端面轴心处，有 $B = \dfrac{\mu_0 n I}{2}$。

即在半无限长圆筒端点轴上的磁感应强度比中间减少了一半。

2.2.2 磁矩的定义以及典型应用

如图 2－11 所示，计算通电线圈在空间产生磁感应强度时，为了相关讨论方

便,我们定义磁矩

$$p = IS$$

式中,I 是线圈上通过的电流强度;S 是线圈的面积。对于 N 个线圈构成的体系,则磁矩

$$p = NIS$$

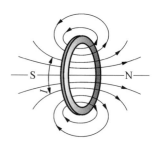

图 2-11

例 2-6 如图 2-12 所示,一个均匀带电的半径为 R 的薄圆盘,单位面积电量为 σ,当圆盘绕通过圆心的轴线以 ω 旋转时,计算圆盘的磁矩。

解 在圆盘中取一个圆环,则圆环上带的电量为

$$dq = \sigma 2\pi r\, dr$$

圆盘旋转时产生的电流强度为

$$I = \frac{dq}{\dfrac{2\pi}{\omega}} = \sigma \omega r\, dr$$

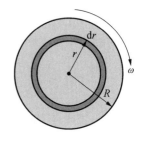

图 2-12

则圆环的磁矩为

$$dp = \pi r^2\, dI$$

整个圆盘的磁矩为

$$p = \int_0^R \pi r^2 \omega \sigma r\, dr = \frac{1}{4}\omega q R^2$$

例 2-7 如图 2-13 所示,一个半径为 R 的表面均匀带电球,表面单位面积电量为 σ,当它绕通过球心的轴以角速度 ω 旋转时,计算带电球面转动的磁矩。

解 如图 2-13 所示,先在球面上取一个环带,环带相当于一个通电流的线圈,计算这个线圈的磁矩,然后对整个球面积分,就可得到总磁矩。

环带上的面积 $dS = 2\pi R\sin\theta R\, d\theta$,则环带上的电量为

$$dq = \sigma 2\pi R\sin\theta R\, d\theta$$

环带上通过的电流强度为

$$I = \frac{dq}{\dfrac{2\pi}{\omega}} = \sigma \omega R^2 \sin\theta\, d\theta$$

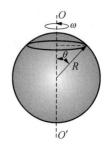

图 2-13

环带对应的磁矩为

$$\mathrm{d}p = \sigma\omega R^2\sin\theta\mathrm{d}\theta(\pi R^2\sin^2\theta) = \sigma\omega\pi R^4\sin^3\theta\mathrm{d}\theta$$

总磁矩为

$$p = \int_0^\pi \sigma\omega\pi R^4\sin^3\theta\mathrm{d}\theta = \sigma\omega\pi R^4\int_0^\pi(\sin\theta - \sin\theta\cos^2\theta)\mathrm{d}\theta$$

不考虑积分正负号,积分后得磁矩大小为

$$p = \frac{8}{3}\sigma\omega\pi R^4$$

2.3 安培环路定理

2.3.1 磁感应强度在空间的几何描述

为了形象表征磁感应强度在空间的分布,我们在空间画出许多曲线,这些曲线任意一点的切线方向表征该点磁感应强度的矢量方向,垂直于该点切向方向的平面上,单位面积通过的磁感线数等于该点的磁感应强度,如图 2-14 所示。

图 2-15(a)是无限长的载流导线在空间产生的磁感应强度的分布图,由半径不同的同心圆构成;图 2-15(b)是一个载流螺线管在空间产生的磁感应强度的分布图。从图 2-15 中可看出,磁感线密度大的地方,磁感应强度大;磁感线稀疏的地方,磁感应强度小。这些磁感线有两个特点:第一,磁感线是无始无终的闭合曲线;第二,任意两条磁感线不相交。

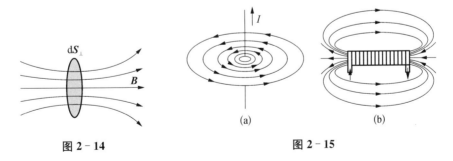

图 2-14　　　　　　　　　　　图 2-15

单位面积通过的磁感线数等于该点的磁感应强度,所以空间任意一点的磁感应强度可以表示为

$$B = \frac{\Delta N}{\Delta S_\perp}$$

与前面静电场中电通量的定义类似,定义通过垂直于磁感线平面上的磁力线数为磁通量,数学定义为

$$\mathrm{d}\Phi = \boldsymbol{B} \cdot \mathrm{d}\boldsymbol{S}$$

通过任意曲面上的磁通量为

$$\Phi = \int_S \boldsymbol{B} \cdot \mathrm{d}\boldsymbol{S} \tag{2-22}$$

2.3.2 磁场的散度和旋度

1. 磁场的散度

对于一个运动电荷在空间产生的磁感应场,有

$$\boldsymbol{B} = \frac{q}{4\pi\varepsilon_o r^3} \frac{\boldsymbol{u} \times \boldsymbol{r}}{c^2}$$

两边取散度,有

$$\nabla \cdot \boldsymbol{B} = \frac{q}{4\pi\varepsilon_o c^2} \nabla \cdot \frac{\boldsymbol{u} \times \boldsymbol{r}}{r^3}$$

利用 $\nabla \cdot (\boldsymbol{a} \times \boldsymbol{b}) = \boldsymbol{b} \cdot (\nabla \times \boldsymbol{a}) - \boldsymbol{a} \cdot (\nabla \times \boldsymbol{b})$,上式可写为

$$\nabla \cdot \boldsymbol{B} = \frac{q}{4\pi\varepsilon_o c^2 r^3} \nabla \cdot (\boldsymbol{u} \times \boldsymbol{r}) = \frac{q}{4\pi\varepsilon_o c^2 r^3}[\boldsymbol{r}(\nabla \times \boldsymbol{u}) - \boldsymbol{u}(\nabla \times \boldsymbol{r})] \tag{2-23}$$

将 $\nabla \times \boldsymbol{u}$ 和 $\nabla \times \boldsymbol{r}$ 两项按行列式展开,得到

$$
\begin{cases}
\nabla \times \boldsymbol{u} = \begin{vmatrix} \boldsymbol{i} & \boldsymbol{j} & \boldsymbol{k} \\ \dfrac{\partial}{\partial x} & \dfrac{\partial}{\partial y} & \dfrac{\partial}{\partial z} \\ u_x & u_y & u_z \end{vmatrix} = 0 \\[30pt]
\nabla \times \boldsymbol{r} = \begin{vmatrix} \boldsymbol{i} & \boldsymbol{j} & \boldsymbol{k} \\ \dfrac{\partial}{\partial x} & \dfrac{\partial}{\partial y} & \dfrac{\partial}{\partial z} \\ x & y & z \end{vmatrix} = 0
\end{cases}
$$

因此,有

$$\nabla \cdot \boldsymbol{B} = \frac{q}{4\pi\varepsilon_o c^2 r^3}[\boldsymbol{r} \cdot (0) - \boldsymbol{u} \cdot (0)] = 0 \tag{2-24}$$

即运动电荷在空间产生的磁场,其散度为 0。利用曲面积分转化为体积分的式子,有

$$\oiint\limits_{S} \boldsymbol{B} \cdot \mathrm{d}\boldsymbol{S} = \iiint\limits_{V} \boldsymbol{\nabla} \cdot \boldsymbol{B}\,\mathrm{d}V$$

利用 $\boldsymbol{\nabla} \cdot \boldsymbol{B} = 0$,则上式为

$$\varPhi = \oiint\limits_{S} \boldsymbol{B} \cdot \mathrm{d}\boldsymbol{S} = \iiint\limits_{V} \boldsymbol{\nabla} \cdot \boldsymbol{B}\,\mathrm{d}V = \iiint\limits_{V} 0\,\mathrm{d}V = 0 \qquad (2-25)$$

即通过表面进入封闭曲面的磁感线数等于穿出封闭曲面的磁感线数,所以,磁感线是无始无终的封闭曲线。

2. 磁场的旋度

根据式(2-20),单个运动电荷在空间产生的磁感应强度为

$$\boldsymbol{B}_i = \mu_0 (\boldsymbol{u} \times \boldsymbol{D})$$

两边取旋度,有

$$\boldsymbol{\nabla} \times \boldsymbol{B}_i = \boldsymbol{\nabla} \times \mu_0 (\boldsymbol{u} \times \boldsymbol{D}) \qquad (2-26)$$

2.3.3　安培环路定理的推导

安培环路定理是一个规律性、总结性的定律,它描述磁感应强度沿空间任意封闭曲线的积分与积分曲线内通过的电流强度的关系,在这里,本书给出一种简单的推导方法。

由式(2-26),根据斯托克斯定律,单个运动电荷产生的磁感应强度沿空间封闭曲线的积分与面积分的关系,有

$$\oint \boldsymbol{B}_i \cdot \mathrm{d}\boldsymbol{l} = \mu_0 \iint\limits_{S} (\boldsymbol{\nabla} \times \boldsymbol{B}_i) \cdot \mathrm{d}\boldsymbol{S} \qquad (2-27)$$

将式(2-26)代入式(2-27)中并展开,得

$$\oint \boldsymbol{B}_i \cdot \mathrm{d}\boldsymbol{l} = \mu_0 \iint\limits_{S} [\boldsymbol{\nabla} \times (\boldsymbol{u} \times \boldsymbol{D})] \cdot \mathrm{d}\boldsymbol{S} \qquad (2-28)$$

如图 2-16 所示,设一个通电回路 L_2,单位长度电荷数为 n,电荷运动速度大小为 u,在通电回路 L_2 上取一小的有向线段 $\mathrm{d}\boldsymbol{l}'$。磁感应强度沿封闭曲线 L_1 积分,则式(2-28)变为

$$\oint\limits_{L_1} \boldsymbol{B} \cdot \mathrm{d}\boldsymbol{l} = \mu_0 \iint\limits_{S_1} \left[\oint\limits_{L_2} (nu) \, \boldsymbol{\nabla} \times (\mathrm{d}\boldsymbol{l}' \times \boldsymbol{D}) \right] \cdot \mathrm{d}\boldsymbol{S}_1 \qquad (2-29)$$

由

$$\boldsymbol{\nabla} \times (\boldsymbol{A} \times \boldsymbol{B}) = \boldsymbol{A}(\boldsymbol{\nabla} \cdot \boldsymbol{B}) - (\boldsymbol{B} \, \boldsymbol{\nabla}) \cdot \boldsymbol{A} + (\boldsymbol{B} \cdot \boldsymbol{\nabla})\boldsymbol{A} - (\boldsymbol{A} \cdot \boldsymbol{\nabla})\boldsymbol{B}$$

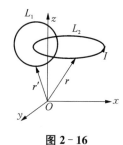

图 2-16

和由电位移矢量表达式

$$\boldsymbol{D} = \frac{q(\boldsymbol{r}' - \boldsymbol{r})}{4\pi \mid \boldsymbol{r}' - \boldsymbol{r} \mid^3}$$

则积分式中矢量叉乘

$$\boldsymbol{\nabla} \times (\mathrm{d}\boldsymbol{l}' \times \boldsymbol{D}) = \mathrm{d}\boldsymbol{l}'(\boldsymbol{\nabla} \cdot \boldsymbol{D}) - \boldsymbol{D}(\boldsymbol{\nabla} \cdot \mathrm{d}\boldsymbol{l}') + (\boldsymbol{D} \cdot \boldsymbol{\nabla})\mathrm{d}\boldsymbol{l}' - (\mathrm{d}\boldsymbol{l}' \cdot \boldsymbol{\nabla})\boldsymbol{D}$$

由于 $\boldsymbol{\nabla}$ 是对 $\boldsymbol{r}' - \boldsymbol{r}$ 微分,与 $\mathrm{d}\boldsymbol{l}'$ 没有关系,所以上式第二项和第三项为 0,则仅有

$$un\boldsymbol{\nabla} \times (\mathrm{d}\boldsymbol{l}' \times \boldsymbol{D}) = \frac{qun}{4\pi}\left[\left(\boldsymbol{\nabla} \cdot \frac{(\boldsymbol{r}' - \boldsymbol{r})}{\mid \boldsymbol{r}' - \boldsymbol{r} \mid^3}\right)\mathrm{d}\boldsymbol{l}' - (\mathrm{d}\boldsymbol{l}' \cdot \boldsymbol{\nabla})\frac{(\boldsymbol{r}' - \boldsymbol{r})}{\mid \boldsymbol{r}' - \boldsymbol{r} \mid^3}\right]$$

$$(2-30)$$

在磁感应强度的环路积分中,首先要计算积分曲线上任意一点的总磁感应强度,即先把 $\boldsymbol{r}'$ 当常量,所以有 $\mathrm{d}\boldsymbol{l}' = \mathrm{d}\boldsymbol{r} = (\boldsymbol{r}_2 - \boldsymbol{r}_1) = -[(\boldsymbol{r}' - \boldsymbol{r}_2) - (\boldsymbol{r}' - \boldsymbol{r}_1)] = -\mathrm{d}(\boldsymbol{r}' - \boldsymbol{r})$,这样,有

$$(\mathrm{d}\boldsymbol{l}' \cdot \boldsymbol{\nabla})\frac{(\boldsymbol{r}' - \boldsymbol{r})}{\mid \boldsymbol{r}' - \boldsymbol{r} \mid^3} = [\mathrm{d}(\boldsymbol{r}' - \boldsymbol{r}) \cdot \boldsymbol{\nabla}]\frac{(\boldsymbol{r}' - \boldsymbol{r})}{\mid \boldsymbol{r}' - \boldsymbol{r} \mid^3} = \mathrm{d}\left[\frac{(\boldsymbol{r}' - \boldsymbol{r})}{\mid \boldsymbol{r}' - \boldsymbol{r} \mid^3}\right]$$

$$(2-31)$$

把式(2-31)代入式(2-30),得

$$un\boldsymbol{\nabla} \times (\mathrm{d}\boldsymbol{l}' \times \boldsymbol{D}) = \frac{qun}{4\pi}\left\{\left[\boldsymbol{\nabla} \cdot \frac{(\boldsymbol{r}' - \boldsymbol{r})}{\mid \boldsymbol{r}' - \boldsymbol{r} \mid^3}\right]\mathrm{d}\boldsymbol{l}' + \mathrm{d}\left[\frac{(\boldsymbol{r}' - \boldsymbol{r})}{\mid \boldsymbol{r}' - \boldsymbol{r} \mid^3}\right]\right\} \quad (2-32)$$

式(2-32)中第二项为全微商,在闭合的通电回路中积分为 0,把式(2-32)代入式(2-29)中,得

$$\oint_{L_1} \boldsymbol{B} \cdot \mathrm{d}\boldsymbol{l} = \mu_0 \frac{qun}{4\pi}\iint_{S_1}\oint_{L_2}\left\{\boldsymbol{\nabla} \cdot \left[\frac{(\boldsymbol{r}' - \boldsymbol{r})}{\mid \boldsymbol{r}' - \boldsymbol{r} \mid^3}\right]\mathrm{d}\boldsymbol{l}'\right\} \cdot \mathrm{d}\boldsymbol{S}$$

$$= \mu_0 \frac{qun}{4\pi}\iiint_{V}\left\{\boldsymbol{\nabla} \cdot \left[\frac{(\boldsymbol{r}' - \boldsymbol{r})}{\mid \boldsymbol{r}' - \boldsymbol{r} \mid^3}\right]\right\}\mathrm{d}V$$

由于 S_1 和 L_2 有交点,上式积分中即存在 $\boldsymbol{r}' - \boldsymbol{r} = 0$ 项,因此不能把积分项转化为电位移矢量的散度。由于

$$\boldsymbol{\nabla} \cdot \left[\frac{(\boldsymbol{r}' - \boldsymbol{r})}{\mid \boldsymbol{r}' - \boldsymbol{r} \mid^3}\right] = -\boldsymbol{\nabla} \cdot \left[\boldsymbol{\nabla}\frac{1}{(\boldsymbol{r}' - \boldsymbol{r})}\right] = -\boldsymbol{\nabla}^2\frac{1}{\mid \boldsymbol{r}' - \boldsymbol{r} \mid}$$

则

$$\oint_{L_1} \boldsymbol{B} \cdot \mathrm{d}\boldsymbol{l} = -\mu_0 \frac{qun}{4\pi} \iiint_V \left[\boldsymbol{\nabla}^2 \frac{1}{|\boldsymbol{r}' - \boldsymbol{r}|} \right] \mathrm{d}V$$

因为 $\boldsymbol{r}' - \boldsymbol{r} = 0$, 根据 delta 函数和 δ 函数的性质, 有

$$\boldsymbol{\nabla}^2 \frac{1}{|\boldsymbol{r}' - \boldsymbol{r}|} = -4\pi\delta(x' - x)(y' - y)(z' - z)$$

$$\int 4\pi\delta(x' - x)(y' - y)(z' - z)\mathrm{d}V = 4\pi$$

这样, 通电回路中, 磁感应强度沿任意封闭曲线的积分为

$$\oint_{L_1} \boldsymbol{B} \cdot \mathrm{d}\boldsymbol{l} = -\mu_0 \frac{qun}{4\pi} \iiint_V \left[\boldsymbol{\nabla}^2 \frac{1}{|\boldsymbol{r}' - \boldsymbol{r}|} \right] \mathrm{d}V = \mu_0 qun = \mu_0 I \qquad (2-33)$$

式(2-33)就是安培环路定律, 它的物理意义是对任意通电回路, 磁感应强度沿任意封闭曲线的积分等于封闭曲线内的传导电流(或者传导电流的代数和)与 μ_0 的乘积。安培环路定理中的电流强度只包含积分曲线内穿越的回路中流过的电流, 不含封闭曲线外回路的电流; 封闭曲线外回路上的电流对环路积分没有贡献, 但积分曲线上的磁感应强度是总磁感应强度。

对于无限长的载流导线在空间产生的磁感应强度, 导线的两端可以看成通过地球连接成闭合通电回路, 式(2-33)仍然成立。当电流的方向与积分路径的绕行方向构成右手螺旋关系时为正, 反之为负。

如果一个闭合通电回路绕无限长或者封闭载流导线 N 次, 则有

$$\oint_l \boldsymbol{B} \cdot \mathrm{d}\boldsymbol{l} = N\mu_0 I$$

如果积分封闭曲线内有多个无限长或者完全回路电流, 则有

$$\oint_l \boldsymbol{B} \cdot \mathrm{d}\boldsymbol{l} = \mu_0 \sum_i I_i$$

特别强调的是, 对于有限长的载流导线, 因为不满足安培环路定理推导过程中闭合通电回路这一条件, 所以不能用式(2-32)计算, 只能用毕奥-萨法尔公式计算。

1. 安培环路定理以及应用举例

例 2-8 如图 2-17 所示, 有一个无限长的螺线管, 单位长度绕 n 圈, 螺线管线圈上通过的电流强度为 I, 利用安培环路定律计算螺线管中任意一点的磁感应强度。

解 理想化的螺线管, 相当于由许多半径相同、电流强度相同的圆线圈构成,

每个线圈的电流形成通电回路。管内轴心线上的磁感应强度环路积分仅仅与电流强度有关。无限长螺线管轴心线上的磁感应强度为

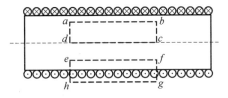

图 2 - 17

$$B = \mu_0 n I$$

在管内作一安培环路线 $abcd$，如图 2 - 17 所示，有

$$\oint \boldsymbol{B} \cdot \mathrm{d}\boldsymbol{l} = \boldsymbol{B}_1 \cdot \boldsymbol{l}_{ab} + \boldsymbol{B}_2 \cdot \boldsymbol{l}_{bc} + \boldsymbol{B}_3 \cdot \boldsymbol{l}_{cd} + \boldsymbol{B}_4 \cdot \boldsymbol{l}_{da} = 0$$

$$\oint \boldsymbol{B} \cdot \mathrm{d}\boldsymbol{l} = \boldsymbol{B}_1 \cdot \boldsymbol{l}_{ab} + \boldsymbol{B}_3 \cdot \boldsymbol{l}_{cd} = 0$$

螺线管内的磁感应强度 $B_1 = B_3$，即理想化的无限长螺线管内磁感应强度处处相等。

再作一安培环路线 $efgh$，如图 2 - 17 所示，有

$$\oint \boldsymbol{B} \cdot \mathrm{d}\boldsymbol{l} = B_1 l_{ef} + B_2 l_{gh} = \mu_0 n l I$$

从而得螺线管外表面附近磁感应强度 $B_{gh} = 0$

例 2 - 9 如图 2 - 18 所示，半径为 R 的无限长圆柱，圆柱体内正电荷密度 $\rho = kr$，r 是圆柱内一点到轴线的距离。当棒绕轴心以角速度 ω 旋转时，计算圆柱内磁感应强度分布（假定棒旋转过程中，电荷分布不变）。

解 先在圆柱内取一个薄圆筒，计算薄圆筒上单位长度流过的电流强度为

$$\mathrm{d}q = \rho(r) l 2\pi r \mathrm{d}r$$

$$I = \frac{\rho(r) l 2\pi r \mathrm{d}r}{\dfrac{2\pi}{\omega}} = k r^2 \omega l \mathrm{d}r$$

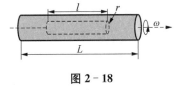

图 2 - 18

正电荷形成的电流线密度为

$$i_+ = \frac{I}{l} = k\omega r^2 \mathrm{d}r$$

薄圆筒内的磁感应强度为

$$\mathrm{d}B_+ = \mu_0 i = \mu_0 k r^2 \omega \mathrm{d}r$$

距离轴心线 r 产生的磁感应强度为

$$B_+ = \int_r^R \mu_0 k \omega r^2 \mathrm{d}r$$

可推出 $\qquad B_+ = \int_r^R \mu_0 k\omega r^2 \mathrm{d}r = \mu_0 k\omega \dfrac{1}{3}(R^3 - r^3)$

轴心线产生的磁感应强度为

$$B_+ = \int_0^R \mu_0 k\omega r^2 \mathrm{d}r = \mu_0 k\omega \frac{1}{3} R^3$$

例 2 – 10　如果无限长圆柱为金属导体,单位体积电量为 ρ,当它绕轴以 ω 为角速度旋转时,计算圆柱内部的电场和磁场分布。

解　在距离圆柱轴心线为 r 处取一个薄圆筒,设薄圆筒单位体积的正电荷为 $\rho_+(r)$,则薄圆筒表面上流过的线电流密度为

$$I = \frac{\rho_+(r)l2\pi r\mathrm{d}r}{\dfrac{2\pi}{\omega}} = \rho_-(r)\omega l r\mathrm{d}r$$

可推出 $\qquad i_+ = \dfrac{I}{l} = \rho_+(r)\omega r\mathrm{d}r$

薄圆筒内部产生的磁感应强度为

$$\mathrm{d}B_+ = \mu_0 i = \mu_0 \rho_+(r)\omega r\mathrm{d}r$$

距离轴心线 r 产生的磁感应强度为

$$B_+ = \int_r^R \mu_0 \rho_+(r)\omega r\mathrm{d}r$$

圆柱表面负电荷形成的电流线密度等于从轴心线到圆柱表面所有正电荷形成的电流线密度,负电荷运动产生的磁感应强度为

$$B_- = -\int_0^R \rho_+(r)\omega r\mathrm{d}r$$

在距离轴心线 r 的薄圆柱面内,总的磁感应强度为

$$B = B_- - B_+ = \int_r^R \mu_0 \rho_+(r)\omega r\mathrm{d}r - \int_0^R \rho_+(r)\omega r\mathrm{d}r = \int_0^r \mu_0 \rho_+(r)\omega r\mathrm{d}r$$

距离轴心线 r 处产生的电场强度为

$$E = \frac{\int_0^r \rho_+(r)2\pi r l\mathrm{d}r}{2\pi r\varepsilon_0 l} = \frac{\int_0^r \rho_+(r)r\mathrm{d}r}{r\varepsilon_0}$$

在距离轴心线 r 的薄圆筒面上,电荷静电力和受到的洛伦兹力满足

$$Bqr\omega + Eq = mr\omega^2$$

可推出
$$qr\omega \int_0^r \mu_0 \rho_+(r)\omega r\,\mathrm{d}r + \frac{\int_0^r \rho_+(r)r\,\mathrm{d}r}{r\varepsilon_0}q = mr\omega^2$$

从而有
$$\int_0^r \rho_+(r)r\,\mathrm{d}r = \frac{mr\omega^2}{qr\omega^2\mu_0 + \dfrac{q}{r\varepsilon_0}}$$

把上式分别代入磁场和电场的表达式,得

$$\begin{cases} B = \int_0^r \mu_0 \rho_+(r)\omega r\,\mathrm{d}r = \dfrac{\mu_0 mr\omega^3}{qr\omega^2\mu_0 + \dfrac{q}{r\varepsilon_0}} \\[4mm] E = \dfrac{\int_0^r \rho_+(r)r\,\mathrm{d}r}{r\varepsilon_0} = \dfrac{m\omega^2}{\varepsilon_0\left(qr\omega^2\mu_0 + \dfrac{q}{r\varepsilon_0}\right)} \end{cases}$$

例 2 - 11   太瓦托尔曼效应结构如图 2 - 19 所示。如果圆柱做加速旋转,绕在圆柱上的线圈有电流流过。设圆柱半径为 r , 将电阻为 R 的圆环套在一根玻璃圆柱上并固定,单位长度的圈数为 n , 从某时刻开始,圆柱以加速度 β 旋转,当时间足够长,计算圆柱中心的磁感应强度。

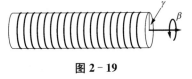

图 2 - 19

解   当圆柱做加速运动时,线圈中自由电荷也会做加速运动,当线圈内部电场强度满足一定的条件时,线圈会形成稳定的电流。其平衡的基本条件为

$$F = mr\beta = E_{切向电场}\, q$$

则

$$E_{切向电场} = \frac{mr\beta}{q}$$

线圈中形成的电动势为

$$\varepsilon_{圆环} = 2\pi r E_{切向电场} = \frac{2\pi mr^2\beta}{q}$$

线圈中对应的电流为

$$I = \frac{\varepsilon_{圆环}}{R} = \frac{2\pi mr^2\beta}{qR}$$

圆柱内对应的磁感应强度为

$$B = \mu_0 nI = \frac{2\pi\mu_0 nmr^2\beta}{qR}$$

例 2 - 12　如图 2 - 20 所示，一个无限大的平面，平面上有电流流过，垂直于电流方向上单位长度的电流强度为 α，计算在无限大平面中电流在空间产生的磁感应强度。

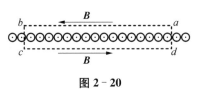

图 2 - 20

解　由电流线密度定义，有

$$\alpha = \frac{\Delta I}{\Delta l}$$

在垂直于电流的方向上，作一个矩形回路，利用安培环路定律，有

$$\oint_l \boldsymbol{B}\mathrm{d}l = \int_{l_1} \boldsymbol{B}\mathrm{d}l_1 + \int_{l_2} \boldsymbol{B}\mathrm{d}l_2 = \mu_0\alpha l_1$$
$$2Bl_1 = \mu_0\alpha l_1$$

可得

$$B = \frac{\mu_0\alpha}{2}$$

显然，在无限大的通电平面两边，磁感应强度大小相同，矢量方向相反。在无限大的平面一边，磁感应强度与空间位置无关。当电流流过任意曲面时，在曲面表面附近，磁感应强度也等于 $\frac{\mu_0\alpha}{2}$，这一结论为许多问题的处理带来方便。

例 2 - 13　如图 2 - 21 所示，半径为 R 的无限长直流导线，通过的电流强度为 I，导线内电流密度均匀分布，计算导线内外磁感应强度的分布。

解　在垂直于导线轴心线的一个平面上作一个圆，如图 2 - 21 所示。圆上的每一个点对应的电流环境都相同，则圆上任意一点磁感应强度值都相同，方向都是圆环上的切向方向。根据安培环路定理，对于导线外，即 $r > R$ 时，有

$$\oint \boldsymbol{B} \cdot \mathrm{d}l = B(2\pi r) = \mu_0 I$$
$$B = \frac{\mu_0 I}{2\pi r}$$

导线内，即 $r < R$ 时，有

$$\oint \boldsymbol{B} \cdot \mathrm{d}l = B(2\pi r) = \mu_0 I \frac{\pi r^2}{\pi R^2}$$

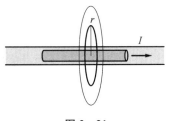

图 2 - 21

得

$$B = \frac{\mu_o I}{2\pi r} \frac{r^2}{R^2} = \frac{\mu_o I}{2\pi R^2} r$$

例 2-14　如图 2-22 所示，一个紧密环绕的环形螺线管，总圈数为 N，线圈上通过的电流强度为 I，螺线管没有漏磁，计算螺线管内轴心线上的磁感应强度。

解　环形螺线管相当于由许多封闭的圆环紧密堆积而成，因此可以直接利用安培环路定律计算。取螺线管轴心线为安培环路线，则有

$$\oint_l \boldsymbol{B} \cdot \mathrm{d}\boldsymbol{l} = B 2\pi R = \mu_0 N I$$

$$B = \frac{\mu_0 N}{2\pi} \frac{I}{R} = \mu_0 n I$$

图 2-22

2. 位移电流、位移电流密度与安培定律

如图 2-23 所示，两个带电导体小球分别带电 $+Q$ 和 $-Q$，现通过一个线路放电，两个小球之间的距离为 h。设通电线路为 L_2，在通电线路中作一个封闭曲线 L_1。根据式（2-32），有

$$un\boldsymbol{\nabla} \times (\mathrm{d}\boldsymbol{l}' \times \boldsymbol{D}) = \frac{qun}{4\pi} \left\{ \left[\boldsymbol{\nabla} \cdot \frac{(\boldsymbol{r}' - \boldsymbol{r})}{|\boldsymbol{r}' - \boldsymbol{r}|^3} \right] \mathrm{d}\boldsymbol{l}' + \mathrm{d} \frac{(\boldsymbol{r}' - \boldsymbol{r})}{|\boldsymbol{r}' - \boldsymbol{r}|^3} \right\}$$

上式中第二项为全微商，如果不是通电回路，全微商的积分不为零。在这种情况下，用补偿法处理。先把两个小球断开的地方用一个有限长导线连接，构成一个通电回路；同时加上一段电流相反的有限长导线 h。这样连接后，通电回路中的全微分项积分为 0，满足安培环路定理条件，即

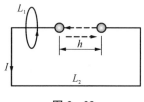

图 2-23

$$\oint_{L_1} \boldsymbol{B}_1 \cdot \mathrm{d}\boldsymbol{l} = \mu_0 I \tag{2-34}$$

式中，$\boldsymbol{B}_1$ 是补齐后回路在闭合积分曲线上产生的总磁感应强度。

现讨论导线 h 段通过的电流所产生的磁感应强度的曲线积分。令导线 h 段中点电荷在平面 S_1 上产生的电位移矢量为 $\boldsymbol{D}_i$，$\mathrm{d}\boldsymbol{l}'$ 为导线 h 段中取的微元长度，则

$$un\boldsymbol{\nabla} \times (\mathrm{d}\boldsymbol{l}' \times \boldsymbol{D}_i) = \frac{qun}{4\pi} \left\{ \left[\boldsymbol{\nabla} \cdot \frac{(\boldsymbol{r}' - \boldsymbol{r})}{|\boldsymbol{r}' - \boldsymbol{r}|^3} \right] \mathrm{d}\boldsymbol{l}' + \mathrm{d} \frac{(\boldsymbol{r}' - \boldsymbol{r})}{|\boldsymbol{r}' - \boldsymbol{r}|^3} \right\} \tag{2-35}$$

设导线 h 段中运动电荷在积分曲线 L_1 上产生的磁感应强度为 $\boldsymbol{B}_2$，则由式 (2-28)得

$$\oint_{L_1} \boldsymbol{B}_2 \cdot \mathrm{d}\boldsymbol{l} = \iint_{S_1} un[\boldsymbol{\nabla} \times (\mathrm{d}\boldsymbol{l}' \times \boldsymbol{D}')] \cdot \mathrm{d}\boldsymbol{S}$$

$$= \mu_0 \frac{qun}{4\pi} \iint_{S_1} \left\{ \int_h \left[\boldsymbol{\nabla} \cdot \frac{(\boldsymbol{r}-\boldsymbol{r}')}{|\,r-r'\,|^3} \right] \mathrm{d}\boldsymbol{l}' \right\} \cdot \mathrm{d}S + \mu_0 \frac{qun}{4\pi} \iint_{S_1} \int_h \left[\mathrm{d}\frac{(\boldsymbol{r}-\boldsymbol{r}')}{|\,r-r'\,|^3} \right] \cdot \mathrm{d}\boldsymbol{S}$$

该段线路上所有电荷运动的速度完全相同，单位长度的电荷数 n 是常数，上式中右边第二项可以写为

$$\oint_{L_1} \boldsymbol{B}_2 \cdot \mathrm{d}\boldsymbol{l} = \mu_0 un \iint_{S_1} \left\{ \int_h \left[\boldsymbol{\nabla} \cdot \frac{q(\boldsymbol{r}-\boldsymbol{r}')}{4\pi\,|\,r-r'\,|^3} \right] \mathrm{d}\boldsymbol{l}' \right\} \cdot \mathrm{d}\boldsymbol{S}$$

$$+ \mu_0 \iint_{S_1} \int_h \left[\mathrm{d}\frac{qun(\boldsymbol{r}-\boldsymbol{r}')}{4\pi\,|\,r-r'\,|^3} \right] \cdot \mathrm{d}\boldsymbol{S} \qquad (2-36)$$

由于积分曲线构成的平面 S_1 与 h 段没有交接，h 段中所有电荷在 S_1 面中产生的电位移矢量的散度为 0，即 $\boldsymbol{\nabla} \cdot \dfrac{q(\boldsymbol{r}-\boldsymbol{r}')}{4\pi\,|\,r-r'\,|^3} = \boldsymbol{\nabla} \cdot \boldsymbol{D} = 0$，则式(2-36)为

$$\oint_{L_1} \boldsymbol{B}_2 \cdot \mathrm{d}\boldsymbol{l} = \mu_0 \iint_{S_1} \int_h \left[\mathrm{d}\frac{qun(\boldsymbol{r}-\boldsymbol{r}')}{4\pi\,|\,r-r'\,|^3} \right] \cdot \mathrm{d}\boldsymbol{S} \qquad (2-37)$$

速度 $u = \dfrac{\Delta l'}{\Delta t}$ 是 h 段电荷单位时间运动的距离 $\Delta l'$，则上式有

$$\int_h \mathrm{d}\left[\frac{unq(\boldsymbol{r}-\boldsymbol{r}')}{4\pi\,|\,r-r'\,|^3} \right] = \int_h \mathrm{d}\left[\frac{\Delta l'nq(\boldsymbol{r}-\boldsymbol{r}')}{\Delta t\,4\pi\,|\,r-r'\,|^3} \right]$$

令 $\boldsymbol{D}_i = \dfrac{\Delta l'nq(\boldsymbol{r}-\boldsymbol{r}')}{4\pi\,|\,r-r'\,|^3}$ 是 h 段中位矢 $(\boldsymbol{r}-\boldsymbol{r}')$ 处 $\Delta l'$ 微元内的电荷在 S_1 平面中任意一点产生的电位移矢量。因此

$$\int_h \mathrm{d}\left[\frac{unq(\boldsymbol{r}-\boldsymbol{r}')}{4\pi\,|\,r-r'\,|^3} \right] = \frac{1}{\Delta t}\int_h \mathrm{d}[D_i] = \frac{D_h - D_0}{\Delta t} \qquad (2-38)$$

式中，$\boldsymbol{D}_h$ 是 h 段积分终点位置处 $\Delta l'$ 微元内电荷在 S_1 面上产生的电位移矢量；$\boldsymbol{D}_0$ 是 h 段积分起点位置处 $\Delta l'$ 微元内电荷在 S_1 面上产生的电位移矢量。从图 2-23 中可以看出，h 段中的电流方向与通电回路 L_2 的电流方向相反，根据 $\boldsymbol{D}_h$、$\boldsymbol{D}_0$ 矢量方向，可以判断 $\Delta\boldsymbol{D}$ 矢量方向与 $\mathrm{d}\boldsymbol{S}$ 矢量方向相反，则

$$\oint_{L_1} \boldsymbol{B}_2 \cdot \mathrm{d}\boldsymbol{l} = \mu_0 \iint_{S_1} \frac{\Delta\boldsymbol{D}}{\Delta t} \cdot \mathrm{d}\boldsymbol{S} = -\mu_0 \frac{\mathrm{d}\Phi_1}{\mathrm{d}t} \qquad (2-39)$$

由于 h 段中的电流方向与通电回路 L_2 的电流方向相反,它们产生的磁感应强度符号相反,即式(2-34)和式(2-39)相加得

$$\oint_{L_1} \boldsymbol{B}_1 \cdot \mathrm{d}\boldsymbol{l} - \oint_{L_1} \boldsymbol{B}_2 \cdot \mathrm{d}\boldsymbol{l} = \mu_0 I + \mu_0 \frac{\mathrm{d}\Phi_1}{\mathrm{d}t} \tag{2-40}$$

积分曲线 L_1 上总磁感应强度 $\boldsymbol{B} = \boldsymbol{B}_1 - \boldsymbol{B}_2$,积分路径相同,所以上式

$$\oint_{L_1} \boldsymbol{B} \cdot \mathrm{d}\boldsymbol{l} = \mu_0 I + \mu_0 \frac{\mathrm{d}\Phi_1}{\mathrm{d}t} \tag{2-41}$$

式(2-41)称为全电流安培环路定律,即磁感应强度沿任意封闭曲线积分等于曲线内通过的电流强度与封闭曲线内的单位时间电位移通量改变量之和,然后乘上 μ_0。 用式(2-41)进行相关计算时,如果电位移矢量的变化率方向与电流强度方向相同,则式(2-41)中为+号,反之为-号。

式(2-41)还可以有如下表达:

$$\oint \boldsymbol{B} \cdot \mathrm{d}\boldsymbol{l} = \iint_S (\boldsymbol{\nabla} \times \boldsymbol{B}) \cdot \mathrm{d}\boldsymbol{S} = \iint_S \left(\boldsymbol{j} + \frac{\mathrm{d}\boldsymbol{D}}{\mathrm{d}t} \right) \cdot \mathrm{d}\boldsymbol{S} \tag{2-42}$$

式(2-42)中,$\boldsymbol{j}$ 是导线中的电流密度,式(2-42)得

$$\boldsymbol{\nabla} \times \boldsymbol{B} = \mu_0 \left(\boldsymbol{j} + \frac{\mathrm{d}\boldsymbol{D}}{\mathrm{d}t} \right) = \mu_0 (\boldsymbol{j} + \boldsymbol{j}_D) \tag{2-43}$$

如果闭合曲线内没有传导电流,有

$$\boldsymbol{\nabla} \times \boldsymbol{B} = \mu_0 \frac{\mathrm{d}\boldsymbol{D}}{\mathrm{d}t} = \mu_0 \boldsymbol{j}_D \tag{2-44}$$

式中,B 与 $\dfrac{\mathrm{d}\boldsymbol{D}}{\mathrm{d}t}$ 呈右手螺旋关系,如图 2-24 所示。

从式(2-42)中可以看出,$\boldsymbol{j}$ 和 $\dfrac{\mathrm{d}\boldsymbol{D}}{\mathrm{d}t}$ 具有相同的量纲。$\dfrac{\mathrm{d}\boldsymbol{D}}{\mathrm{d}t}$ 被定义为位移电流密度,位移电流密度等于该位置单位时间的电位移矢量改变量。Φ 是通过封闭曲线中总的电位移通量,$\dfrac{\mathrm{d}\Phi}{\mathrm{d}t}$ 被定义为位移电流,这是英国物理学家麦克斯韦首先提出的,它与传导电流不同,它不产生热效应、化学效应等。位移电流是建立麦克斯韦方程组的一个重要依据。位移电流不是电荷做定向运动的电流,但它与磁场的相互关系满足安培环路定律。位移电流的单位与电流的单位相同。

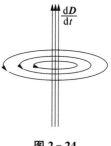

图 2-24

例 2-15 如图 2-25 所示,用一个无限长的载流导线对一个导体球进行充电,导线通过的电流强度为 I,不考虑导线运动电荷对导体球上电荷分布的影响,计算图中封闭曲线上的磁感应强度。

解 导体球上电荷的改变导致电位移通量的变化率为

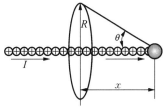

$$\frac{\mathrm{d}\Phi_x}{\mathrm{d}t} = \frac{I}{2}(1 - \cos\theta)$$

由于位移电流方向与电流方向相反,利用安培环路定律,有

图 2-25

$$\oint \boldsymbol{B} \cdot \mathrm{d}\boldsymbol{l} = \mu_0 \left[I - \frac{I}{2}(1 - \cos\theta) \right] = \mu_0 \frac{I}{2}(1 + \cos\theta)$$

封闭曲线上 B 大小都相同,则有

$$2\pi R B = \mu_0 \frac{I}{2}(1 + \cos\theta)$$

解得

$$B = \frac{\mu_0 I}{4\pi R}(1 + \cos\theta)$$

例 2-16 如图 2-26 所示,半径为 R 的导体薄圆板,板面积为 S,现用无限长的导线对板进行充电,充电电流强度为 I,不考虑边缘效应,计算两个板之间 P 点的磁感应强度。

解 以 P 点到通电导线的距离为半径作一个圆环路,圆心为 O 点,该圆就是安培环路定律的环路(见图 2-26 中的虚线)。根据安培环路定律,有

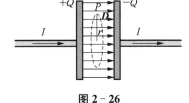

$$\oint \boldsymbol{B} \cdot \mathrm{d}\boldsymbol{l} = \mu_0 \frac{\mathrm{d}\Phi_x}{\mathrm{d}t}$$

图 2-26

不考虑两个板之间的边沿效应,两个板之间的电位移矢量的值为

$$D = \frac{Q}{S}$$

则电位移矢量的值随时间的变化率为

$$\frac{\mathrm{d}D}{\mathrm{d}t} = \frac{\mathrm{d}Q}{S\mathrm{d}t} = \frac{I}{S}$$

电位移通量随时间的变化率为

$$\frac{\mathrm{d}\Phi}{\mathrm{d}t} = S_r \frac{\mathrm{d}D}{\mathrm{d}t} = \pi r^2 \frac{\mathrm{d}Q}{S\mathrm{d}t} = \frac{I\pi r^2}{S}$$

这样,我们可以非常方便地得到

$$\oint \boldsymbol{B} \cdot \mathrm{d}\boldsymbol{l} = \mu_0 \frac{I\pi r^2}{S}$$

由于环路积分过程中 B 的大小相等,方向为圆切线方向,所以有

$$2\pi r B = \mu_0 \frac{I\pi r^2}{S}$$

可得

$$B = \frac{\mu_0 I r}{2S}$$

例 2-17 如图 2-27 所示,两个平板的中心用一根细小的导线连接,两个板带的电量分别是 $+Q$ 和 $-Q$,如果导线的放电电流为 I,计算 P 点的磁感应强度。

解 如图把传导电流和位移电流连接,就是封闭的载流回路。两个板之间通过导线电流从带电量为 $+Q$ 的板流向带电量为 $-Q$ 的电板,位移电流从带电量为 $-Q$ 的电板流向带电量为 $+Q$ 的板,形成了一个载流回路,满足全电流的安培环路定律。

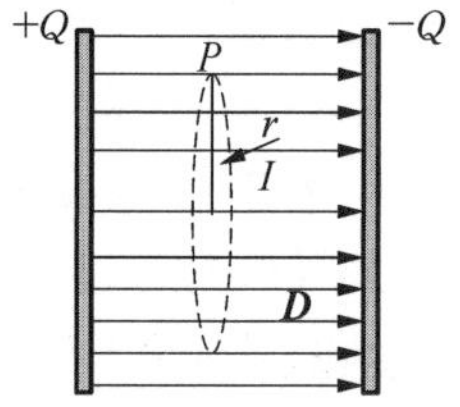

以 P 点到通电导线的距离为半径作一个圆,圆心为 O 点,该圆就是安培环路定律的环路,如图 2-27 所示。根据安培环路定律,有

$$\oint \boldsymbol{B} \cdot \mathrm{d}\boldsymbol{l} = \mu_0 \frac{\mathrm{d}\Phi_x}{\mathrm{d}t} + \mu_0 I$$

图 2-27

不考虑两个板之间的边沿效应,电位移矢量的大小为

$$D = \frac{Q}{S}$$

则电位移矢量随时间的变化率为

$$\frac{\mathrm{d}D}{\mathrm{d}t} = \frac{\mathrm{d}Q}{S\mathrm{d}t} = \frac{I}{S}$$

电位移通量随时间的变化率为

$$\frac{\mathrm{d}\Phi}{\mathrm{d}t} = S_r \frac{\mathrm{d}D}{\mathrm{d}t} = S_r \frac{\mathrm{d}Q}{S\mathrm{d}t} = \frac{I\pi r^2}{S}$$

由全电流的安培环路定律,有

$$\oint \boldsymbol{B} \cdot \mathrm{d}\boldsymbol{l} = \mu_0 \frac{I\pi r^2}{S} - \mu_0 I$$

由于在环路积分过程中,B 的大小是一个常量,所以有

$$2\pi r B = \mu_0 \frac{I\pi r^2}{S} - \mu_0 I$$

即有

$$B = \frac{1}{2\pi r}\left(\mu_0 \frac{I\pi r^2}{S} - \mu_0 I\right)$$

3. 非运动电荷产生的位移电流不产生磁场

磁场是由运动电荷电场的相对论变换得到的,空间中任何一点的总磁场都是所有运动电荷产生磁场的矢量叠加。位移电流不产生磁场,但在一些场合会引入位移电流,使之服从安培环路定律,方便磁感应强度的计算。

(1) 带电体在空间产生的位移电流的旋度。

根据位移电流密度的定理

$$j_D = \frac{\mathrm{d}D}{\mathrm{d}t}$$

两边取旋度,得

$$\boldsymbol{\nabla} \times \boldsymbol{j}_D = \boldsymbol{\nabla} \times \frac{\mathrm{d}\boldsymbol{D}}{\mathrm{d}t} = \frac{\mathrm{d}(\boldsymbol{\nabla} \times \boldsymbol{D})}{\mathrm{d}t}$$

由于 $\boldsymbol{\nabla} \times \boldsymbol{D} = 0$,所以

$$\boldsymbol{\nabla} \times \boldsymbol{j}_D = 0 \tag{2-45}$$

在稳定的条件下,带电体因为电量改变产生的位移电流的旋度为 0,它不产生磁场。

(2) 传导电流的旋度。

设通电导线的截面积为 S_0,根据电流强度的定义,电流强度为

$$\boldsymbol{j} = \frac{\mathrm{d}q}{S_0 \mathrm{d}t}\boldsymbol{e}_n$$

对于传导电流密度的旋度,有

$$\boldsymbol{\nabla} \times \boldsymbol{j} = \boldsymbol{\nabla} \times \frac{\mathrm{d}q}{S_0 \mathrm{d}t}\boldsymbol{e}_n = \frac{1}{S_0}\boldsymbol{\nabla} \times I\boldsymbol{e}_n$$

利用斯托克斯定理

$$\oint \boldsymbol{I} \cdot \mathrm{d}\boldsymbol{l} = \iint\limits_{S} (\boldsymbol{\nabla} \times \boldsymbol{I}) \cdot \mathrm{d}S$$

因为电流强度沿一个通电回路积分不为零,所以电流强度的旋度不为零,即

$$\boldsymbol{\nabla} \times \boldsymbol{I} \neq 0 \rightarrow \boldsymbol{\nabla} \times \boldsymbol{j} \neq 0$$

即传导电流的旋度不为 0。

（3）电流对磁场有贡献。

根据式(2-43),即

$$\boldsymbol{\nabla} \times \boldsymbol{B} = \mu_0 (\boldsymbol{j} + \boldsymbol{j}_D)$$

两边再取旋度,得

$$\boldsymbol{\nabla} \times \boldsymbol{\nabla} \times \boldsymbol{B} = \boldsymbol{\nabla}(\boldsymbol{\nabla} \cdot \boldsymbol{B}) - \nabla^2 B = \mu_0 (\boldsymbol{\nabla} \times \boldsymbol{j} + \boldsymbol{\nabla} \times \boldsymbol{j}_D)$$

因为 $\boldsymbol{\nabla} \cdot \boldsymbol{B} = 0$ 和 $\boldsymbol{\nabla} \times \boldsymbol{j}_D = 0$，上式即为

$$\nabla^2 B = \mu_0 \boldsymbol{\nabla} \times \boldsymbol{j} \qquad (2-46)$$

显然,传导电流是运动电荷做宏观定向运动形成的,它能产生磁场。

（4）涡旋电场对应的位移电流能产生磁场。

什么样的位移电流对磁场有贡献? 如果存在一种电场线或者电位移线,它们满足

$$\boldsymbol{\nabla} \times \boldsymbol{j}_D' = \boldsymbol{\nabla} \times \frac{\mathrm{d}\boldsymbol{D}'}{\mathrm{d}t}$$

又根据斯托克斯定理

$$\oint \boldsymbol{j}_D' \cdot \mathrm{d}\boldsymbol{l} = \iint\limits_{S} (\boldsymbol{\nabla} \times \boldsymbol{j}_D') \mathrm{d}S$$

如果 $\oint \boldsymbol{j}_D' \cdot \mathrm{d}\boldsymbol{l} \neq 0$，则

$$\boldsymbol{\nabla} \times \boldsymbol{j}_D' \neq 0 \qquad (2-47)$$

则有

$$\nabla^2 B = \mu_0 (\boldsymbol{\nabla} \times \boldsymbol{j} + \boldsymbol{\nabla} \times \boldsymbol{j}_D') \qquad (2-48)$$

满足 $\oint \boldsymbol{j}_D' \cdot \mathrm{d}\boldsymbol{l} \neq 0$ 的位移电流,只有电位移线或者电场线是无始无终的封闭曲线,即涡旋电场。磁场随时间的变化产生的电场线或者电位移线就是无始无终的封闭曲线,它能产生磁场。

　　因此,带电体因为电量的改变产生的位移电流对磁场没有贡献,但磁场随时间变化在周围产生的涡旋电场(无始无终的封闭电场线)对应的涡旋位移电流对磁场有贡献,这在第 5 章法拉第电磁感应定律中将会详细说明。涡旋电场随时间而改变,产生涡旋磁场,涡旋磁场随时间的改变,再产生涡旋电场,如此不断转换,就形成了电磁波的传播,这将在第 7 章中有详细推导。

　　例 2 - 18　如图 2 - 28 所示,两个半径很小的导体球,相距 L,分别带 $+Q$ 和 $-Q$ 的电量,用一根细长的导线放电,放电电流为 I。 假如两带电小球不影响彼此的电荷分布,在放电过程中,带电小球的电荷始终呈均匀分布。计算图 2 - 28 中 P 点的磁感应强度。

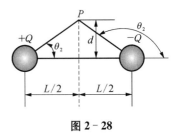

图 2 - 28

　　解　可以直接用毕奥-萨伐尔求解,有

$$B = \frac{\mu_0 I}{4\pi R}(\cos\theta_1 - \cos\theta_2)$$

$$B = \frac{\mu_0 I}{4\pi d}\left(\frac{L}{\sqrt{L^2 + 4d^2}} + \frac{L}{\sqrt{L^2 + 4d^2}}\right) = \frac{\mu_0 I}{2\pi d}\left(\frac{L}{\sqrt{L^2 + 4d^2}}\right)$$

用安培环路定理,解得

$$\oint \boldsymbol{B} \cdot \mathrm{d}\boldsymbol{l} = \mu_0 \left(I - \frac{\mathrm{d}\Phi}{\mathrm{d}t}\right)$$

利用与**例 2 - 15** 相同的方法,有

$$\begin{cases} \dfrac{\mathrm{d}\Phi_+}{\mathrm{d}t} = \dfrac{I}{2}[1 - \cos\theta_1] \\[2mm] \dfrac{\mathrm{d}\Phi_-}{\mathrm{d}t} = \dfrac{I}{2}(1 + \cos\theta_2) \end{cases}$$

方程组第二式中 $\theta_2 > 90°$,推导时变号。把方程组叠加后,得

$$\frac{\mathrm{d}\Phi}{\mathrm{d}t} = \frac{\mathrm{d}\Phi_+}{\mathrm{d}t} + \frac{\mathrm{d}\Phi_-}{\mathrm{d}t} = I - \frac{I}{2}\cos\theta_1 + \frac{I}{2}\cos\theta_2$$

代入安培定律式,得

$$B = \frac{\mu_0 I}{2\pi d}\left(\frac{L}{\sqrt{L^2 + 4d^2}}\right)$$

　　这个结果与用全电流安培环路定理求解的结果相同,说明小球产生的位移电流不能产生磁场。

例 2-19　如图 2-29 所示,一根无限长的载流导线,导线中间断开一个小段,小段的长度为 L,两个断开的地方外接两个小球,小球的半径可以忽略不计。现外接一个电源,通电电流为 I,计算图中 P 点的磁感应强度。

解　这里也可以直接套用无限长的载流导线在空间产生磁感应强度的公式,即

$$B = \frac{\mu_0 I}{4\pi R}(\cos\theta_1 - \cos\theta_2)$$

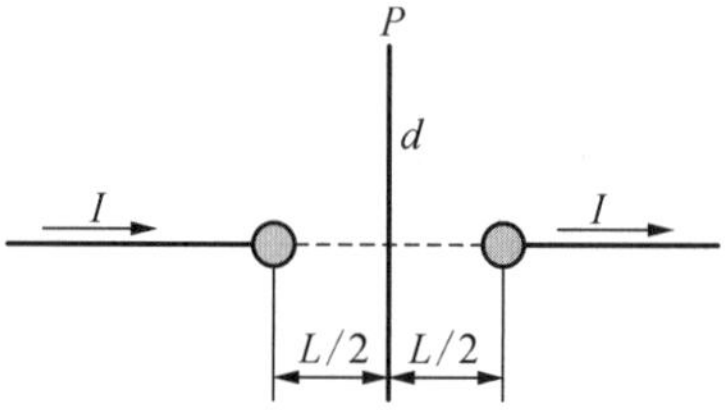

左边导线在 P 点产生的磁感应强度为

$$B_1 = \frac{\mu_0 I}{4\pi d}\left(1 - \frac{L}{\sqrt{L^2 + 4d^2}}\right)$$

右边导线在 P 点产生的磁感应强度为

图 2-29

$$B_2 = \frac{\mu_0 I}{4\pi d}\left(-\frac{L}{\sqrt{L^2 + 4d^2}} + 1\right)$$

总的磁感应强度为

$$B = B_1 + B_2 = \frac{\mu_0 I}{2\pi d}\left(-\frac{L}{\sqrt{L^2 + 4d^2}} + 1\right)$$

如果 P 点距离两个小球连线的距离无限远,则

$$B = \frac{\mu_0 I}{2\pi d}$$

用全电流的安培环路定律也能得到相同的结果,也说明小球产生的位移电流不能产生磁。

2.4　洛伦兹力

荷兰物理学家洛伦兹(1853—1928 年)首先提出了运动电荷产生磁场和磁场对运动电荷有作用力的观点。一个电荷在磁场中运动,当电荷运动速度与磁感应强度相互垂直时,电荷会受到一个与运动电荷速度相互垂直的作用力,这个力就是洛伦兹力,如图 2-30 所示。式(2-19)已经给出了洛伦兹力的表达式。

实验证明,运动带电粒子在磁场中受的力 **F** 与粒子的电荷 q、速度 **v** 和磁感应强度 **B** 之间有如下关系:

$$F = qv \times B$$

按照矢量叉乘的定义,上式表明,F 的大小为

$$F = | q | vB \sin \theta \qquad (2-49)$$

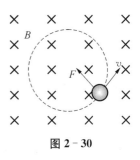

图 2 - 30

式中,θ 为 v 与 B 之间的夹角。F 的方向与 v 和 B 构成的平面垂直,式(2 - 49)还表明,带电粒子受力 F 的方向与它的电荷 q 的正负有关。图 2 - 30 中所示是正电荷受力的方向,若是负电荷,则受力与此方向相反。应当指出,由于洛伦兹力的方向总与带电粒子速度的方向垂直,洛伦兹力不对粒子做功,它只改变粒子运动的方向,而不改变它的速率和动能。

2.4.1　洛伦兹力的典型应用之一——磁聚焦

由于洛伦兹力 F 永远在垂直于磁感应强度 B 的平面内,而粒子的初速度 v 也在这个平面内,因此它的运动轨迹就不会越出这个平面。又因洛伦兹力永远垂直于粒子的速度,它只改变粒子运动的方向,而不改变其速率,因此粒子在上述平面内做匀速圆周运动。设粒子的质量为 m,圆周轨道的半径为 R,则粒子做圆周运动时的向心加速度 $a = v^2/R$。这里维持粒子做圆周运动的向心力就是洛伦兹力,即

$$qvB = \frac{mv^2}{R}$$

由此得轨道的半径为

$$R = \frac{mv}{qB}$$

上式表明,R 与 v 成正比,与 B 成反比。粒子回绕一周所需的时间(即周期)为

$$T = \frac{2\pi R}{v} = \frac{2\pi m}{qB}$$

即频率为

$$\omega = \frac{1}{T} = \frac{qB}{2\pi m}$$

ω 为带电粒子在磁场中的回旋共振频率,上式表明,回旋共振频率与粒子的速率和回旋半径有关。

2.4.2　洛伦兹力的典型应用之二——磁约束

在普遍情形下，v 与 B 成任意夹角 θ。这时我们可以把 v 分解为 $v_{\parallel}=v\cos\theta$ 和 $v_{\perp}=v\sin\theta$ 两个分量，它们分别平行和垂直于 B。若只有 $v_{\parallel}$ 分量，则磁场对粒子没有作用力，粒子将沿 B 的方向（或其反方向）做匀速直线运动。当两个分量同时存在时，粒子的轨迹将成为一条螺旋线，其螺距 h（即粒子每回转一周前进的距离）为

$$h = v_{\parallel}\,T = \frac{2\pi m v_{\parallel}}{qB}$$

它与 $v_{\perp}$ 分量无关。

上述结果是一种最简单的磁聚焦原理。我们设想从磁场某点 A 发射出一束很窄的带电粒子流，它们的速率 v 近似相等，且与磁感应强度 B 的夹角都很小，则

$$v_{\parallel}=v\cos\theta \approx v$$
$$v_{\perp}=v\sin\theta \approx v\theta$$

由于速度的垂直分量 $v_{\perp}$ 不同，在磁场的作用下，各粒子将沿不同半径的螺旋线前进。但由于它们速度的平行分量 $v_{\parallel}$ 近似相等，经过距离 $h = \dfrac{2\pi m v_{\parallel}}{qB} = \dfrac{2\pi m v}{qB}$ 之后，它们又重新汇聚在一起。这与光束经透镜后聚焦的现象有些类似，所以称为磁聚焦现象。

等离子体是在很高温度下由电子、正离子（或原子核）组成的电中性物质系统。如果设计一个如图 2-31 所示的两头强、中间弱的不均匀磁场，把高温等离子体置于这种磁场中，等离子体的电子和原子核都将沿磁感应曲线做螺旋运动。当不同速度的带电粒子从 N 端向 S 端运动时，垂直于磁感线的速

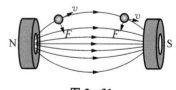

图 2-31

度分量导数带电粒子有一个洛伦兹力，由于磁场在 N、S 之间是非均匀的，不同位置的带电粒子受力大小和方向不同。从图 2-31 中可以看出，靠近 N 端的位置，磁场强度比较大，带电粒子受到的 F 比较大，带电粒子从 N 极到 S 极的运动过程中，螺旋运动的半径从小逐渐变大；靠近 S 端的位置，螺旋运动的半径又逐渐变小。在此过程中，F 有一个水平方向的分量，带电粒子从 N 极到 S 极时，带电粒子的起始阶段一个正的加速度，使带电粒子的速度越来越快，但到了靠近 S 端，F 的水平分量导致带电粒子有一个负的加速度，所以带电粒子的水平速度会越来越慢，最后变为 0，这时带电粒子不能再继续向前运动，但由于回旋电荷受到一个指向弱磁场

方向的作用力,带电粒子将沿磁感应曲线螺旋往回运动,直至到 N 端磁场的 B 值处,速度又为零,然后再反向做螺旋运动。这样,带电粒子在磁场中左右来回运动而不能逃出磁场。因此,磁场分布就像"牢笼"一样,可以把带电粒子或等离子体约束在其中。目前在大多数受控热核反应的实验装置里用磁场来约束等离子体。

2.4.3　洛伦兹力的典型应用之三——电子加速器

图 2 - 32 为回旋加速器的基本原理图。设想正当 D_2 的电势高的时候,一个带正电的离子从离子源发出,它在缝隙中被加速,以速率 v_1 进入 D_1 内部的无电场区。在这里离子在磁场的作用下绕过回旋半径的半个圆周而回到缝隙。如果在此期间缝隙间的电场恰好反向,粒子通过缝隙时又被加速,以较大的速率 v_2 进入 D_2 内部的无电场区,在这里离子在磁场的作用下绕过回旋半径的半个圆周再次回到缝隙。虽然 $R_2 > R_1$,但绕过半个圆周所用的时间都是一样的,它们都等于回旋共振周期的一半,即尽管粒子的速率与回旋半径一次比一次增大,只要缝隙中的交变电场以不变的回旋共振周期往复变化,便可保证离子每次经过缝隙时受到的电场力都是使它加速的。这样,不断被加速的离子将沿着螺旋轨道逐渐趋于 D 形盒的边缘,在这里达到预期的速率后,用特殊的装置将它们引出。

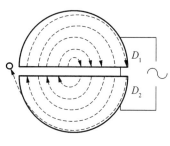

图 2 - 32

2.4.4　洛伦兹力的典型应用之四——霍尔效应

1. 经典霍尔效应

霍尔效应是在 1879 年由物理学家霍尔发现,它定义了磁场与感应电压之间的关系,这种效应与传统的电磁感应完全不同。

如图 2 - 33 所示,将一导电板放在垂直于它的磁场中。当有电流通过时,在导电板的两侧会产生一个电势差 U_H,这个现象称为霍尔效应。实验表明,在磁场不太强时,电势差 U_H 与电流 I 和磁感应强度 B 成正比,与板的厚度 d 成反比,即

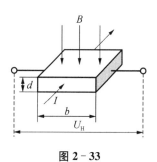

图 2 - 33

$$U_H = R\frac{IB}{d} \qquad (2-50)$$

式中的比例系数称为霍尔系数。

霍尔效应可用洛伦兹力来说明。因为磁场使导体内移动的电荷发生偏转,使导体两侧分别聚集了正、负电荷,形成电势差。设导体内载流子的平均定向速率为 u,它在磁场中受到洛伦兹力,当导体两侧形成电势差后,导体两侧之间形成电场,载流子还受到一个相反的电场力 qE,最后达到恒定状态时,两个力平衡,即

$$quB = qE = q\frac{U_{H'}}{b}$$

此外,设载流子的浓度为 n,则电流 I 与 u 的关系为

$$I = bdnqu \text{ 或 } u = \frac{I}{bdnq}$$

于是

$$qB\frac{I}{bdnq} = q\frac{U_{H'}}{b}$$

则有

$$U_H = \frac{1}{nq}\frac{IB}{d} \tag{2-51}$$

将式(2-51)与式(2-50)比较,即可知道霍尔系数为

$$R = \frac{1}{nq} \tag{2-52}$$

上式表明,R 与载流子的浓度有关,因此,通过霍尔系数的测量,可以确定导体内载流子的浓度 n。 半导体内载流子的浓度远比金属中载流子的浓度小,所以半导体的霍尔系数比金属大得多。此外,半导体内载流子的浓度受温度、杂质以及其他因素的影响很大,因此霍尔效应为研究半导体载子浓度的变化提供了重要的方法。

霍尔效应在科学技术的许多领域(如测量技术、电子技术、自动化技术等)中都有着广泛的应用,特别是近年来用半导体材料做成的霍尔元件,其结构简单、牢靠,使用方便,成本低廉,在测量磁场、电流和电功率,进行电信号交、直流转换及通过电信号进行简单运算等方面使用很普遍。

例2-20 如图2-34所示,一个平行板电容器两个板的面积为 S,板间的距离为 d,把它放在一个电阻率为 ρ 的导电液体中,流体以速度 v 平行于板流动,整个系统处于均匀磁场中,磁感应强度 B 平行于板且垂直于流体的速度。将电阻接在电容器上,求电阻放出的热功率;当电阻多大时,放出的热功率最大?

解 设粒子带电量为 q,则它受到的洛伦兹力为

$$f = Bqv$$

当它稳定流动时,两板间的电势差为 U,则静电力和洛伦兹力平衡,有

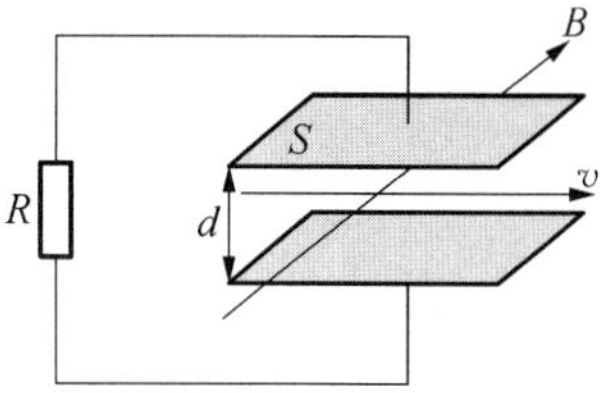

图 2 - 34

$$Eq = q\frac{U}{d} = Bqv$$

电势差为

$$U = Bdv$$

回路中流体的电阻为

$$r = \rho\frac{d}{S}$$

则电阻中功率为

$$P = \left(\frac{U}{R+r}\right)^2 R = \left(\frac{vBd}{R + \rho\frac{d}{S}}\right)^2 R = \left(\frac{vSBd}{RS + \rho d}\right)^2 R$$

简化后得

$$P = (vSBd)^2 \frac{1}{RS^2 + 2S\rho d + \dfrac{\rho^2 d^2}{R}}$$

不难发现,只有当

$$RS^2 = \frac{\rho^2 d^2}{R}$$

时,电阻发热功率最大,有

$$RS^2 = \frac{\rho^2 d^2}{R}$$

可得

$$P_{max} = \frac{v^2 SB^2 d}{4\rho}$$

2. 量子霍尔效应

霍尔效应是在三维的导体中实现的,电子可以在导体中自由运动。如果通过某种手段将电子限制在二维平面内,在垂直于平面的方向施加磁场,沿二维电子气的一个方向通电流,则在另一个方向也可以测量到电压,这与霍尔效应很类似。1980 年,德国物理学家 von Klitzing 发现了量子霍尔效应。量子霍尔效应的横向

电阻是量子化的，$R = \dfrac{h}{q^2} \dfrac{1}{i}$，其中 i 是一个自然正整数，h 是普朗克常量。

通俗地说，量子霍尔效应背后对应的物理机制是在强磁场下，导体内部的电子受洛伦兹力的作用不断沿着等能面转圈。如果导体中存在杂质，尤其是带电荷的杂质，将会影响等能面的形状。实际上，导体内部的电子只能在导体内部闭合的等能面上做周期运动，而不能参与导电。在量子霍尔效应中，真正参与导电的实际上是电子气边缘的电子，而边缘的电子转圈转到一半就会打到边界并反弹，再次做半圆运动，由此不断前进。这种在边界运动的电子，与通常在导体内部运动的电子不同，它不是通过不断碰撞、再扩散的方式前进的，而是几乎不与其他电子碰撞，直接到达目的地，这种现象在物理学中称为弹道输运，如图 2 - 35 所示。显然，在这种输运机制中产生的电阻不与具体材料有关，只与电子本身所具有的性质有关。

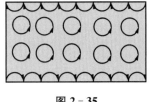

图 2 - 35

量子霍尔效应实际上给处在微观世界的电子制订了一个"交通规则"：电子在这种强磁场中，只能沿着边缘的一维通道运动。一个导体，加上一个很强的磁场后，这个导体的绝大部分变成绝缘的，电子只能在边缘沿着一个个通道运动，而且只能做单向运动，不能返回。这样的发现大大加深了我们对微观世界的理解，这是物理学上一个非常大的进步。

3. 量子反常霍尔效应

量子反常霍尔效应不依赖于强磁场而由材料本身的自发磁化产生，在零磁场中就可以实现量子霍尔态，由清华大学薛其坤院士领衔的实验团队在 2013 年从实验上首次观测到量子反常霍尔效应。

2.5　安培力与安培力做功

2.5.1　安培力的来源

1. 安培力的物理起源

安培力是通电导线在磁场中受到的作用力，由法国物理学家安培首先通过实验确定。可表述为电流强度为 I、长度为 L 的直导线，置于磁感应强度为 B 的均匀外磁场中，导线会受到一个垂直于由通电导线和磁场方向所确定的平面的力。任意形状的导线在均匀磁场中受到的安培力，可看作无限多直线电流元 $I\Delta L$ 在磁场中受到的安培力的矢量和。

载流导线中包含大量自由电子，下面证明，导线受到的安培力就是作用在各自由电子上洛伦兹力的宏观表现。如图 2-36 所示,一段长度为 Δl 的金属导线,把它放置在平行与竖直向上的磁场中。设导线中通有电流 I,方向向上,则

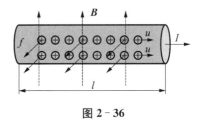

图 2-36

$$\Delta q = qn\Delta V = qnSu\Delta t$$

于是电流

$$I = \frac{\Delta q}{\Delta t} = qnSu$$

由于这里电子的定向速度 u 与磁感应强度 B 垂直,$\sin\theta = 1$,每个电子由于定向运动受到的洛伦兹力为

$$F = quB \tag{2-53}$$

虽然这个力作用在金属内的自由电子上,但是自由电子不会越出金属导线,它所获得的冲量最终都会传递给金属的晶格骨架,从宏观上看,是金属导线承受这个力。长度为 Δl 的这段导线,其体积为 $S\Delta l$,每个电子受力 $f = quB$,所以这段导线最终受到的总力为

$$F = \sum_{i=1}^{n} f_i = nS\Delta lF = nS\Delta lquB = B(qnSu)\Delta l$$

式中,括弧中的量正好是传导电流 I,故最后所得的力大小为

$$F = BI\Delta l$$

其微分形式为

$$\mathrm{d}\boldsymbol{F} = I\mathrm{d}\boldsymbol{l} \times \boldsymbol{B} \tag{2-54}$$

这就是安培力的公式。本质上说,安培力是洛伦兹力的宏观表现,洛伦兹力是安培力的微观来源。

应当指出,导体内的自由电子除定向运动之外,还有无规则的热运动。由于热运动速度 v 朝各方向的概率相等,在任何一个宏观体积内,各自由电子热运动速度的矢量和 $\sum v$ 为 0。而洛伦兹力与 v 和 B 都垂直,由热运动引起的洛伦兹力朝各方向的概率也是相等的。传递给晶格骨架后叠加起来,其宏观效果也等于 0。对于宏观的安培力 $F_{总}$ 来说,电子的热运动没有贡献,所以在上述初步的讨论中我们可以不考虑它。

任意封闭载流导体在磁场中所受的合力如图 2-37 所示。

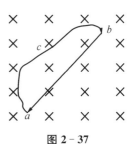

图 2-37

$$F = \oint I \mathrm{d}l \times B$$

由于

$$I \mathrm{d}l \times B = I \begin{vmatrix} i & j & k \\ \mathrm{d}x & \mathrm{d}y & \mathrm{d}z \\ B_x & B_y & B_z \end{vmatrix}$$

$$= I \left[(B_z \mathrm{d}y - B_y \mathrm{d}z) i + (B_x \mathrm{d}z - B_z \mathrm{d}x) j + (B_y \mathrm{d}x - B_x \mathrm{d}y) k \right]$$

稳恒磁场中,封闭的载流导线受到的安培力为

$$F = \oint I (B_z \mathrm{d}y - B_y \mathrm{d}z) i + (B_x \mathrm{d}z - B_z \mathrm{d}x) j + (B_y \mathrm{d}x - B_x \mathrm{d}y) k = 0$$

推论:稳恒磁场中,对于任意形状导线,有

$$F = \oint I \mathrm{d}l \times B = \int_a^b I \mathrm{d}l \times B + \int_b^a I \mathrm{d}l \times B = 0$$

所以有

$$\int_a^b I \mathrm{d}l \times B = -\int_b^a I \mathrm{d}l \times B = \int_a^b I \mathrm{d}l \times B \text{(直线)}$$

2. 安培力的典型例题

例 2 - 21　如图 2 - 38 所示,两根无限长的直流导线,通过的电流强度分别为 I_1 和 I_2,两导线之间的距离为 a,计算平行无限长直导线间的相互作用力。

解　导线 1 在导线 2 处产生的磁感应强度为

$$B_1 = \frac{\mu_0 I_1}{2\pi a}$$

方向与导线 2 垂直。导线 2 的一段 $\mathrm{d}I_2$ 受到的力大小为

$$\mathrm{d}F_{12} = I_2 \mathrm{d}l_2 B_1 = \frac{\mu_0 I_1 I_2}{2\pi a} \mathrm{d}l_2$$

反过来,导线 2 产生的磁场作用在导线 1 的一段 $\mathrm{d}I_1$ 上的力大小为

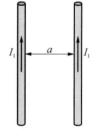

图 2 - 38

$$\mathrm{d}F_{12} = I_1 \mathrm{d}l_1 B_2 = \frac{\mu_0 I_1 I_2}{2\pi a} \mathrm{d}l_1$$

因此,在单位长度导线上的相互作用力的大小是

$$f = \frac{\mathrm{d}F_{12}}{\mathrm{d}l_2} = \frac{\mathrm{d}F_{21}}{\mathrm{d}l_1} = \frac{\mu_0 I_1 I_2}{2\pi a}$$

如果两导线中的电流相等，$I_1 = I_2 = I$，则

$$f = \frac{\mu_0 I^2}{2\pi a} \text{ 或 } I = \sqrt{\frac{2\pi a f}{\mu_0}} = \sqrt{\frac{a f}{2 \times 10^{-7}}} \text{ A}$$

取 $a = 1\,\mathrm{m}$，$f = 2 \times 10^{-7}\,\mathrm{N/m}$，则 $I = 1\,\mathrm{A}$（安培）。电流的单位安培被定义为一恒定电流，真空中相距 1 米的两无限长平行直导线内，两导线之间产生的力在每米长度上等于 2×10^{-7} 牛顿，则对应的电流为 1 A，这正是国际计量委员会颁发的正式文件中的定义。

例 2 - 22　如图 2 - 39 所示，有一个螺线管，半径为 R，长度为 L，单位长度上绕 n 圈，通过的电流强度是 I。当 $L \gg R$，不考虑边缘效应，计算螺线管单位面积上所受到的力。

解　取螺线管表面一个微元，在微元表面附近产生的磁场强度为

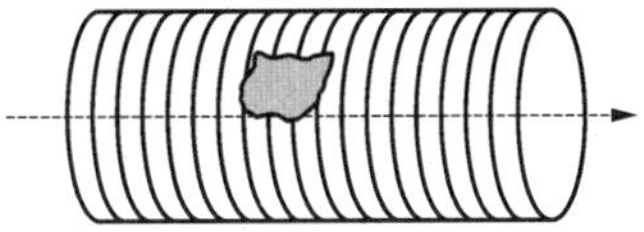

$$B_1 = \frac{\mu_0 \alpha}{2} = \frac{\mu_0 n I}{2}$$

图 2 - 39

螺线管内表面附近总的磁感应强度等于微元在表面附近产生的磁感应强度 B_1 与除微元之外的电流产生的磁感应强度 B_2 之和，即

$$B_2 + B_1 = B_2 + \frac{\mu_0 n I}{2} = \mu_0 n I$$

则

$$B_2 = \frac{\mu_0 n I}{2}$$

根据安培力的定义

$$F = B_2 I l = \frac{\mu_0 n I}{2} l_1 n I l_2 = \frac{\mu_0 n^2 I^2}{2} l_1 l_2$$

螺线管单位面积受力为

$$P = \frac{F}{l_1 l_2} = \frac{\mu_0 n^2 I^2}{2}$$

例 2 - 23 如图 2 - 40 所示, 两条半径为 R 的长平行导轨相距 l, 另一长为 l 的导线置于导轨上, 导线与导轨之间没有摩擦力。两导轨通以反向电流 I 时, 导线中流有微弱电流 I'。导轨中电流沿表面分布。求垂直导线受到的安培力。

解 电流 1 和 2 在电流元处产生的磁场为

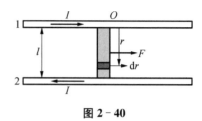

$$B = \frac{\mu_0 I}{2\pi r} + \frac{\mu_0 I}{2\pi (l - r)}$$

电流元受到的安培力为

$$dF = BI' dr$$

各个电流元的 dF 的方向相同, 有

图 2 - 40

$$F = \int_R^{l-R} \left[\frac{\mu_0 I}{2\pi r} + \frac{\mu_0 I}{2\pi (l - r)} \right] I' dr = \frac{\mu_0 II'}{\pi} \ln \frac{l - R}{R}$$

电磁炮的推进原理如图 2 - 41 所示。它由两条平行的长直导轨组成, 导轨间放置一质量较小的滑块作为弹丸。当两轨接入电源时, 强大的电流从一个导轨流入, 经滑块从另一导轨流回时, 在两导轨平面间产生强磁场, 通电流的弹丸在安培力的作用下会以很大的速度(理论上可以达到亚光速)射出, 这就是轨道炮的发射原理。电磁炮是利用电磁发射技术制成的一种先进的动能杀伤武器, 与传统的大炮将火药燃气压力作用于弹丸不同, 电磁炮是利用电磁系统中电磁场的作用力, 其作用的时间要长得多, 可大大提高弹丸的速度和射程, 因而引起了世界各国军事家们的关注。

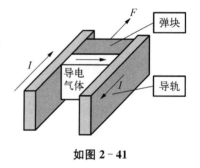

如图 2 - 41

2.5.2 安培力做功

1. 安培力做功

如图 2 - 42 所示, 一个门字形光滑的导轨, 放在均匀分布的磁场中, 门字形导轨固定不动, 导轨上放置一个长度为 l 的活动导轨形成电流回路。假如回路中通过的电流强度为常量 I, 在外磁场中受到的安培力为

$$F = BIl$$

当这段导轨移动后, 安培力作的功为

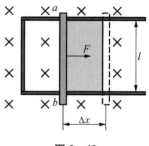

图 2 - 42

$$A = F\Delta x = BIl\Delta x$$

实际上,上式中的 $l\Delta x$ 就是通过磁场区面积的改变量,用符号表示,即 $\Delta S = l\Delta x$,而 $\Delta SB = \Delta\Phi$,$\Delta\Phi$ 又是磁通量的改变量,这样安培力做功

$$A = BI\Delta S = I\Delta\Phi_m = I(\Phi_2 - \Phi_1) \tag{2-55}$$

在电流不改变的条件下,通电回路中,安培力做的功等于回路电流强度乘以通电回路中磁通量的改变量。

2. 闭合回路中磁力矩做功

设一个矩形线圈,线圈中通过的电流强度为 I,把线圈放在一个均匀分布的磁场中,线圈构成的平面法线方向 e_n 与磁感应强度 $\boldsymbol{B}$ 的矢量方向不完全相同,如图 2-43 所示。

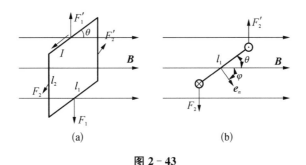

图 2-43

如果通过的电流强度为 I,则线圈的不同部分受到的安培力为

$$F_1 = F_1' = BIl_1\sin\theta, \quad F_2 = F_2' = BIl_2$$

由于 F_1 和 F_1' 大小相等,方向相反,而且在同一条线上,所以它对线圈的运动没有影响。若 F_2 和 F_2' 的大小相等,方向相反,但不在一条线上,它们会对线圈产生力矩,导致线圈转动,其力矩为

$$M = F_2 l_1\cos\theta = BIl_1 l_2\cos\theta$$

由于 $l_1 l_2$ 是线圈面积,由图 2-43 中可以看出,$\theta + \varphi = \dfrac{\pi}{2}$,所以上式就可以写为

$$M = BIS\cos\theta = BIS\sin\varphi$$

特别注意的是,φ 是线圈包围的面积矢量与外磁场强度矢量之间的夹角。这样,根据磁矩的定义,$\boldsymbol{p} = I\boldsymbol{S}$,则线圈受到的磁力矩为

$$M = pB\sin\varphi \qquad (2-56)$$

力矩做功为

$$dA = -BIS\sin\varphi d\varphi$$

将上式积分后,得到

$$A = BIS(\cos\varphi_2 - \cos\varphi_1)$$

或

$$A = I\Phi_2 - I\Phi_1 \qquad (2-57)$$

即安培力矩做的功也等于线圈的电流强度乘上线圈中磁通量的改变量。我们可以把 $W = I\Phi = IBS\cos\varphi$ 看作系统中的一部分能量,则安培力做功为

$$A = I\Phi_2 - I\Phi_1 = W_2 - W_1$$

则有

$$W = I\Phi = \boldsymbol{p} \cdot \boldsymbol{B}$$

但 W 并不等于外力做的功,这是由于线圈电流在磁通量的变化过程中,必须有外电源维持电流不变,因此,W 只是系统能量的一部分。

3. 两个载流线圈构成的系统的总能量

为了进一步弄清楚 W 的物理意义,我们给出如下物理模型,如图 2-44 所示。设有两个载流线圈,面积分别为 S_1 和 S_2,线圈中通过的电流强度分别为 I_1 和 I_2。将图 2-44 中两个线圈对应的状态设为终态,将两个线圈相距无限远对应的状态设为初始状态。如果 A 线圈固定不动,B 线圈受到安培力的作用从无限远处移动到终态,即从无限远处状态转变为图 2-44 所示的状态。由于 A 线圈在空间产生的磁感应强度是非均匀分布的,在 B 线圈移动过程中,线圈B 中通过的磁通量发生变化(A 线圈提供的)。借用第 5 章中法拉第电磁感应定律,B 线圈中会产生感应电流,感应电流的方向与电流 I_2 的方向相反,为了维持 B 线圈中电流强度不变,则必须有外力做功;相同的道理,虽然 A 线圈固定不动,但在 B 线圈移动过程中,A 线圈中磁通量(B 线圈提供的)也发生变化,同样会在 A 线圈中产生感应电流,A 线圈中感应电流的方向与 I_1 相反,要维持 A 线圈中的电流不变,必须要有外力做功。

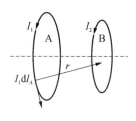

图 2-44

当 B 线圈从无限远移动到图 2-44 所示的状态,安培力做功为

$$W_1 = A_1 = I_2(\Phi_2 - \Phi_1)$$

如图 2-44 所示,当 AB 线圈相距一定的距离时,A 线圈的电流在 B 线圈中任意一点产生的磁感应强度为

$$B = \oint_{L_A} \frac{\mu_0 I_1}{4\pi r^2} (\mathrm{d}\boldsymbol{l}_A \times \boldsymbol{r}_0)$$

式中，r 为 A 线圈的一个电流元到 B 线圈围成的平面中任意一点的距离。

B 线圈在移动过程中，根据第 5 章介绍的法拉第电磁感应定律，则 B 线圈中会产生感应电动势：

$$\varepsilon_1 = -\frac{\mathrm{d}\Phi}{\mathrm{d}t} = -\frac{\mathrm{d}}{\mathrm{d}t} \int_{S_B} \left[\oint_{L_A} \frac{\mu_0 I_1}{4\pi r^2} (\mathrm{d}\boldsymbol{l}_A \times \boldsymbol{r}_0) \right] \cdot \mathrm{d}\boldsymbol{S} \qquad (2-58)$$

式 $(2-58)$ 中，r 是两个线圈相距任意距离时，A 线圈上电流元到 B 线圈对应平面上任意一点的位置矢量。在式 $(2-58)$ 两边乘上 I_2，然后把 $\mathrm{d}t$ 移动到方程一边，得

$$\mathrm{d}W_2 = I_2 \varepsilon_1 \mathrm{d}t = -I_2 \mathrm{d}\left\{ \int_{S_B} \left[\oint_{L_A} \frac{\mu_0 I_1}{4\pi r^2} (\mathrm{d}\boldsymbol{l}_A \times \boldsymbol{r}_0) \right] \cdot \mathrm{d}\boldsymbol{S} \right\} \qquad (2-59)$$

当 B 线圈从无限远移动到图 2-44 中所示的位置时，因为无限远处磁感应强度为 0，所以

$$W_2 = -I_2 \left[\int\!\!\!\int_{S_B}\oint_{L_A} \frac{\mu_0 I_1}{4\pi r^2} (\mathrm{d}\boldsymbol{l}_A \times \boldsymbol{r}_0) \cdot \mathrm{d}\boldsymbol{S} - \int_{S_B}\oint_{L_A} \frac{\mu_0 I_1}{4\pi (r \to \infty)^2} (\mathrm{d}\boldsymbol{l}_A \times \boldsymbol{r}_0) \cdot \mathrm{d}\boldsymbol{S} \right]$$

$$= -I_2 \int_{S_B}\oint_{L_A} \frac{\mu_0 I_1}{4\pi r^2} (\mathrm{d}\boldsymbol{l}_A \times \boldsymbol{r}_0) \cdot \mathrm{d}\boldsymbol{S}$$

式中，W_2 就是 B 线圈上感应电动势做的功。为了维持 B 线圈电流不变，外力必须做与 W_2 相同的功（但符号要相反），消除感应电动势的影响。同样的道理，A 线圈中因为磁通量的改变产生感应电动势，需要外力做功

$$W_3 = -I_1 \left[\int\!\!\!\int_{S_A}\oint_{L_B} \frac{\mu_0 I_2}{4\pi r^2} (\mathrm{d}\boldsymbol{l}_B \times \boldsymbol{r}_0) \cdot \mathrm{d}\boldsymbol{S} - \int_{S_A}\oint_{L_B} \frac{\mu_0 I_2}{4\pi (r \to \infty)^2} (\mathrm{d}\boldsymbol{l}_B \times \boldsymbol{r}_0) \cdot \mathrm{d}\boldsymbol{S} \right]$$

$$= -I_1 \int_{S_A}\oint_{L_B} \frac{\mu_0 I_2}{4\pi r^2} (\mathrm{d}\boldsymbol{l}_B \times \boldsymbol{r}_0) \cdot \mathrm{d}\boldsymbol{S}$$

$$(2-60)$$

考虑到外力做功与电源做功符号相反，当把 B 线圈从无限远移动图 2-44 中所示的位置时，安培力和外力做的总功为

$$W_{\text{总}} = W_1 + W_2 + W_3$$

$$= I_2(\Phi_2 - \Phi_1) + I_2 \int_{S_B}\oint_{L_A} \frac{\mu_0 I_1}{4\pi r^2} (\mathrm{d}\boldsymbol{l}_A \times \boldsymbol{r}_0) \cdot \mathrm{d}\boldsymbol{S} + I_1 \int_{S_A}\oint_{L_B} \frac{\mu_0 I_2}{4\pi r^2} (\mathrm{d}\boldsymbol{l}_B \times \boldsymbol{r}_0) \cdot \mathrm{d}\boldsymbol{S}$$

第二种状态变化过程如下：如果 B 线圈保持不变，A 线圈从无限远移动到图 2-44 中所示的位置。用与上述完全相同的计算方法得到安培力和外力做的总功，即

$$W'_{\text{总}} = W'_1 + W'_2 + W'_3$$

$$= I_1(\Phi'_2 - \Phi'_1) + I_1 \int_{S_A} \oint_{L_B} \frac{\mu_0 I_2}{4\pi r^2} (\mathrm{d}\boldsymbol{l}_B \times \boldsymbol{r}_0) + I_2 \int_{S_B} \oint_{L_A} \frac{\mu_0 I_1}{4\pi r^2} (\mathrm{d}\boldsymbol{l}_A \times \boldsymbol{r}_0)$$

实际上，不难发现

$$\begin{cases} I_2(\Phi_2 - \Phi_1) = I_2 \int_{S_B} \oint_{L_A} \frac{\mu_0 I_1}{4\pi r^2} (\mathrm{d}\boldsymbol{l}_A \times \boldsymbol{r}_0) \cdot \mathrm{d}\boldsymbol{S} \\ \\ I_1(\Phi'_2 - \Phi'_1) = I_1 \int_{S_A} \oint_{L_B} \frac{\mu_0 I_2}{4\pi r^2} (\mathrm{d}\boldsymbol{l}_B \times \boldsymbol{r}_0) \cdot \mathrm{d}\boldsymbol{S} \end{cases}$$

所以两个过程中力做的总功分别为

$$\begin{cases} W_{\text{总}} = 2I_2 \int_{S_B} \oint_{L_A} \frac{\mu_0 I_1}{4\pi r^2} (\mathrm{d}\boldsymbol{l}_A \times \boldsymbol{r}_0) \cdot \mathrm{d}\boldsymbol{S} + I_1 \int_{S_A} \oint_{L_B} \frac{\mu_0 I_2}{4\pi r^2} (\mathrm{d}\boldsymbol{l}_B \times \boldsymbol{r}_0) \cdot \mathrm{d}\boldsymbol{S} \\ \\ W'_{\text{总}} = I_2 \int_{S_B} \oint_{L_A} \frac{\mu_0 I_1}{4\pi r^2} (\mathrm{d}\boldsymbol{l}_A \times \boldsymbol{r}_0) \cdot \mathrm{d}\boldsymbol{S} + 2I_1 \int_{S_A} \oint_{L_B} \frac{\mu_0 I_2}{4\pi r^2} (\mathrm{d}\boldsymbol{l}_B \times \boldsymbol{r}_0) \cdot \mathrm{d}\boldsymbol{S} \end{cases} \tag{2-61}$$

两个过程中，力做的总功必然相同，即

$$W_{\text{总}} = W'_{\text{总}}$$

$$2I_2 \int_{S_B} \oint_{L_A} \frac{\mu_0 I_1}{4\pi r^2} (\mathrm{d}\boldsymbol{l}_A \times \boldsymbol{r}_0) \cdot \mathrm{d}\boldsymbol{S} + I_1 \int_{S_A} \oint_{L_B} \frac{\mu_0 I_2}{4\pi r^2} (\mathrm{d}\boldsymbol{l}_B \times \boldsymbol{r}_0) \cdot \mathrm{d}\boldsymbol{S}$$

$$= I_2 \int_{S_B} \oint_{L_A} \frac{\mu_0 I_1}{4\pi r^2} (\mathrm{d}\boldsymbol{l}_A \times \boldsymbol{r}_0) \cdot \mathrm{d}\boldsymbol{S} + 2I_1 \int_{S_A} \oint_{L_B} \frac{\mu_0 I_2}{4\pi r^2} (\mathrm{d}\boldsymbol{l}_B \times \boldsymbol{r}_0) \cdot \mathrm{d}\boldsymbol{S}$$

则消掉相同的项，得

$$I_2 \int_{S_B} \oint_{L_A} \frac{\mu_0 I_1}{4\pi r^2} (\mathrm{d}\boldsymbol{l}_A \times \boldsymbol{r}_0) \cdot \mathrm{d}\boldsymbol{S} = I_1 \int_{S_A} \oint_{L_B} \frac{\mu_0 I_2}{4\pi r^2} (\mathrm{d}\boldsymbol{l}_B \times \boldsymbol{r}_0) \cdot \mathrm{d}\boldsymbol{S} \tag{2-62}$$

式(2-62)是一个非常有意思的结论，这是第 5 章中互感系数相等的理论基础。

4. 两个载流线圈之间的相互作用力

两个线圈之间的相互作用力，安培力做的功有

$$F\Delta x = \Delta W_1 = I\Delta \Phi = \Delta(\boldsymbol{p} \cdot \boldsymbol{B}) \tag{2-63}$$

线圈在外磁场中受到的安培力可以由下面的表达式给出，有

$$\begin{cases} F_x = \dfrac{\partial W}{\partial x} = \dfrac{\partial (\boldsymbol{p} \cdot \boldsymbol{B})}{\partial x} \\[3mm] F_y = \dfrac{\partial W}{\partial y} = \dfrac{\partial (\boldsymbol{p} \cdot \boldsymbol{B})}{\partial y} \\[3mm] F_z = \dfrac{\partial W}{\partial z} = \dfrac{\partial (\boldsymbol{p} \cdot \boldsymbol{B})}{\partial z} \end{cases} \tag{2-64}$$

例 2-24 　无限长直线电流旁有一通有电流的正方形线框 $ABCD$，尺寸和位置如图 2-45 所示。若将线框的 AB 边固定，使 CD 边向纸外绕 AB 边转至 $C'D'$ 位置，在旋转过程中保持电流不变。求安培力所做的功。

解 　终态时刻的磁通量为

$$\mathrm{d}\Phi = \frac{Il\,\mathrm{d}r}{2\pi r}$$

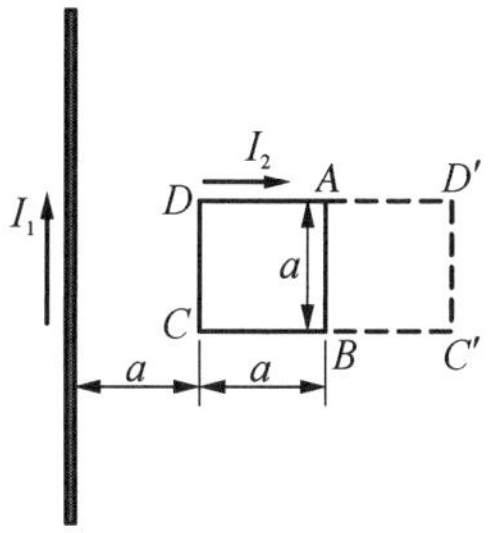

积分后，得

$$\Phi_2 = \int_{2a}^{3a} \frac{Il\,\mathrm{d}r}{2\pi r} = \frac{Il}{2\pi}\ln\frac{3a}{2a} = \frac{Il}{2\pi}\ln\frac{3}{2}$$

初态时刻的磁通量为

$$\Phi_1 = \int_{a}^{2a} \frac{Il\,\mathrm{d}r}{2\pi r} = \frac{Il}{2\pi}\ln\frac{2a}{a} = \frac{Il}{2\pi}\ln 2$$

则磁力做的功为

$$A = I(\Phi_2 - \Phi_1) = I\left(\frac{Il}{2\pi}\ln\frac{3}{2} - \frac{Il}{2\pi}\ln 2\right)$$

图 2-45

例 2-25 　如图 2-46 所示，有一个螺线管，单位长度绕 n 匝，线圈中通过的电流强度为 I，螺线管半径为 R，长度为 L，$L \gg R$，在螺线管轴心线上放置一个磁矩为 $\boldsymbol{P}$ 的小线圈，其所受的力是多少？

解 　利用式

$$F = \frac{\partial (\boldsymbol{p} \cdot \boldsymbol{B})}{\partial x}$$

利用螺线管在轴心线上产生的磁感应强度

$$B = \frac{\mu_0 nI}{2}(\cos\beta_2 - \cos\beta_1)$$

针对图 2-46 中的位置，有

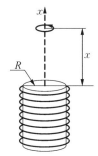

图 2-46

$$x \ll R, \quad B = \frac{\mu_0 nI}{2}\left(1 - \frac{x}{\sqrt{R^2 + x^2}}\right) \approx \frac{\mu_0 nI}{2}\left(1 - \frac{x}{R}\right)$$

则受到的磁力为

$$F = \frac{\partial W}{\partial x} = -p\,\frac{\mu_0 nI}{2R}$$

习　题

2-1　一个电量为 q 的点电荷做半径为 R 的匀速圆周运动,速率为 v,计算圆心处的磁感应强度。

2-2　在无限大带正电的静止平面的参考系中,观测到该平面的电荷面密度为 σ,当此带电平面平行于水平面且以速度 v 沿水平面往一个方向做匀速运动时,求空间电场和磁场分布。

2-3　在一个充电电容器为静止的参考系中观测到电容器极板上电荷面密度分别为 $+\sigma$ 和 $-\sigma$。设此电容器极板平行于 xz 平面,且以速度 v 沿 x 轴方向做匀速运动,求电场和磁场分布。

2-4　一个无限长的载流导线,通过的电流强度为 I,利用电场相对论变换,计算载流导线在空间产生的磁感应强度。

2-5　如习题 2-5 图所示,长度为 l、截面积为 S 的细棒,单位体积电荷数为 n,每个电荷的电量为 q,当棒绕 O 点在平行于纸面以 ω 旋转时,计算 O 点的磁感应强度。

习题 2-5 图

2-6　如习题 2-6 图所示,两个点电荷,电量分别为 $+q$ 和 $-q$,它们之间最大距离为 l_0。两个点电荷之间的距离随时间而变化,满足 $l = l_0 \cos \omega t$。计算图中 P 点的磁感应强度。

2-7　如习题 2-7 图所示,一个半径为 R、电荷均匀分布的球壳,表面单位面积电量为 σ。当球壳绕通过球心的轴以 ω 匀速转动时,计算:(1) 假定球面上电荷分布不变,球心处的磁感应强度;(2) 该旋转轴上球外任意一点的磁感应强度。

2-8　地球半径为 R,假如地球表面单位体积带电量为 ρ,带电层厚度为 h,$R \gg h$,当它以角速度 ω 自转时,计算地球南极和北极的磁感应强度。

2-9　如习题 2-9 图所示,一个带缺口的无限长薄圆柱面,缺口宽度为 h,圆柱面上通过的电流线密度为 a。计算:(1) 计算薄圆柱轴心线上的磁感应强度;(2) 薄圆柱面外任意一点的磁感应强度。

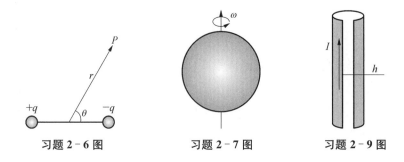

习题 2-6 图　　　　习题 2-7 图　　　　习题 2-9 图

2-10 如习题 2-10 图所示,一个无限长的直流导线中间连接一个半径为 R 的圆形线圈,通过的电流强度为 I。计算:(1) 圆心处的磁感应强度;(2) 线圈上 P 点的磁感应强度。

2-11 如习题 2-11 图所示,一个半径为 R、长度为 L 的细圆柱棒,$L \gg R$,单位体积的电荷为 ρ,当细棒以 ω 绕轴心旋转时,设电荷在细棒内的分布不变。计算棒轴心线上磁感应强度分布。

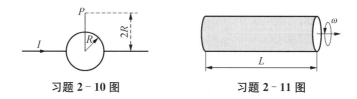

习题 2-10 图　　　　　　习题 2-11 图

2-12 如习题 2-12 图所示,一个无限大的载流平面置于外磁场中,已知左侧的磁感应强度为 B_1,右侧的磁感应强度 $B_2 = 3B_1$,方向如图。计算载流平面上的面电流密度和外磁场的磁感应强度。

2-13 如习题 2-13 图所示,一个半径为 R 的导体球,带电量为 Q,通过两根无限长的导线放电,放电电流为 I,计算图中各点的磁感应强度。

2-14 如习题 2-14 图所示,夏天下雨前容易产生闪电,导致闪电的原因是云层中有大量的带电粒子。假如某地云层近似为一个圆平面,半径为 R,带电为 Q,假如发生闪电时通电电流为 I,放电经过了一个短暂的过程,不考虑边效应,计算图中 P 点的磁感应强度。

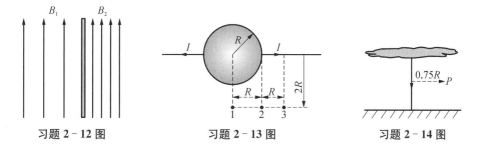

习题 2-12 图　　　　　　习题 2-13 图　　　　　　习题 2-14 图

2-15 一个平行板电容器的两极板都是半径为 $5.0\,\mathrm{cm}$ 的圆导体片,在充电时,电场强度的变化率 $\dfrac{\mathrm{d}E}{\mathrm{d}t} = 1.0 \times 10^5\,\mathrm{V/(m \cdot s)}$。(1) 计算两极板间的位移电流;(2) 两个板间边缘的磁感应强度。

2-16 设电荷在半径为 R 的圆形平行板电容器极板上均匀分布,且可以忽略边缘效应。把电容器接在角频率为 ω 的简谐交流电路中,电路中的传导电流为 I_0(峰值),求电容器极板间磁场强度(峰值)的分布。

2-17 如习题 2-17 图所示,两个半径为 R 的导体板,板之间的距离为 d,若两个板之间外接一个电源,电源的电压为 U。现两个板之间充满导电率为 σ 的介质。(1) 计算两个板之间的电流面密度;(2) 计算图中 P 点的磁感应强度(不考虑两个板之间的边缘效应)。

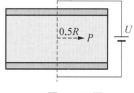

习题 2-17 图

2-18 如习题 2-18 图所示,两个点电荷相距 r,电量均为 $+q$,如果它们以相同的速度向同一方向运动,计算两电荷受到的洛伦兹力。

2-19 一个非均匀磁场,磁感应强度在空间的分布为 $\boldsymbol{B} = k_1 x \boldsymbol{i} + k_2 y \boldsymbol{j} + k_3 z \boldsymbol{k}$,当一个带电粒子以速度 $\boldsymbol{v} = \alpha_1 x \boldsymbol{i} + \alpha_2 y \boldsymbol{j} + \alpha_3 z \boldsymbol{k}$ 进入磁场区时,计算带电粒子受到的洛伦兹力。

2-20 一个细长的薄圆筒,半径为 R,长度为 L,$L \gg R$。表面均匀带电,单位面积电量为 σ,当圆筒绕轴心线以角速度 ω 旋转时,计算圆筒表面单位面积受到的安培力。

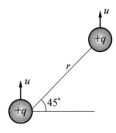

习题 2-18 图

2-21 如习题 2-21 图所示,一个无限长的载流导线,通过的电流强度为 I_1,在载流导线旁边有一矩形线圈,通过的电流强度为 I_2。(1)计算载流线圈受到的安培力;(2)如果将矩形线圈到导线的距离拉到 $2a$ 位置,计算安培力做的功。

2-22 如习题 2-22 图所示,一个半径为 R 的线圈,通过的电流强度为 I,在它的轴心线上距离线圈为 a 的地方有一个半径为 r 的同轴小线圈,$R \gg r$,小线圈通过的电流强度也是 I。(1)计算载流线圈受到的安培力;(2)如果将小线圈向右平移 l,计算安培力做的功。

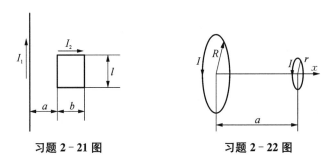

习题 2-21 图   习题 2-22 图

2-23 如习题 2-23 图所示,一矩形载流线圈由 20 匝互相绝缘的细导线绕成,矩形边长为 10.0 cm 和 5.0 cm,导线中的电流为 0.10 A,这线圈可以绕它的一边 OO' 转动。当加上 $B = 0.50$ T 的均匀外磁场且 B 与线圈平面成 $30°$ 角时,求线圈受到的力矩。

2-24 如习题 2-24 图所示,一个边长为 a 的正方形线圈载有电流 I,处在均匀外磁场 B 中,B 沿水平方向,线圈可以绕通过中心的竖直轴 OO' 转动,转动惯量为 J。求线圈在平衡位置附近做微小摆动的周期 T。

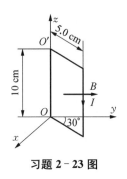   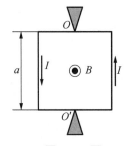

习题 2-23 图   习题 2-24 图

2-25　一个螺线管长 30 cm,横截面的直径为 15 mm,由表面绝缘的细导线密绕而成,每厘米绕有 100 匝。当导线中通有 2.0 A 的电流后,把螺线管放到 $B = 4.0$ T 的均匀磁场中。如果螺线管轴心线与磁感应强度矢量方向成 30° 角。求:(1) 螺线管的磁矩;(2) 螺线管所受力矩的最大值。

2-26　氚核在 $B = 1.5$ T 的均匀磁场中运动,轨迹是半径为 40 cm 的圆周。已知氚核的质量为 3.34×10^{-27} kg,电荷为 1.6×10^{-19} C。(1) 求氚核的速度和走半圈所需的时间;(2) 需要多高的电压才能把氚核从静止加速到这个速度?

2-27　一种质谱仪的构造原理如习题 2-27 图所示,离子源 S 产生质量为 m、电荷为 q 的离子。离子产生时速度很小,可以看作静止;离子产生后,经过电压 U 加速,进入磁感应强度为 B 的均匀磁场,沿着半圆周运动,最终到达照相底片 P 上。测得它在 P 上的位置与入口处的距离为 x,证明这离子的质量 $m = \dfrac{qB^2}{8U}x^2$。

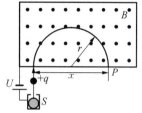

习题 2-27 图

2-28　回旋加速器 D 形电极周围的最大半径 $R = 60$ cm,用它来加速质量为 1.67×10^{-27} kg、电荷为 1.6×10^{-19} C 的质子,要把质子从静止加速到 4.0 MeV 的能量。(1) 求所需的磁感应强度 B;(2) 设两 D 形电极间的距离为 1.0 cm,电压为 2.0×10^4 V,其间电场是均匀的,求加速到上述能量所需的时间。

2-29　如习题 2-29 图所示,一铜片厚 $d = 1.0$ mm,放在 $B = 1.5$ T 的磁场中,磁场方向与铜片表面垂直。已知铜片里每立方厘米有 8.4×10^{22} 个自由电子,每个电子电荷的大小 $q = 1.6 \times 10^{-19}$ cm。(1) 当铜片中有 $I = 200$ A 的电流时,求铜片的电势差 $U_{aa'}$;(2) 铜片宽度 b 对 $U_{aa'}$ 有无影响?为什么?

2-30　玻尔的氢原子模型被设想为一个电子绕原子核做匀速圆周运动,假定电子做匀速圆周运动的半径为 r。如果垂直于电子圆周运动的平面有一磁场,磁感应强度为 B,计算电子绕核运动频率变化的近似值。

2-31　如习题 2-31 图所示,直角坐标系中,坐标原点 O 固定一个电量为 Q 的正点电荷,另有指向 y 轴正向的匀强磁场,磁感应强度大小为 B。若有一质量为 m、电量为 q 的正点电荷微粒恰好能以 y 轴上的 O' 点为圆心做匀速圆周运动,圆轨道平面与水平面 xOz 平行,角速度为 ω。试求圆心 O' 的 y 坐标值。

2-32　如习题 2-32 图所示,A_1 和 A_2 是两块面积很大、互相平行又相距较近的带电金属板,相距 d,两板间的电势差为 U。同时,在这两板间还有方向与均匀电场正交且垂直纸面向外的均匀磁场。一束电子通过左侧带负电的板 A_1 上的小孔,沿垂直于金属板的方向射入,为使该

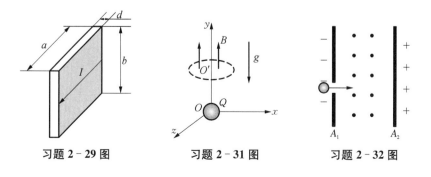

习题 2-29 图　　　　　习题 2-31 图　　　　　习题 2-32 图

电子束不碰到右侧带正电的板 A_2，问所加磁场的磁感应强度至少要多大？设电子所受到的重力及从小孔进入时的初速度均可不计。

2-33 质量为 m、电量为 q（$q>0$）的小球，在离地面高度为 h 处从静止自由落下，为使小球始终不与地面相碰，可设想在它开始下落时就加一个足够强的水平匀强磁场，试求该磁感应强度的最小可取值 B_0。设空气阻力不计。

2-34 如习题 2-34 图所示，在一个绝缘光滑水平面上有一质量 $m=1\,\mathrm{g}$、带电量 $q=4\times10^{-4}\,\mathrm{C}$ 的小球 A。水平面上方有互相正交的匀强磁场 B 和匀强电场 E，$E=10\,\mathrm{N\cdot C^{-1}}$，$B=5\,\mathrm{T}$。小球 A 从静止开始运动，求小球 A 在运动中其速度能达到的最大值。设小球 A 在运动中不失去电荷，取重力加速度 $g=10\,\mathrm{m/s^2}$。

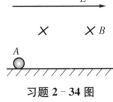

习题 2-34 图

2-35 如习题 2-35 图所示，用电磁泵来抽汲金属熔液，它的一段盛有金属的导管处于匀强磁场 B 中。通过这段导管的电流 I 垂直于矢量 B 和导管的轴线。当 $B=0.10\,\mathrm{T}$，$I=100\,\mathrm{A}$，$a=2.0\,\mathrm{cm}$ 时，求泵产生的压强差。

2-36 如习题 2-36 图所示，一个半径为 R_1 的圆形线圈，通过的电流强度为 I_1，在轴心的延长线上有一小圆形线圈，半径为 R_2，小线圈的电流强度为 I_2。两个线圈平面相互平行，并且圆心在一条直线上，两个线圈圆心之间的距离为 L，$L\gg R_2$，求小线圈所受的力。

2-37 如习题 2-37 图所示，有两个小螺旋管，半径都是 R，对应的长度都是 l，两个线圈之间的距离为 L，当 $L\gg l$ 和 $L\gg R$ 时，计算两个线圈之间的相互作用力。

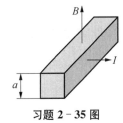

习题 2-35 图

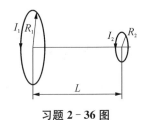

习题 2-36 图

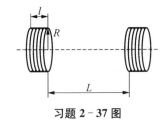

习题 2-37 图

第3章 导体与电介质

导体是指电阻率很小且易于传导电流的物质。导体中存在大量可自由移动的带电粒子,称为载流子,如图 3-1 中所示的小亮点。在外电场作用下,载流子做定向运动,形成电流。金属是最常见的一类导体。金属原子最外层的电子很容易挣脱原子核的束缚而成为自由电子,留下的正离子(原子实)形成规则的点阵。金属中自由电子的浓度很大,所以金属导体的电导率通常比其他导体材料大。金属导体的电阻率一般随温度降低而减小。在极低温度下,某些金属与合金的电阻率将消失而转化为超导体。金属中的原子核和内层电子构成原子实,规则地排列成点阵,而外层的价电子容易挣脱原子核的束缚而成为自由电子,它们构成导电的载流子。金属中自由电子的浓度很大,因此金属导体的电阻率很小,电导率很大。金属的电阻率一般随温度的降低而减小。金属导电过程中不引起化学反应,也没有显著的物质转移,称为第一类导体。

图 3-1

3.1 导体的静电平衡

3.1.1 导体静电平衡条件

导体的特点是其体内存在着自由电荷,这些自由电荷在电场中受力后会做定向运动,然后在导体表面产生电荷的积累,这些积累的电荷被定义为感应电荷 $\sum\limits_{i=1}^{N} q_i$。在静电平衡状态下,导体内部的自由电荷所受的力为 0,不再做定向运动,表面的电荷也停止移动。因此,导体达到静电平衡时,内部总的电场强度为 0,如图 3-2(a) 所示,即

$$\boldsymbol{E} = \sum \frac{q_i}{4\pi\varepsilon_0 r_i^3}\boldsymbol{r}_i + \boldsymbol{E}_0 = 0$$

从导体的静电平衡条件出发,可以直接有以下推论:导体是一个等势体[见图

3-2(b)]，导体表面是一个等势面，其电势大小等于外电场在导体内部产生的电势 U_0 和表面感应电荷产生的电势之和，其表达式为

$$U = \sum \frac{q_i}{4\pi\varepsilon_0 r_i} + U_0 = C$$

因导体表面是一个等势面，所以导体表面电场场强与表面垂直，如图 3-2(c) 所示；如果不垂直，则导体表面切线方向有电场分量，其感应电荷在表面切线方向会受到静电力的作用，从而发生移动，这就违反了静电平衡的条件。所以导体处于静电平衡时，表面的总电场强度一定垂直于导体表面，即

$$\boldsymbol{E} \perp \boldsymbol{e} = \left(\sum \frac{q_i}{4\pi\varepsilon_0 r_i^3} \boldsymbol{r}_i + \boldsymbol{E}_0 \right) \perp \boldsymbol{e}$$

式中，e 是表面法线方向的单位矢量。

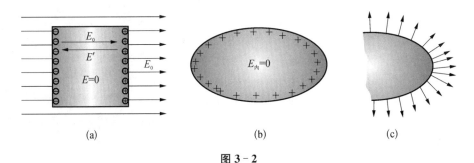

(a)   (b)   (c)

图 3-2

静电平衡条件可总结如下：① 在导体内部，场强处处为零；否则，自由电子将继续有宏观移动。② 导体表面外的场强垂直于导体的表面；否则，自由电子将继续沿表面宏观移动。③ 处于静电平衡时，导体上各点电势相等。④ 导体为等势体，导体表面为等势面。

3.1.2 静电平衡与导体表面电荷分布

导体处于静电平衡时，导体内部没有未抵消的净电荷，感应电荷只分布在导体的表面，证明这个结论需要用高斯定理。

1. 导体内净电荷密度为 0

导体达到静电平衡时，内部电场强度为 0，在导体内部任意取一个高斯封闭曲面，如图 3-3 所示。则

$$\oiint_S \boldsymbol{E} \cdot \mathrm{d}\boldsymbol{S} = \sum_{S内} q = \int_V \rho \mathrm{d}V = 0$$

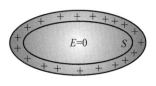

图 3-3

因为积分表面是任意的封闭曲面,只有在封闭曲面内,电荷密度 $\rho=0$ 时,上式才能满足,即静电平衡的导体内部必定没有未抵消的净电荷,感应电荷只能分布在导体的表面。

2. 导体表面电荷密度与场强的关系

在静电平衡状态下,导体表面附近的场强 E 与该处导体表面的电荷面密度 σ 有如下关系:

$$E=\frac{\sigma}{\varepsilon_0} \tag{3-1}$$

证明:

假定任意形状的导体处于静电平衡,如图 3-4 所示。作圆柱形高斯面,使圆柱侧面与 ΔS 垂直,两底都与 ΔS 平行,并无限靠近它,因此它们的面积都是 ΔS,通过高斯面的电通量为

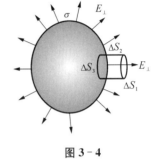

图 3-4

$$\Phi=\oiint\limits_{(S)}E\cos\theta\mathrm{d}S$$
$$=\iint\limits_{(\Delta S_1)}E\cos\theta\mathrm{d}S+\iint\limits_{(\Delta S_3)}E\cos\theta\mathrm{d}S+\iint\limits_{(\Delta S_2)}E\cos\theta\mathrm{d}S$$

由于导体内部场强处处为 0,所以 $\iint\limits_{(\Delta S_3)}E\cos\theta\mathrm{d}S=0$;另外,由于导体表面附近的场强与导体表面垂直,所以第三项积分中

$$\cos\theta=\cos\frac{\pi}{2}=0\Rightarrow\iint\limits_{(\Delta S_2)}E\cos\theta\mathrm{d}S=0$$

整个圆柱面上电场通量

$$\Phi=\oiint\limits_{S_1}E\cos\theta\mathrm{d}S=E\Delta S=\frac{\sigma\Delta S}{\varepsilon_0}$$

上式中表面感应电荷密度分布为 σ,消去 ΔS 后即得

$$E=\frac{\sigma}{\varepsilon_0}$$

由上式看出,导体表面电荷密度大的地方,场强大;电荷密度小的地方,场强小。

3. 面电荷密度与导体表面曲率半径的关系

导体表面曲率半径与表面电荷密度有关。简单证明如下:两个导体球,半径不同,假如它们之间的距离无限远,用一根长的导线把两个导体球连接起来。现在对两

个导体球充电,让它们各自有一定的电量。由于两个导体球相距无限远,彼此不影响对方表面电荷分布,而且它们之间有导线连接,所以两个球的电势相同,如图3-5所示。

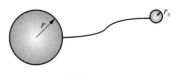

图3-5

当两个球都带一定的电量,必然满足

$$\frac{Q_1}{4\pi\varepsilon_0 r} = \frac{Q_2}{4\pi\varepsilon_0 r_0}$$

因为两球无限远,导体球上电荷呈均匀分布,有

$$\frac{4\pi r^2 \sigma}{r} = \frac{4\pi r_0^2 \sigma_0}{r_0}$$

解得

$$\sigma = \frac{\sigma_0 r_0}{r} \tag{3-2}$$

式(3-2)说明:在一个孤立导体上面,电荷密度的大小与表面的曲率有关。导体表面凸出而较尖锐的地方,电荷就比较密集,即σ密度较大;表面较平坦的地方(曲率较小),σ较小;表面凹进去的地方(曲率为负),σ更小。

4. 尖端放电

导体处于静电平衡下,导体表面附近的场强E与电荷面密度σ成正比,表面电荷密度又与表面曲率半径有关。如果表面曲率半径小,则尖端处的电荷密度非常大,尖端的附近电场强度就非常大。在尖端附近强大电场的作用下,附近空气中气体分子发生电离,形成游离的电子和离子,即等离子化。这些电子和离子会发生剧烈的运动。在剧烈运动的过程中,它们与其他气体分子相碰时,会使其他气体分子电离,从而产生大量新的离子和电子,这些电子和离子不断频繁相撞就会产生大量的能量,最后会发出大量的光,就是闪电。

为了避免尖端放电,高压输电线表面应做得极光滑,其半径也不能过小。此外,一些高压设备的电极常常做成光滑的球面,也是为了避免因尖端放电而漏掉电荷,用来维持高电压。尖端放电也有可以利用的一面,最典型的例子就是避雷针。当带电的云层接近地表面时,由于静电感应使地上物体带异号电荷,这些电荷集中在物体突出位置。当电荷积累到一定程度,电荷在周围产生的电场就能把空气中的气体分子击穿,在云层和这些物体之间产生强大的火花放电,这就是雷击现象(见图3-6)。为了避免雷击,可在建筑物上安装避雷针,用粗铜缆将避雷针通地,通地的一端埋在几尺深的潮湿泥土里或

图3-6

接到埋在地下的金属板上,以保持避雷针与大地的电接触良好。当带电的云层接近时,通过避雷针和通地粗铜导体这条最易于导电的通路局部持续不断地进行放电,以免损坏建筑物。

我国古代对尖端放电有许多研究。古代兵器多为长矛、剑、戟,而长矛、戟锋刃尖利,常常可导致尖端放电发生,这一现象多有记述。晋代《搜神记》记述:"戟锋皆有火光,遥望如悬烛。"我国古代采用各种措施防雷。古塔的尖顶多涂金属膜或鎏金,高大建筑物的瓦饰制成动物形状且带有冲天装置,都起到了避雷作用。如武当山主峰峰顶矗立着一座金殿,至今已有 500 多年历史,虽高耸于峰巅却从没有受过雷击。金殿是一座全铜建筑,顶部的设计十分精巧。除脊饰之外,曲率均不太大,这样的脊饰就起到了避雷针的作用。

5. 导体静电平衡的综合性例题解析

例 3 - 1　如图 3 - 7 所示,两块近距离放置的导体平板,面积均为 S,分别带电 q_1 和 q_2。求平板上的电荷分布(不考虑边缘效应)。

解　不考虑边缘效应是指两个板之间边缘外没有电场线,电场在两个板之间是均匀分布的,电荷在两个板表面上也是均匀分布的,这种模型是理想化模型。先针对两个板,由电荷守恒定律,有

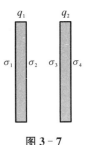

图 3 - 7

$$\begin{cases} \sigma_1 S + \sigma_2 S = q_1 \\ \sigma_3 S + \sigma_4 S = q_2 \end{cases}$$

不考虑边缘效应,在板两边产生的电场强度为 $\dfrac{\sigma}{2\varepsilon_o}$,两个板中电场强度均为 0,即有

$$\begin{cases} E_A = \dfrac{\sigma_1}{2\varepsilon_o} - \dfrac{\sigma_2}{2\varepsilon_o} - \dfrac{\sigma_3}{2\varepsilon_o} - \dfrac{\sigma_4}{2\varepsilon_o} = 0 \\ E_B = \dfrac{\sigma_1}{2\varepsilon_o} + \dfrac{\sigma_2}{2\varepsilon_o} + \dfrac{\sigma_3}{2\varepsilon_o} - \dfrac{\sigma_4}{2\varepsilon_o} = 0 \end{cases}$$

联解上面四个方程得四个表面的电荷密度分别为

$$\begin{cases} \sigma_2 = -\sigma_3 = \dfrac{q_1 - q_2}{2S} \\ \sigma_1 = \sigma_4 = \dfrac{q_1 + q_2}{2S} \end{cases}$$

例 3 - 2　如图 3 - 8 所示,内半径为 R_1 的导体球,外有半径为 R_2 和 R_3 的导体球壳,与球心的距离为 d 处,固定一个电量为 $+q$ 的点电荷。如果内球壳接地,选

无穷远处为电势零点,计算球心和外球壳表面的电势。

解　由于内球壳接地,电势为零,则内球壳的电势等于所有的电荷在球心处产生的电势之和,根据电荷守恒定理,三个不同球壳上的感应电荷相同,所以

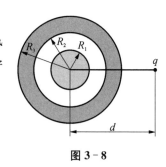

图 3-8

$$U_{内} = \frac{q}{4\pi\varepsilon_0}\frac{1}{d} + \frac{q_1}{4\pi\varepsilon_0}\frac{1}{R_1} - \frac{q_1}{4\pi\varepsilon_0}\frac{1}{R_2} + \frac{q_1}{4\pi\varepsilon_0}\frac{1}{R_3} = 0$$

$$q_1 = -\frac{q}{d}\left(\frac{1}{R_1} - \frac{1}{R_2} + \frac{1}{R_3}\right)^{-1}$$

外球壳的电势为
$$U_{外} = \frac{q}{4\pi\varepsilon_0}\frac{1}{d} - \frac{q_1}{4\pi\varepsilon_0}\frac{1}{R_3}$$

代入感应电量后,得到

$$U_{外} = \frac{q}{4\pi\varepsilon_0}\frac{1}{d} - \frac{1}{4\pi\varepsilon_0}\frac{1}{R_3}\left[-\frac{q}{d}\left(\frac{1}{R_1} - \frac{1}{R_2} + \frac{1}{R_3}\right)^{-1}\right]$$

例 3-3　如图 3-9 所示,把一个半径为 R 的导体球壳放在一个均匀的外电场 E_0 中。计算导体球上感应电荷的分布。

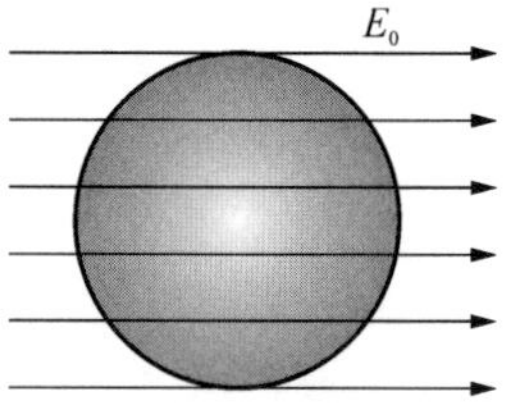

解　导体球壳在外电场中达到静电平衡时,导体内部总电场强度为 0,即

$$E = E_0 + E' = 0$$

图 3-9

由于外电场是均匀的,球表面感应电荷在导体内部产生的附加电场也是均匀分布的。

现在观察如下模型(见图 3-10)。把两个电荷密度分别为 ρ_+ 和 ρ_- 的球体重叠在一起,如果两个球心完成重合,则两个球体重合后整个球体电荷密度为 0。但当它们的球心不在一起时,球心距离 d 远小于球体半径,则重合区电荷密度为 0,非重合区电荷密度不为 0。

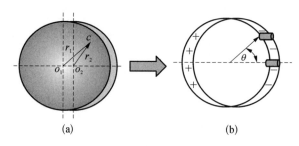

(a)　　　　　　　　(b)

图 3-10

现设两个球心之间的距离是 d，如图 3 - 10(a)所示。设两球体的电荷体密度分别为 $\pm\rho$，则重合区内的电场强度为常量，有

$$\boldsymbol{E}' = \boldsymbol{E}_+ + \boldsymbol{E}_- = \frac{\rho_+}{3\varepsilon_0}\boldsymbol{r}_1 - \frac{\rho_-}{3\varepsilon_0}\boldsymbol{r}_2 = \frac{\rho\boldsymbol{d}}{3\varepsilon_0}$$

根据图 3 - 10(b)，当 $\theta = 0$ 时，非重合区取一个截面积为 S_0 的小圆柱，体积为 $S_0 d$，总的电荷量为 $S_0 \mathrm{d}q$，截面上单位面积的电荷密度 $\sigma_0 = \dfrac{S_0 \rho d}{S_0} = \rho d$；而其他 θ 角度位置时，取一个平行于水平线的小圆柱，电荷量仍然为 $S_0 \mathrm{d}q$，但截面积却变为 $\dfrac{S_0}{\cos\theta}$，所以电荷面密度为

$$\sigma = \frac{S_0 \rho d}{\dfrac{S_0}{\cos\theta}} = \rho d\cos\theta = \sigma_0\cos\theta$$

如导体球上表面感应电荷的分布 $\sigma = \sigma_0\cos\theta$，则必然有

$$\boldsymbol{E}_0 + \boldsymbol{E}' = \boldsymbol{E}_0 + \frac{\sigma_0}{3\varepsilon_0} = 0$$

$$\sigma_0 = 3\varepsilon_0 E_0$$

则其他位置的电荷面密度为

$$\sigma = 3\varepsilon_0 E_0\cos\theta$$

例 3 - 4　原来不带电的导体球，半径为 R，在导体球的附近有一点电荷 q，如图 3 - 11 所示。求：(1) 导体球上的电势；(2) 若导体球接地，导体上感应电荷的电量；(3) 若导体球不接地，点电荷受到的静电力；(4) 表面感应电荷的分布。

解　(1) 根据静电平衡的条件，导体是一个等势体，则计算出导体球圆心的电势，就等于计算出导体中任意一点的电势。设表面单位面积感应电荷为 σ，则圆心处的电势为

$$U_o = \frac{q}{4\pi\varepsilon_0 d} + \int \frac{\sigma \mathrm{d}S}{4\pi\varepsilon_0 R}$$

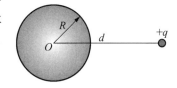

图 3 - 11

考虑到导体在静电平衡条件下，表面感应的正电荷和负电荷的数量是相等的，那么它们在圆心处产生的电势为 0，即 $\displaystyle\int \frac{\sigma \mathrm{d}S}{4\pi\varepsilon_0 R} = 0$，这样，导体球球心的总电势为

$$U_o = \frac{q}{4\pi\varepsilon_0 d}$$

（2）如果导体球接地，导体上的感应正电荷全部跑到地面上，导体球表面只剩下感应负电荷，球外的点电荷 q 和表面感应负电荷 q' 在球心处产生的总电势为 0，即

$$\frac{q'}{4\pi\varepsilon_0 R} + \frac{q}{4\pi\varepsilon_0 d} = 0$$

球体表面总的感应负电荷为

$$q' = -\frac{R}{d}q$$

（3）为了计算点电荷受到的静电力，先把导体球接地。导体接地后，导体是一个等势体。导体球壳上表面感应负电荷分布，对应一个电荷分布中心，其分布中心上的电量就等于感应负电荷的电量，如图 3-12 中虚线构成的圆所示。表面感应负电荷在球壳之外产生的电势、电场强度等，等于分布中心上等量的感应电荷对球壳外产生的电势、电场强度等。因此，计算球壳外以及球壳外的电势、电场强度等，就用分布中心上等量的电荷代替，这个电荷就是等效电荷。设等效电荷的电量为 q'。假设等效电荷的位置如图 3-12 所示，由于球壳表面上电势为 0，即

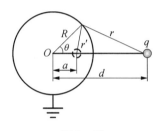

图 3-12

$$\frac{q'}{4\pi\varepsilon_0 r'} + \frac{q}{4\pi\varepsilon_0 r}$$

根据图中的几何尺寸关系：$r' = \sqrt{R^2 + a^2 - 2aR\cos\theta}$，$r = \sqrt{R^2 + d^2 - 2dR\cos\theta}$，代入上式中，得到

$$\frac{q'}{4\pi\varepsilon_0 \sqrt{R^2 + a^2 - 2aR\cos\theta}} + \frac{q}{4\pi\varepsilon_0 \sqrt{R^2 + d^2 - 2dR\cos\theta}} = 0$$

展开后得

$$q'^2(R^2 + d^2 - 2dR\cos\theta) = q^2(R^2 + a^2 - 2aR\cos\theta)$$

表面上的任意点都要满足上面这一关系，必须有

$$q'^2(R^2 + d^2) = q^2(R^2 + a^2)$$

将 $q' = -\frac{R}{d}q$ 代入上式，得到 $a = \frac{R^2}{d}$。

导体球壳接地，跑到地面上总的感应正电荷为 $+q'$。如果导体球不接地，必须有

等量的感应正电荷分布在导体球的表面上。现在把跑到地面上的感应正电荷重新放回到导体球上。感应正电荷回到导体球中，只有均匀分布在球壳表面，其感应正电荷对导体表面等势体的特性才没有影响。因此，导体球在外电场中的感应电荷分布由两部分组成：一个是感应正电荷的均匀分布，另外一个是感应负电荷的非均匀分布（用前面计算的等效电荷）。球壳表面正负感应电荷在球壳外产生的电场分别为

$$\begin{cases} E'_- = \dfrac{q'}{4\pi\varepsilon_0 (d-a)^2} = -\dfrac{\dfrac{R}{d}q}{4\pi\varepsilon_0 \left(d - \dfrac{R^2}{d}\right)^2} \\[6mm] E'_+ = \dfrac{q'}{4\pi\varepsilon_0 d^2} = \dfrac{\dfrac{R}{d}q}{4\pi\varepsilon_0 d^2} = \dfrac{Rq}{4\pi\varepsilon_0 d^3} \end{cases}$$

总的电场为

$$E = E'_+ + E'_- = \frac{Rq}{4\pi\varepsilon_0 d^3} - \frac{Rq}{4\pi\varepsilon_0 d \left(d - \dfrac{R^2}{d}\right)^2}$$

点电荷 q 受到的力为

$$F = qE = q\left[\frac{Rq}{4\pi\varepsilon_0 d^3} - \frac{Rq}{4\pi\varepsilon_0 d \left(d - \dfrac{R^2}{d}\right)^2}\right]$$

同理，如果导体球壳原来带电 Q，则点电荷受到的静电力为

$$F = qE = q\left[\frac{\dfrac{R}{d}q + Q}{4\pi\varepsilon_0 d^2} - \frac{Rq}{4\pi\varepsilon_0 d \left(d - \dfrac{R^2}{d}\right)^2}\right] = q\left[\frac{Rq + Qd}{4\pi\varepsilon_0 d^3} - \frac{Rq}{4\pi\varepsilon_0 d \left(d - \dfrac{R^2}{d}\right)^2}\right]$$

（4）利用 $q' = -\dfrac{R}{d}q$，$a = \dfrac{R^2}{d}$，计算等效电荷在球表面产生的电场强度。根据图 3-13 所示的几何关系，有

$$\frac{r'}{\sin\theta} = \frac{a}{\sin\varphi} = \frac{R^2}{\sin\varphi\, d}$$

可得　$\sin\varphi = \dfrac{R^2 \sin\theta}{r'd} = \dfrac{R^2 \sin\theta}{\sqrt{R^2 + a^2 - 2Ra\cos\theta}\, d}$

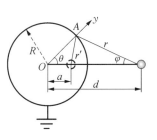

图 3-13

则
$$\sin \varphi = \frac{dR^2 \sin \theta}{\sqrt{R^2 d^2 + R^4 - 2R^3 d \cos \theta} \, d} = \frac{R \sin \theta}{\sqrt{R^2 + d^2 - 2Rd \cos \theta}}$$

以及
$$\cos \varphi = \sqrt{1 - \sin^2 \varphi} = \frac{d - R \cos \theta}{\sqrt{R^2 + d^2 - 2Rd \cos \theta}}$$

等效电荷在图中产生的静电场为

$$E' = \frac{Rq}{4\pi\varepsilon_0 \left[R^2 + \left(\frac{R^2}{d}\right)^2 - 2R \frac{R^2}{d} \cos \theta \right] d} = \frac{dq}{4\pi\varepsilon_0 R (R^2 + d^2 - 2Rd \cos \theta)}$$

垂直于该点表面法线方向上,电场强度分量为

$$E_y' = E' \cos \varphi = \frac{dq \cos \varphi}{4\pi\varepsilon_0 R (R^2 + d^2 - 2Rd \cos \theta)}$$

把本题中 $\cos \varphi$ 的表达式代入上式,得

$$E_y' = \frac{(d^2 - Rd \cos \theta) q}{4\pi\varepsilon_0 R (R^2 + d^2 - 2Rd \cos \theta)^{\frac{3}{2}}}$$

再利用图 3-13 中的几何关系,有

$$\frac{r}{\sin \theta} = \frac{d}{\sin(\varphi + \theta)} \Rightarrow \sin(\varphi + \theta) = \frac{d}{r} \sin \theta$$

$$\Rightarrow \cos(\varphi + \theta) = \sqrt{1 - \sin^2(\varphi + \theta)} = \sqrt{\frac{r^2 - d^2 \sin^2 \theta}{r^2}}$$

$$\Rightarrow \cos(\varphi + \theta) = \sqrt{\frac{R^2 + d^2 - 2Rd \cos \theta - d^2 \sin^2 \theta}{r^2}} = \sqrt{\frac{R^2 + d^2 \cos^2 \theta - 2Rd \cos \theta}{r^2}}$$

化简后得

$$\cos(\varphi + \theta) = \frac{d \cos \theta - R}{r}$$

电荷 q 在图 3-13 中 A 点产生的电场在该表面法线方向上的分量为

$$E_y = \frac{q}{4\pi\varepsilon_0 r^2} \cos(\theta + \varphi) = \frac{q \cos(\theta + \varphi)}{4\pi\varepsilon_0 (R^2 + d^2 - 2Rd \cos \theta)}$$

把 $\cos(\varphi + \theta)$ 的关系式代入上式,得

$$E_y = \frac{q(d \cos \theta - R)}{4\pi\varepsilon_0 (R^2 + d^2 - 2Rd \cos \theta) r} = \frac{q(d \cos \theta - R)}{4\pi\varepsilon_0 (R^2 + d^2 - 2Rd \cos \theta)^{\frac{3}{2}}}$$

则该点总电场强度为

$$E_{0y} = E'_y + E_y = \frac{(d^2 - Rd\cos\theta)q}{4\pi\varepsilon_0 R(R^2 + d^2 - 2Rd\cos\theta)^{\frac{3}{2}}} + \frac{q(d\cos\theta - R)}{4\pi\varepsilon_0 (R^2 + d^2 - 2Rd\cos\theta)^{\frac{3}{2}}}$$

合并化简，得

$$E_{0y} = \frac{(d^2 - R^2)q}{4\pi\varepsilon_0 R(R^2 + d^2 - 2Rd\cos\theta)^{\frac{3}{2}}}$$

再在该处用高斯定律，得

$$\frac{\sigma}{\varepsilon_0} + E_{0y} = \frac{\sigma}{\varepsilon_0} + \frac{(d^2 - R^2)q}{4\pi\varepsilon_0 R(R^2 + d^2 - 2Rd\cos\theta)^{\frac{3}{2}}} = 0$$

$$\sigma = -\frac{(d^2 - R^2)q}{4\pi R(R^2 + d^2 - 2Rd\cos\theta)^{\frac{3}{2}}}$$

例 3-5 如图 3-14 所示，一个导体球壳，内外半径分别为 R_1 和 R_2，球壳内有一点电荷 $+Q_1$，外有一点电荷 $+Q_2$。计算：（1）两电荷之间的相互吸引力；（2）系统的电势能。

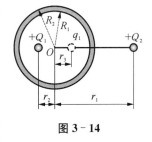

图 3-14

解 受到电荷 $+Q_1$ 的静电感应，球壳内表面有 $-Q_1$，外表面有 $+Q_1$。球壳受到 $+Q_2$ 的影响，靠近 $+Q_2$ 的一侧感应出 $-q_1$，远离 $+Q_2$ 的一侧感应出 $+q_1$。假定导体球壳接地，球壳表面 $+Q_1$ 和 $+q_1$ 均跑到地面上。用等效原理，首先计算 $-q_1$ 的数值和等效电荷的位置，即

$$\begin{cases} r_3 = \dfrac{R_2^2}{r_1} \\[2mm] q_1 = -\dfrac{Q_2 R_2}{r_1} \end{cases}$$

跑到地面的正电荷量为

$$Q_+ = Q_1 + q_1 = Q_1 + \frac{R_2 Q_2}{r_1}$$

这些跑到地面的正电荷，重新回到球壳表面并且均匀分布，就不影响球壳内电势和电场的特性。球壳内表面感应电荷 $Q_{球壳内表面} = -Q_1$，这样，在 $+Q_2$ 处产生的电场强度为

$$E_2 = \frac{1}{4\pi\varepsilon_0 r_1^2}\left(Q_1 + \frac{R_2 Q_2}{r_1}\right) - \frac{1}{4\pi\varepsilon_0 (r_1 - r_3)^2}\frac{R_2 Q_2}{r_1}$$

$+Q_2$ 受到的静电力有

$$F_2 = Q_2 E_2 = Q_2\left[\frac{1}{4\pi\varepsilon_0 r_1^2}\left(Q_1 + \frac{R_2 Q_2}{r_1}\right) - \frac{1}{4\pi\varepsilon_0 (r_1 - r_3)^2}\frac{R_2 Q_2}{r_1}\right]$$

$+Q_2$ 处的电势能为

$$W_1 = Q_2 U_2 = Q_2\left[\frac{1}{4\pi\varepsilon_0 r_1}\left(Q_1 + \frac{R_2 Q_2}{r_1}\right) - \frac{1}{4\pi\varepsilon_0 (r_1 - r_3)}\frac{R_2 Q_2}{r_1}\right]$$

例 3-6　如图 3-15 所示,一个薄球壳,半径为 R_1,通过导线接一个电压为 U 的电池,在球外有一点电荷 Q,与球壳中心的距离为 d,当球壳半径增加到 R_2,大地流向球壳的电量是多少?

解　根据题意,因为球壳内是个一等势体,球壳上的电势等于球心电势,有

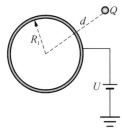

$$\frac{q_1}{4\pi\varepsilon_0 R_1} + \frac{Q}{4\pi\varepsilon_0 d} = U$$

球壳上的感应电荷为

$$q_1 = 4\pi\varepsilon_0 R_1\left(U - \frac{Q}{4\pi\varepsilon_0 d}\right)$$

图 3-15

当球壳半径增加到 R_2,有

$$q_2 = 4\pi\varepsilon_0 R_2\left(U - \frac{Q}{4\pi\varepsilon_0 d}\right)$$

$$\Delta Q = q_2 - q_1 = 4\pi\varepsilon_0 (R_2 - R_1)U - \frac{Q}{d}(R_2 - R_1)$$

例 3-7　如图 3-16(a)所示,一根无限长的细带电线,单位长度带电量为 λ,在线左侧有一半径为 R 的无限长导体,导体的轴心线与带电线距离为 L,计算导体周围空间电势分布。

解　受无限长带电线的静电感应,导体圆柱面会产生感应电荷。靠近带电线一侧感应电荷为 $-q_1$,远离带电线的一侧感应出 $+q_1$。假定导体圆柱接地,表面的感应电荷等效于一根带电细导线。带电导线在导体圆柱面上产生的电场强度和电势分别为

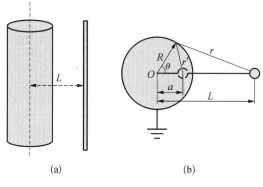

图 3 - 16

$$E_1 = \frac{\lambda}{2\pi\varepsilon_0 r} = \frac{\lambda}{2\pi\varepsilon_0 \sqrt{R^2 + L^2 - 2RL\cos\theta}}$$

$$U_1 = \int E_1 \, dr = \frac{\lambda}{2\pi\varepsilon_0} \ln(R^2 + L^2 - 2RL\cos\theta) + C_1$$

圆柱面上的感应负电荷等效于一根细长的带电导线,如图 3 - 16(b)中虚线构成的圆,它与导体表面的距离为 r',设等效无限长导线电荷线密度为 λ_-,则等效感应负电荷在圆柱面上产生的电场强度和电势为

$$E_2 = \frac{\lambda_-}{2\pi\varepsilon_0 r'} = \frac{\lambda_-}{2\pi\varepsilon_0 \sqrt{R^2 + a^2 - 2Ra\cos\theta}}$$

$$U_2 = \int E_2 \, dr' = \frac{\lambda_-}{4\pi\varepsilon_0} \ln(R^2 + a^2 - 2Ra\cos\theta) + C_2$$

因先让圆柱接地,所以表面上的电势为

$$U_0 = U_1 + U_2 = \frac{\lambda}{4\pi\varepsilon_0} \ln(R^2 + L^2 - 2RL\cos\theta) - \frac{\lambda_-}{4\pi\varepsilon_0} \ln(R^2 + a^2 - 2Ra\cos\theta) + C = 0$$

导体圆柱面是等势体,所以

$$\frac{\partial U}{\partial\theta} = -\frac{\lambda}{4\pi\varepsilon_0} \frac{2RL\sin\theta}{R^2 + L^2 - 2RL\cos\theta} + \frac{\lambda_-}{4\pi\varepsilon_0} \frac{2Ra\sin\theta}{R^2 + a^2 - 2Ra\cos\theta} = 0$$

则有

$$\frac{\lambda L}{R^2 + L^2 - 2RL\cos\theta} = \frac{\lambda_- a}{R^2 + a^2 - 2Ra\cos\theta}$$

要保证在任意位置都相等,则必须保证

$$\begin{cases} (R^2+L^2)\lambda_-\,a=(R^2+a^2)\lambda L \\ 2RL\cos\theta\lambda_-\,a=2Ra\cos\theta\lambda L \end{cases}$$

由以上两个式子解得

$$\begin{cases} \lambda=\lambda_- \\ a=\dfrac{R^2}{L} \end{cases}$$

表面感应正电荷重新从地面回到导体上,在圆柱体表面,感应正电荷呈均匀分布,这样保证了表面感应正电荷不影响导体圆柱面上电势的特性。正电荷在导体外产生的电场强度电势分别为

$$E_2=\frac{\lambda_+}{2\pi\varepsilon_0 r_1}$$

$$U_3=\int E_2\mathrm{d}r_2=\frac{\lambda_+}{2\pi\varepsilon_0}\ln r_1+C_3$$

设距离圆柱轴心线为 r 的地方,圆柱面外总的电势为

$$U=U_1+U_2+U_3$$

所以总电势为

$$U=\frac{\lambda}{4\pi\varepsilon_0}\ln(r_1^2+L^2-2RL\cos\theta)-\frac{\lambda_-}{4\pi\varepsilon_0}\ln(r_1^2+a^2-2Ra\cos\theta)+\frac{\lambda_+}{2\pi\varepsilon_0}\ln r_1+C$$

例 3 - 8　如图 3 - 17 所示,半无限大接地导体附近有一点电荷 q,计算导体表面的感应电荷分布和 q 受到的静电力。

解　q 在 P 点产生的电场强度为

$$E_q=\frac{q}{4\pi\varepsilon_0(r^2+a^2)}$$

在导体表面附近,感应电荷产生的电场强度可以用高斯定律得

$$E'=\frac{\sigma}{2\varepsilon_0}$$

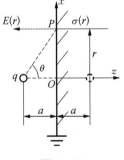

图 3 - 17

而在静电平衡条件下,点电荷在导体表面产生的 z 轴方向电场与表面感应电荷产生的电场叠加为 0,即导体内部总电场为 0,所以有

$$\frac{q}{4\pi\varepsilon_0(r^2+a^2)}\cos\theta-\frac{\sigma}{2\varepsilon_0}=0$$

导体表面单位面积感应电荷分布,有

$$\sigma(r)=\frac{qa}{2\pi(r^2+a^2)^{\frac{3}{2}}}$$

表面总的感应电荷量为

$$Q'=\int_0^\infty \sigma(r)2\pi r\,\mathrm{d}r=\int_0^\infty \frac{qa}{2\pi(r^2+a^2)^{\frac{3}{2}}}2\pi r\,\mathrm{d}r=q$$

表面上感应电荷也可以用一个等效电荷来代替,这个等效电荷电量为 Q',在金属内部距离表面为 a 的地方。如果要计算表面感应电荷在金属表面外的电势和电场强度,可以用这个等效电荷来代替。因此,点电荷 q 受到的力为

$$F=\frac{Qq}{4\pi\varepsilon_0(2a)^2}=\frac{q^2}{4\pi\varepsilon_0(2a)^2}$$

例 3-9　如图 3-18 所示,一个面积为 S 的有限大的圆平板导体,厚度为 h,带电量为 Q,距离导体表面为 a 的位置有一点电荷,不考虑边缘效应,计算点电荷受到的静电力。

解　这道题目的求解过程也是先假定导体平板接地,然后让跑到地面上的正电荷重新回到导体表面。第一步,平板导体接地后,靠近点电荷的一面对应的感应电荷在表面的分布为

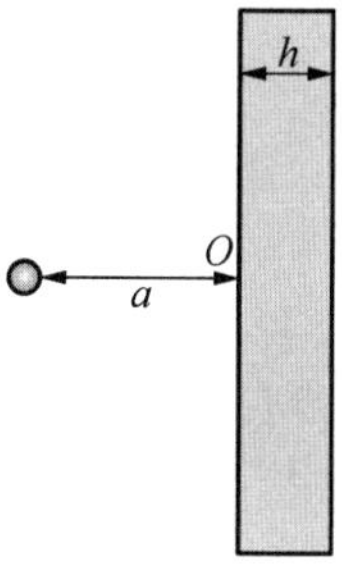

$$\sigma(r)=-\frac{qa}{2\pi\varepsilon_0(r^2+a^2)^{\frac{3}{2}}}$$

对应感应电荷的电量为

图 3-18

$$Q'=\int_0^R \frac{qa}{(r^2+a^2)^{\frac{3}{2}}}r\,\mathrm{d}r=qa\,\frac{1}{\sqrt{r^2+a^2}}\Big|_0^R=q\left(1-\frac{1}{\sqrt{R^2+a^2}}\right)$$

用等效电荷法,Q' 可以等效为一个点电荷,它位于距离导体平板右侧 a 的位置。

跑到地面的正感应电荷总量应该是感应正电荷和原来带的电量之和,即 $Q'+Q$。由于导体不接地,这些电荷必须要重新回到导体中。为了维持导体是个等势面的特性,重新回到导体的电荷只能均匀分布在导体的两个侧面,所以正电荷在表面上的均匀分布密度为

$$\sigma_1=\sigma_2=\frac{Q'+Q}{2S}=\frac{q\left(1-\dfrac{1}{\sqrt{R^2+a^2}}\right)+Q}{2S}$$

导体的两个面电荷均匀分布,不考虑边缘效应,平板在两个侧面产生的电场强度分别为

$$\begin{cases} E_1 = \dfrac{\sigma_1}{2\varepsilon_0} = \dfrac{q\left(1 - \dfrac{1}{\sqrt{R^2+a^2}}\right)+Q}{2\varepsilon_0 S} \\[6mm] E_2 = \dfrac{\sigma_2}{2\varepsilon_0} = \dfrac{q\left(1 - \dfrac{1}{\sqrt{R^2+a^2}}\right)+Q}{2\varepsilon_0 S} \end{cases}$$

表面正电荷在 q 处产生的总电场强度为

$$E = E_1 + E_2 - \frac{Q'}{4\pi\varepsilon_0(2a)^2} = \frac{q\left(1 - \dfrac{1}{\sqrt{R^2+a^2}}\right)+Q}{S} - \frac{q\left(1 - \dfrac{1}{\sqrt{R^2+a^2}}\right)}{4\pi\varepsilon_0(2a)^2}$$

q 受到的静电力为

$$F = Eq = \left[\frac{q\left(1 - \dfrac{1}{\sqrt{R^2+a^2}}\right)+Q}{S} - \frac{q\left(1 - \dfrac{1}{\sqrt{R^2+a^2}}\right)}{4\pi\varepsilon_0(2a)^2}\right] q$$

例 3 - 10　如图 3 - 19(a)所示,半径为 R 的导线,单位长度带电量为 λ,离地面高度为 h,地表可近似为良导体。在半径 R 非常小和半径 R 比较大的情况下,(1) 计算空间电场强度的分布;(2) 计算空间电势的分布和等势线的方程。

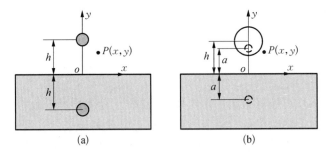

图 3 - 19

解　(1) 如果无限长圆柱的半径 R 比较小,可以看成细无限长带电直线。直接用等效电荷法,在地面下距离地面为 h 的地方,用一根单位长度带电量为 λ_- 的无限长带电线代替表面感应负电荷。如图 3 - 19(a)所示,则在地面上的总电场强度为

$$\begin{cases} E_+ = \dfrac{\lambda_+}{2\pi\varepsilon_0 r_1} = \dfrac{\lambda_+}{2\pi\varepsilon_0 \sqrt{x^2 + (h-y)^2}} \\[3mm] E_- = \dfrac{\lambda_-}{2\pi\varepsilon_0 r_2} = \dfrac{\lambda_-}{2\pi\varepsilon_0 \sqrt{x^2 + (h+y)^2}} \end{cases}$$

$$\boldsymbol{E} = \boldsymbol{E}_+ + \boldsymbol{E}_- = \dfrac{\lambda_+}{2\pi\varepsilon_0 \sqrt{x^2 + (h-y)^2}} \boldsymbol{r}_{10} + \dfrac{\lambda_-}{2\pi\varepsilon_0 \sqrt{x^2 + (h+y)^2}} \boldsymbol{r}_{20}$$

对应的电势分布为

$$\begin{cases} U_+ = \displaystyle\int_h^{\sqrt{x^2+(h-y)^2}} \dfrac{\lambda_+\,\mathrm{d}r}{2\pi\varepsilon_0 r} = \dfrac{\lambda_+}{2\pi\varepsilon_0} \ln \dfrac{\sqrt{x^2+(h-y)^2}}{h} \\[4mm] U_- = \displaystyle\int_h^{\sqrt{x^2+(h+y)^2}} \dfrac{\lambda_-\,\mathrm{d}r}{2\pi\varepsilon_0 r} = \dfrac{\lambda_-}{2\pi\varepsilon_0} \ln \dfrac{\sqrt{x^2+(h+y)^2}}{h} \end{cases}$$

空间中总电势为

$$U = U_+ - U_- = \dfrac{\lambda_+}{2\pi\varepsilon_0} \ln \dfrac{\sqrt{x^2+(h-y)^2}}{\sqrt{x^2+(h+y)^2}}$$

或

$$\ln \dfrac{\sqrt{x^2+(h-y)^2}}{\sqrt{x^2+(h+y)^2}} = \dfrac{U 2\pi\varepsilon_0}{\lambda_+}$$

对于等势面，电势为常量，所以上式可写为

$$\dfrac{\sqrt{x^2+(h-y)^2}}{\sqrt{x^2+(h+y)^2}} = \mathrm{e}^{\frac{U 2\pi\varepsilon_0}{\lambda_+}} = c$$

式中，c 为常数。上式展开后得

$$x^2 + (h-y)^2 = c^2 x^2 + c^2 (h+y)^2$$

进一步化简后得到

$$x^2 + \left[y - \dfrac{(1+c^2)}{(1-c^2)} h \right]^2 = \dfrac{2c^2 h^2}{(1-c^2)^2}$$

显然，等势面为不同圆心的圆柱面族。

（2）在半径 R 比较大的条件下，仍然可以用等效电荷法处理。无限长带电直线由于受到地表感应电荷的影响，可以用一根偏离圆柱轴心线的无限长带电直线代替[见图 3 - 19(b)中的虚线构成的圆]。与此对应,地表感应电荷也可用一根无限长带电直线来代替[见图 3 - 19(b)中地面下虚线构成的圆]。所以在地面上任意一点 P 的电场强度为

$$\begin{cases} E_+ = \dfrac{\lambda_+}{2\pi\varepsilon_0 r_1} = \dfrac{\lambda_+}{2\pi\varepsilon_0 \sqrt{x^2 + (a-y)^2}} \\[2mm] E_- = \dfrac{\lambda_-}{2\pi\varepsilon_0 r_2} = \dfrac{\lambda_-}{2\pi\varepsilon_0 \sqrt{x^2 + (a+y)^2}} \end{cases}$$

对应的电势为

$$U_0 = \int_a^{\sqrt{(y-a)^2+x^2}} \frac{\lambda_+}{2\pi\varepsilon_0 r} \mathrm{d}r - \int_a^{\sqrt{(y+a)^2+x^2}} \frac{\lambda_-}{2\pi\varepsilon_0 r} \mathrm{d}r$$

积分后得电势分布的方程

$$U_0 = \frac{\lambda}{2\pi\varepsilon_0} \ln \frac{\sqrt{(y+a)^2+x^2}}{\sqrt{(y-a)^2+x^2}}$$

或

$$\frac{(y+a)^2+x^2}{(y-a)^2+x^2} = \mathrm{e}^{\frac{4\pi\varepsilon_0 U_0}{\lambda}}$$

由于圆柱面是一个等势体,分别取圆柱面上两个坐标位置 $(h+R, 0)$ 和 $(h-R, 0)$,它们的电势相同,则有

$$\frac{(h+R+a)^2}{(h+R-a)^2} = \frac{(h-R+a)^2}{(h-R-a)^2}$$

解此方程,得

$$a = \sqrt{h^2 - R^2}$$

代入等势线的方程,有

$$\frac{(y+\sqrt{h^2-R^2})^2+x^2}{(y-\sqrt{h^2-R^2})^2+x^2} = \mathrm{e}^{\frac{4\pi\varepsilon_0 U_0}{\lambda}}$$

例 3 - 11 如图 3 - 20 所示,两个无限长、半径分别为 R_1 和 R_2 的导体圆柱,两圆柱轴心线相距 L,单位长度带电量分别为 $+\lambda$ 和 $-\lambda$。请给出两圆柱外等势线方程。

解　这两个无限长的带电导体圆柱彼此受对方电荷的影响,电荷在圆柱表面分布不均匀,但两导体都是等势体。用等效电荷法,两无限长带电导体圆柱面上的感应电荷可用两根无限长的带电直线代替,如图 3-20 中两个虚线构成的圆所示。由于两导体圆柱面上都是等势面,不难求出这两根无限长的带电直线的坐标位置。

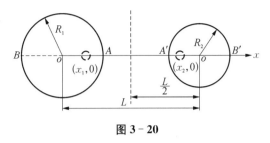

图 3-20

以两圆柱轴心线的中心线为零点电势,则在 R_1 的圆柱面上 A 和 B 两点的电势分别为

$$
\begin{aligned}
U_A &= \frac{\lambda_+}{2\pi\varepsilon_0}\ln\frac{R_1-x_1}{L/2-x_1} - \frac{\lambda_-}{2\pi\varepsilon_0}\ln\left[\frac{L-R_1-(L-x_2)}{L/2-(L-x_2)}\right] \\
&= \frac{\lambda}{2\pi\varepsilon_0}\ln\left(\frac{R_1-x_1}{L/2-x_1}\right)\left(\frac{x_2-L/2}{x_2-R_1}\right)
\end{aligned}
$$

$$
\begin{aligned}
U_B &= \frac{\lambda}{2\pi\varepsilon_0}\ln\left(\frac{R_1+x_1}{L/2-x_1}\right) - \frac{\lambda_-}{2\pi\varepsilon_0}\ln\left[\frac{x_2+R_1}{L/2-(L-x_2)}\right] \\
&= \frac{\lambda}{2\pi\varepsilon_0}\ln\left(\frac{R_1+x_1}{L/2-x_1}\right)\left(\frac{x_2-L/2}{x_2+R_1}\right)
\end{aligned}
$$

因为 $U_A = U_B$,则

$$
\frac{\lambda}{2\pi\varepsilon_0}\ln\left(\frac{R_1-x_1}{L/2-x_1}\right)\left(\frac{x_2-L/2}{x_2-R_1}\right) = \frac{\lambda}{2\pi\varepsilon_0}\ln\left(\frac{R_1+x_1}{L/2-x_1}\right)\left(\frac{x_2-L/2}{x_2+R_1}\right)
$$

或

$$
\left(\frac{R_1-x_1}{L/2-x_1}\right)\left(\frac{x_2-L/2}{x_2-R_1}\right) = \left(\frac{R_1+x_1}{L/2-x_1}\right)\left(\frac{x_2-L/2}{x_2+R_1}\right)
$$

解此方程得

$$
x_1 x_2 = R_1^2
$$

R_2 的圆柱面上 A' 和 B' 两点的电势分别为

$$
\begin{aligned}
U_{A'} &= \frac{\lambda}{2\pi\varepsilon_0}\ln\left(\frac{L-R_2-x_1}{L/2-x_1}\right) - \frac{\lambda_-}{2\pi\varepsilon_0}\ln\left[\frac{R_2-(L-x_2)}{L/2-(L-x_2)}\right] \\
&= \frac{\lambda}{2\pi\varepsilon_0}\ln\left(\frac{L-R_2-x_1}{L/2-x_1}\right)\left[\frac{x_2-L/2}{R_2-(L-x_2)}\right]
\end{aligned}
$$

$$U_{B'} = \frac{\lambda}{2\pi\varepsilon_0}\ln\left(\frac{L+R_2-x_1}{L/2-x_1}\right) - \frac{\lambda_-}{2\pi\varepsilon_0}\ln\left[\frac{R_2+(L-x_2)}{L/2-(L-x_2)}\right]$$

$$= \frac{\lambda}{2\pi\varepsilon_0}\ln\left(\frac{L+R_2-x_1}{L/2-x_1}\right)\left[\frac{x_2-L/2}{R_2+(L-x_2)}\right]$$

同样，$U_{A'} = U_{B'}$，则

$$\left(\frac{L-R_2-x_1}{L/2-x_1}\right)\left[\frac{x_2-L/2}{R_2-(L-x_2)}\right] = \frac{L+R_2-x_1}{L/2-x_1}\left[\frac{x_2-L/2}{R_2+(L-x_2)}\right]$$

解此方程得

$$(L-x_1)(L-x_2) = R_2^2$$

联立两个方程，得到方程组

$$\begin{cases} x_1 x_2 = R_1^2 \\ (L-x_1)(L-x_2) = R_2^2 \end{cases}$$

解此方程组，得

$$\begin{cases} x_1 = \frac{1}{2L}\left[L^2+R_1^2-R_2^2-\sqrt{(L^2+R_1^2-R_2^2)^2-4R_1^2L^2}\right] \\ x_2 = \frac{1}{2L}\left[L^2+R_1^2-R_2^2+\sqrt{(L^2+R_1^2-R_2^2)^2-4R_1^2L^2}\right] \end{cases}$$

因此，两圆柱外任意一点电势为

$$U = \frac{\lambda}{2\pi\varepsilon_0}\ln\frac{\sqrt{(x-x_1)^2+y^2}}{\sqrt{(x-x_2)^2+y^2}} = \frac{\lambda}{4\pi\varepsilon_0}\ln\frac{(x-x_1)^2+y^2}{(x-x_2)^2+y^2}$$

对应等势线的方程为

$$\frac{(x-x_1)^2+y^2}{(x-x_2)^2+y^2} = e^{\frac{4\pi\varepsilon_0 U}{\lambda}}$$

例 3-12 如图 3-21 所示，两个导体板均接地，板面积为 S，两个板之间放电荷 Q（在中央），不考虑边缘效应。计算两个板的感应电量以及振动周期。

解 由于两个平板均接地，两个板外的电场强度和电势均为零。要保证板外的电场强度为零，两个板上的感应电荷等效中心就在电荷 Q 的位置，而且两个板上总的感应电荷要等于点电荷量，即有

$$\begin{cases} (d-x)q_1 = (d+x)q_2 \\ q_1 + q_2 = Q \end{cases}$$

解得

$$\begin{cases} q_1 = \dfrac{(d+x)}{2d}Q \\[2mm] q_2 = \dfrac{(d-x)}{2d}Q \end{cases}$$

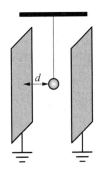

图 3-21

这样利用等效电荷法和等效电荷在空间的位置,得

$$\begin{cases} F_1 = \dfrac{q_1 Q}{4\pi\varepsilon_0(2d-2x)^2} = \dfrac{1}{4\pi\varepsilon_0(2d-2x)^2}\dfrac{d+x}{2d}Q^2 \\[4mm] F_2 = \dfrac{q_2 Q}{4\pi\varepsilon_0(2d+2x)^2} = \dfrac{1}{4\pi\varepsilon_0(2d+2x)^2}\dfrac{d-x}{2d}Q^2 \end{cases}$$

电荷受到的合力差为

$$\Delta F = F_1 - F_2 = \frac{Q^2}{32\pi\varepsilon_0 d}\left[\frac{d+x}{(d-x)^2} - \frac{d-x}{(d+x)^2}\right]$$

将上式作近似处理,有

$$\Delta F = \frac{Q^2}{32\pi\varepsilon_0 d^2}\left[\frac{1+\dfrac{x}{d}}{\left(1-\dfrac{x}{d}\right)^2} - \frac{1-\dfrac{x}{d}}{\left(1+\dfrac{x}{d}\right)^2}\right]$$

$$\approx \frac{Q^2}{32\pi\varepsilon_0 d^2}\left[\left(1+\frac{x}{d}\right)\left(1+\frac{2x}{d}\right) - \left(1-\frac{x}{d}\right)\left(1-\frac{2x}{d}\right)\right]$$

忽略高次项,得

$$\Delta F = \frac{Q^2 6x}{32\pi\varepsilon_0 d^3}$$

再利用牛顿第二定理,得

$$\frac{\mathrm{d}^2 x}{\mathrm{d}t^2} + \frac{Q^2 6x}{3m 2\pi\varepsilon_0 d^3} = 0$$

则有

$$\omega = \sqrt{\frac{Q^2 6}{32m\pi\varepsilon_0 d^3}}$$

$$T = \frac{2\pi}{\omega} = 2\pi\sqrt{\frac{16m\pi\varepsilon_0 d^3}{3Q^2}}$$

例 3 - 13 如图 3 - 22 所示,两个导体板均接地,两个板之间的距离是 $4d$,在 d 和 $3d$ 处各放一个 $+Q$ 和 $-Q$,计算把两个电荷全部移动到无限远后,外力所做的最小的功。

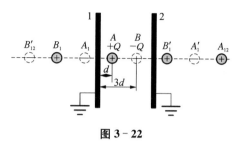

图 3 - 22

解 根据镜像电荷法,两个板之间的电荷在板上的感应电荷等效于一个电荷,电量与电荷相等,等效电荷的位置相对于导体板对称,这种电荷也称为镜像电荷。第一次产生等效电荷:A 电荷对板 1 产生镜像电荷 A_1 ,对板 2 产生镜像电荷 A_1' ;B 电荷对板 1 产生镜像电荷 B_1 ,对板 2 产生镜像电荷 B_1' 。第二次,两个板外的镜像电荷分别对两个板继续产生镜像电荷,A_1 对板 2 产生镜像电荷 A_{12} ,B_1' 对板 1 产生镜像电荷 B_{12}' ,如此继续下去……在 A 电荷上产生的电势为

$$U = \frac{-2Q}{8\pi\varepsilon_0(2d)} + \frac{2Q}{8\pi\varepsilon_0(4d)} + \frac{-2Q}{8\pi\varepsilon_0(6d)} + \frac{2Q}{8\pi\varepsilon_0(8d)} + \cdots$$

提出相同部分,得

$$U = \frac{Q}{8\pi\varepsilon_0 d}\left[-1 + \frac{1}{2} - \frac{1}{3} + \frac{1}{4} - \frac{1}{5} + \cdots\right] = -\frac{Q}{8\pi\varepsilon_0 d}\ln 2$$

总的电势能为

$$W = UQ = -\frac{Q^2}{8\pi\varepsilon_0 d}\ln 2$$

把连两个点电荷取出分离到无限远,外力做的功为

$$A = -W = \frac{Q^2}{8\pi\varepsilon_0 d}\ln 2$$

每个电荷受到力,$+Q$ 对左、右板上产生的静电感应电荷的作用力为

$$\begin{cases} F_{1左} = -\frac{Q^2}{4\pi\varepsilon_0(2d)^2} + \frac{Q^2}{4\pi\varepsilon_0(4d)^2} - \frac{Q^2}{4\pi\varepsilon_0(6d)^2} + \frac{Q^2}{4\pi\varepsilon_0(8d)^2} - \cdots \\ F_{1右} = \frac{Q^2}{4\pi\varepsilon_0(4d)^2} - \frac{Q^2}{4\pi\varepsilon_0(6d)^2} + \frac{Q^2}{4\pi\varepsilon_0(8d)^2} - \frac{Q^2}{4\pi\varepsilon_0(10d)^2} + \cdots \end{cases}$$

提出相同部分,得

$$\begin{cases} F_{1左} = \frac{Q^2}{4\pi\varepsilon_0 d^2}\left[-\frac{1}{2^2} + \frac{1}{4^2} - \frac{1}{6^2} + \frac{1}{8^2} - \cdots\right] \\ F_{1右} = \frac{Q^2}{4\pi\varepsilon_0 d^2}\left[\frac{1}{4^2} - \frac{1}{6^2} + \frac{1}{8^2} - \frac{1}{10^2} + \cdots\right] \end{cases}$$

得

$$\begin{cases} F_{1左} = -\dfrac{Q^2}{4\pi\varepsilon_0 d^2}\dfrac{\pi^2}{12} \\ F_{1右} = \dfrac{Q^2}{4\pi\varepsilon_0 d^2}\left(1 - \dfrac{\pi^2}{12}\right) \end{cases}$$

电荷受到的合力为

$$F = F_{1左} + F_{1右} = \frac{Q^2}{4\pi\varepsilon_0 d^2}\left(1 - \frac{\pi^2}{6}\right)$$

Q_1 在两个板上产生的负感应电量的中心在 Q_1 上,同样,Q_2 在两个板上产生的正感应电量的中心在 Q_2 上,因为只有这样才能保证两个板外的电场强度为零。对电荷 A 产生的感应电荷量为

$$\begin{cases} q_1 d = 3q_2 d \\ q_1 + q_2 = -Q \end{cases} \Rightarrow \begin{cases} q_1 = -\dfrac{Q_1}{4} \\ q_2 = -\dfrac{3Q}{4} \end{cases}$$

对电荷 B 产生的感应电荷量为

$$\begin{cases} q'd_2 = 3q'_1 d \\ q_1 + q_2 = Q \end{cases} \Rightarrow \begin{cases} q'_1 = \dfrac{3Q_1}{4} \\ q_2 = \dfrac{Q}{4} \end{cases}$$

左、右两个板上总的感应电荷量分别是

$$\begin{cases} Q_1 = q_1 + q'_1 = \dfrac{Q}{2} \\ Q_2 = q_2 + q'_2 = -\dfrac{Q}{2} \end{cases}$$

3.2 电介质的极化机理

物理学上把没有自由电子的物质称为电介质,实际上就是绝缘介质,一般条件下它们是不导电的。电介质包括气态、液态和固态等,也包括真空。固态电介质包括晶态电介质和非晶态电介质两大类,后者包括玻璃、树脂和高分子聚合物等良好的绝缘材料。凡在外电场作用下产生宏观上不等于零的电偶极矩,因而形成宏观束缚电荷的现象称为电极化,能产生电极化现象的物质统称为电介质。电介质的

电阻率一般都很高,称为绝缘体。有些电介质的电阻率并不很高,不能称为绝缘体,但由于能发生极化过程,也归入电介质。

3.2.1 微观极化机制

前面已指出,任何物质的分子或原子(以下统称分子)都是由带负电的电子和带正电的原子核组成的,整个分子中正负电荷的代数和为 0。正、负电荷在分子中都不集中于一点。但在离开分子的距离比分子的线度大得多的地方,分子中全部负电荷对于这些地方的影响将与一个单独的负电荷等效。这个等效负电荷的位置称为这个分子的负电荷"重心"。例如,一个电子绕核做匀速圆周运动时,它的"重心"就在圆心;同样,每个分子的正电荷也有一个正电荷"重心"。电介质可以分成两类:在一类电介质中,当外电场不存在时,电介质分子的正、负电荷"重心"是重合的,这类分子称为无极分子,如图 3-23(a)所示;在另一类电介质中,即使当外电场不存在时,电介质分子的正、负电荷"重心"也不重合,虽然分子中正、负电量的代数和仍然是 0,但等量的正、负电荷"重心"互相错开,形成一个偶极对,这类分子称为有极分子,如图 3-23(b)所示。

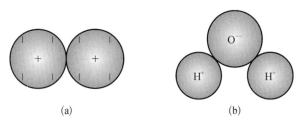

(a)   (b)

图 3-23

1. 无极分子的位移极化

H_2、N_2、CCl_4 等分子是无极分子,在没有外电场时,整个分子没有电矩。加了外电场后,在电场力的作用下,每一个分子的正、负电荷"重心"错开了,形成了一个电偶极子,如图 3-24(a)所示。分子电偶极矩的方向沿外电场方向,这种在外电场作用下产生的电偶极矩类似于电偶极子,其始端为负电荷,末端为正电荷。

对于一块状电介质,每一个分子都形成了电偶极子,如图 3-24(b)所示。各个偶极子沿外电场方向排列成一条条"链子",链上相邻的偶极子间正、负电荷互相靠近,因而对于均匀电介质来说,其内部各处仍是电中性的。但与外电场垂直的两个端面上就不同了,一端出现负电荷,另一端出现正电荷,这就是极化电荷。极化电荷与导体中的自由电荷不同,它们不能离开电介质而转移到其他带电体上,也不能在电介质内部自由运动。在外电场的作用下,电介质表面出现极化电荷的现象,被定义为电介质的极化。由于电子的质量比原子核小得多,所以在外电场作用下主要是电子位移,因而上面讲的无极分子的极化机制常称为电子位移极化。

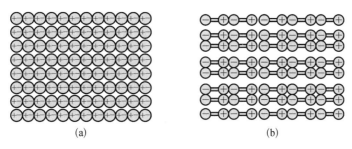

图 3 – 24

2. 有极分子的取向极化

有极分子如图 3 – 25(a)所示。在没有外电场时,虽然每一个分子具有固有电矩,但由于分子的不规则热运动,在任何一块电介质中,所有分子的固有电矩的矢量和相互抵消,即电矩的矢量和 $\sum \boldsymbol{p}_{分子}$ 为 0,宏观上不产生电场。现在加上外电场 E_0,则每个分子电矩都受到力矩作用,使分子电矩方向转向外电场方向,于是 $\sum \boldsymbol{p}_{分子}$ 不是 0。由于分子的热运动,这种转向并不完全,但外电场愈强,极性分子排列得愈整齐。对于整个电介质来说,不管它们排列的整齐程度如何,总会在垂直于外电场的表面产生极化电荷,如图 3 – 25(b)所示,这种极化机制称为取向极化。

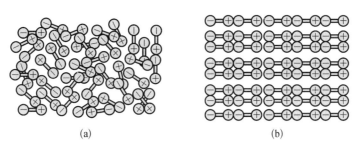

图 3 – 25

应当指出,电子位移极化效应在任何电介质中都存在,而分子取向极化由有极分子构成的电介质所独有。但是,有极分子构成的电介质中,取向极化的效应比位移极化大得多(约大一个数量级,因而取向极化是主要的);在无极分子构成的电介质中,主要是位移极化。

3.2.2　极化强度

当电介质被极化后,即 $\sum \boldsymbol{p}_{分子} \neq 0$(对 ΔV 内各分子求和),为了定量地描述电

介质内各处极化的情况,引入极化强度矢量 $\boldsymbol{P}$,它等于单位体积内的电矩量和,即

$$\boldsymbol{P} = \frac{\sum \boldsymbol{p}_{\text{分子}}}{\Delta V} \tag{3-3}$$

式中,$\boldsymbol{P}$ 是量度电介质极化状态(包含极化的程度和极化的方向)的物理量,它的单位是 C/m^2。

实验表明,对于大多数常见的各向同性线性电介质,$\boldsymbol{P}$ 与 $\varepsilon_0 \boldsymbol{E}$ 方向相同,且数量上呈简单的正比关系,因此可以写成

$$\boldsymbol{P} = \chi \varepsilon_0 \boldsymbol{E} \tag{3-4}$$

比例常数 χ 称为极化率,它与场强 $\boldsymbol{E}$ 无关,与电介质的种类有关,是介质材料的属性。χ 越大,材料越容易被极化;χ 越小,材料越不容易被极化。

本书给出一个简单的物理模型和非晶态材料极化率的推导过程,主要是让读者明白极化率的来源和产生的机理。

以半经典的轨道理论为基础讨论,如图 3-26 所示。在没有外力的作用下,每个电子都处于平衡状态,原子核周围电子的静电吸引力和惯性离心力相等,则电子绕原子核中心的角动量守恒,即有

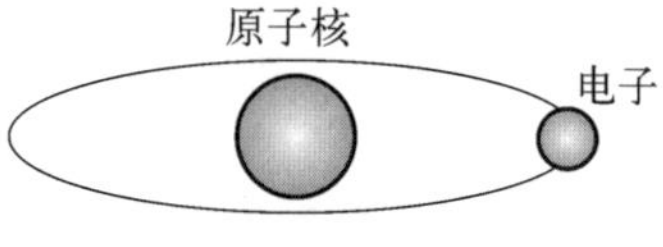

$$\begin{cases} \dfrac{Qq}{4\pi\varepsilon_0 R_0^2} = mR_0\omega_0^2 \\ R_0 m v_0 = mR_0^2\omega_0 = Rmv = mR^2\omega \end{cases}$$

图 3-26

式中,Q 是原子核的电量;q 为电子电量;R_0 是电子的轨道半径;R 是电子离开平衡位置时距离原子核的半径;m 是电子质量;ω_0 是电子绕原子核转动的角频率;ω 是电子离开平衡位置时转动的角频率。当电子偏离平衡位置时,静电吸引力和惯性离心力不相同,它们的差为

$$f = \frac{Qq}{4\pi\varepsilon_0 R^2} - mR\omega^2$$

设 r 是电子离开平衡位置的距离,因为 $r = R - R_0$,以平衡位置为坐标原点。因为电子离开平衡位置的距离非常小,即 $r \ll R, R_0$,则上式可简化为

$$f = \frac{R_0^3}{R^3}m\omega_0^2(R - R_0) = \frac{R_0^3}{(R_0 + r)^3}m\omega_0^2(R - R_0) \approx m\omega_0^2 r$$

将上式两边同时乘上电子电量,得

$$fq = m\omega_0^2 rq = Eq^2$$

利用偶极矩定义,单个电子在外电场的作用下产生的偶极矩为

$$p = \frac{q^2 \boldsymbol{E}}{\omega_0^2 m}$$

如果单位体积中有 N 个不同轨道的电子都受到电场的作用,则总的偶极矩为

$$\boldsymbol{P} = \sum_{i=1}^{N} \boldsymbol{p}_i = \sum_{i=1}^{N} \frac{q^2 \boldsymbol{E}}{\omega_{io}^2 m}$$

根据偶极矩与外电场的关系,则

$$\boldsymbol{P} = \sum_{i=1}^{N} \boldsymbol{p}_i = \sum_{i=1}^{N} \frac{q^2 \boldsymbol{E}}{\omega_{io}^2 m} = \chi \boldsymbol{E}$$

则极化率为

$$\chi = \sum_{i=1}^{N} \frac{q^2}{\omega_{io}^2 m} \tag{3-5}$$

3.3　电介质中的电场

3.3.1　极化电荷密度

　　如前所述,当电介质被极化后,一方面,在它体内出现未抵消的电偶极矩,这一点是通过极化强度矢量 $\boldsymbol{P}$ 来描述的;另一方面,在电介质的某些部位将出现未抵消的束缚电荷,即极化电荷。可以证明,对于各向同性均匀的电介质,极化电荷集中在它的表面上。电介质产生的一切宏观后果都是通过极化电荷来体现的,下面就极化电荷与极化强度之间的关系展开讨论。

1. 极化强度 P 与表面极化电荷密度

　　为了方便推导,我们给出如下模型,每个分子中的正电"重心"相对负电"重心"位移 l,用 q 代表分子中正、负电荷的电量,则分子偶极矩或者(电矩) $p = ql$。由于材料内部极性分子紧密堆积。这些极性分子有序排列在一起,内部相邻的两个极性分子正电荷中心和负电荷中心紧紧靠在一起,电荷近似于相互抵消,它们对外不产生电场,所以内部偶极分子叠加后等效为一个大的偶极分子,如图 3-27 所示。因此,我们在处理极化电荷在介质内外产生的电场时,仅仅考虑介质的表面极化电荷即可。

　　设图 3-27 模型的端面积为 S,介质总长度为 L,极性分子长度为 l,总的极化分子数量为 N,则按照极化强度定义,有

$$\boldsymbol{P} = \frac{N}{V} p = \frac{N}{SL} ql$$

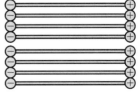

图 3-27

设图 3-25(b)中水平方向上有 n' 极性分子数,则

$$\boldsymbol{P} = \frac{N}{n'lS}lq = \frac{Nq}{n'S}\boldsymbol{e}_\tau$$

式中,$\boldsymbol{e}_\tau$ 为电矩的矢量方向,与极化强度的方向平行,根据 N 和 n' 定义,则 $n_0 = \dfrac{N}{n'}$ 就是图 3-27 中端面的极性分子数,则

$$\boldsymbol{P} = \frac{n_0 q}{S}\boldsymbol{e}_\tau = \sigma \boldsymbol{e}_\tau$$

所以

$$\sigma = P$$

式中,σ 是材料表面极化电荷面密度,也就是单位面积的极化电荷量。

2. 介质不同表面极化电荷密度

如图 3-28 所示,如果介质极化强度方向与表面矢量方向不垂直,设模型端面积为 S,介质总长度为 L,极性分子长度为 l,总的极化分子数量为 N,则表面极化电荷密度可表示为

$$\boldsymbol{P} = \frac{N}{LS\cos\theta}ql = \frac{N\boldsymbol{p}}{LS\cos\theta}$$

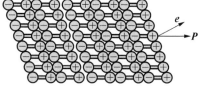

图 3-28

同样的方法,有

$$\boldsymbol{P} = \frac{N}{n'lS\cos\theta}lq = \frac{Nq}{n'S\cos\theta}\boldsymbol{e}_\tau = \frac{n_0 q}{S\cos\theta}\boldsymbol{e}_\tau = \frac{\sigma}{\cos\theta}\boldsymbol{e}_\tau$$

极化电荷面密度为

$$\sigma = P\cos\theta \qquad\qquad (3-6)$$

因为极化强度是矢量,电荷面密度是标量,表面法线方向为矢量,式(3-6)写成矢量式为

$$\sigma = \boldsymbol{P} \cdot \boldsymbol{e} \qquad\qquad (3-7)$$

式中,$\boldsymbol{e}$ 是表面法线方向的单位矢量。

3. 极化强度 $\boldsymbol{P}$ 的散度

若在图 3-27 中,取介质中一个封闭曲面,封闭曲面上的极化电荷量等于封闭曲面内的极化电量。假设封闭曲面内单位体积的极化电荷密度为 ρ,封闭曲面内极化电量为

$$Q = \oiint_S \boldsymbol{P} \cdot \mathrm{d}\boldsymbol{S} = \iiint_V \rho \, \mathrm{d}V$$

根据斯托克斯定理

$$Q = \oiint_S \boldsymbol{P} \cdot \mathrm{d}\boldsymbol{S} = \iiint_V (-\boldsymbol{\nabla} \cdot \boldsymbol{P}) \mathrm{d}V = \iiint_V \rho \, \mathrm{d}V \tag{3-8}$$

式(3-8)中的负号是由于极化强度对封闭曲面的积分得到的电荷与封闭曲面内包含的电荷符号相反。所以介质中的极化电荷密度为

$$\rho = -\boldsymbol{\nabla} \cdot \boldsymbol{P} \tag{3-9}$$

3.3.2 极化电荷产生的电场

1. 极化电荷产生电场的物理模型

对于大的块体材料,设想一个长方体的电介质,当电介质被外电场极化后,内部极化分子有序排列,内部极化分子偶极矩矢量叠加后可以等效为图3-29所示的情况。介质两个表面的极化电荷产生的电场,可以用两个带异种电荷的平板模型进行计算。

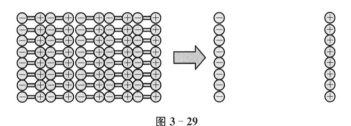

图 3 - 29

介质被极化后,端面上产生的极化电荷面密度为

$$\sigma = \boldsymbol{P} \cdot \boldsymbol{e}$$

根据两个平板均匀带电模型,不考虑边缘效应,则在两个端面之间产生的附加电场大小为

$$E' = \frac{\sigma}{\varepsilon_0} = \frac{P}{\varepsilon_0}$$

利用极化电荷面密度与材料中总电场的关系 $\sigma = P = \chi \varepsilon_0 E$,附加电场为

$$E' = \frac{P}{\varepsilon_0} = \chi_e E$$

根据场强叠加原理,在有电介质存在时,空间中任意一点的总场强 E 是外电场 E_0 和极化电荷产生的附加电场的矢量 E' 之和,即

$$E = E_0 - E'$$

介质中的总电场为

$$E = \frac{E_0}{(1 + \chi_e)} = \frac{E_0}{\varepsilon_r} \tag{3-10}$$

式中,ε_r 为介质的相对介电常数,它是与物质特性有关的物理量。不同的材料,其相对介电常数是不同的。必须指出的是,式(3-10)只能用来计算平板型电介质材料内部的电场强度。对于其他形状的介质材料,则必须先计算材料极化强度,然后计算表面的极化电荷密度,再计算它们在空间产生的附加电场强度,附加电场强度与原来的电场强度矢量叠加,构成空间中的总电场强度。

2. 极化电荷产生电场的应用举例

例 3-14 如图 3-30(a)所示,在均匀的外电场 E_0 中有一介质球,极化强度为 P,求电介质球的电场强度。

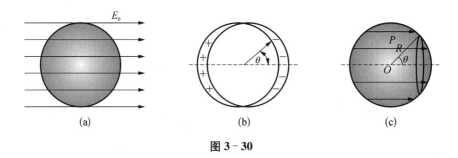

(a)　　　　　　　　(b)　　　　　　　　(c)

图 3-30

解 电介质球被极化后,球内极化强度为 P,在图 3-30(b)中所示的黑色圆环带上,极化电荷面密度为

$$\sigma = P\cos\theta$$

图 3-30(b)模型中,两球体的电荷体密度分别为 $\pm\rho$,将两球绝大部分重叠,两个球心相距 l,没有重合部分表面电荷面密度为

$$\sigma = \rho l\cos\theta = P\cos\theta$$

图 3-30(c)球内的电场可以用图 3-30(b)所示的模型来代替计算。由于介质球内部附加电场为

$$E = \frac{\rho_+}{3\varepsilon_0}\boldsymbol{r}_+ - \frac{\rho_+}{3\varepsilon_0}\boldsymbol{r}_- = \frac{\rho\boldsymbol{l}}{3\varepsilon_0} = \frac{P}{3\varepsilon_0}$$

则介质球内的总电场为

$$E = E_0 + E' = E_0 - \frac{P}{3\varepsilon_0} = E_0 - \frac{\chi_e E}{3}$$

介质内的总电场为

$$E = \frac{E_0}{1 + \dfrac{\chi_e}{3}} = \frac{3E_0}{3 + \chi_e}$$

3.4　介质中的高斯定理

3.4.1　介质中的高斯定理

1. 介质中高斯定理推导的物理模型

空间中任意一点的电场等于空间中所有点电荷产生的电场的矢量叠加,这里既包含自由电荷,也包含介质材料被极化后产生的极化电荷。根据高斯定律,任意封闭曲面上的电通量应该等于封闭面内所有电荷除以 ε_0,即有

$$\oiint\limits_S \boldsymbol{E} \cdot \mathrm{d}\boldsymbol{S} = \frac{1}{\varepsilon_0} \left(\sum_S q + \sum_S q' \right)$$

如图 3-31 所示,如果表面上极化电荷面密度为 σ,则微元上的极化电荷量为

$$\mathrm{d}q' = \sigma \mathrm{d}S$$

利用 $\sigma = \boldsymbol{p} \cdot \mathbf{e}$,则 $\mathrm{d}q' = \sigma \mathrm{d}S = \boldsymbol{P} \cdot \mathrm{d}\boldsymbol{S}$,封闭曲面上的极化电荷量为

$$\sum_S q' = \oint_S \boldsymbol{P} \cdot \mathrm{d}\boldsymbol{S}$$

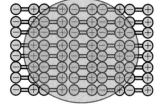

图 3-31

封闭曲面上的电荷量与封闭曲面内的电荷量相等,但符号相反,则封闭曲面内的电荷量为

$$\sum_S q' = -\oiint\limits_S \boldsymbol{P} \cdot \mathrm{d}\boldsymbol{S}$$

高斯定律的表达式就可写为

$$\oiint\limits_S \boldsymbol{E} \cdot \mathrm{d}\boldsymbol{S} = \frac{1}{\varepsilon_0} \sum q - \frac{1}{\varepsilon_0} \oiint\limits_S \boldsymbol{P} \cdot \mathrm{d}\boldsymbol{S}$$

把极化强度项移到方程一边,得

$$\oiint_S (\varepsilon_0 \boldsymbol{E} + \boldsymbol{P}) \cdot \mathrm{d}\boldsymbol{S} = \sum q_i$$

上式中,定义电位移矢量 $\boldsymbol{D}$ 为

$$\boldsymbol{D} = \varepsilon_o \boldsymbol{E} + \boldsymbol{P} \tag{3-11}$$

把 $\boldsymbol{D}$ 代入上式,得

$$\oiint_S \boldsymbol{D} \cdot \mathrm{d}\boldsymbol{S} = \sum q_i \tag{3-12}$$

$\boldsymbol{D} \cdot \mathrm{d}\boldsymbol{S}$ 被定义为电位移通量。介质中的高斯定理表明,任意封闭曲面上通过的电位移通量与该封闭曲面内的自由电荷有关。但是电位移矢量本身与自由电荷和束缚电荷有关,介质中的高斯定理包含真空中的高斯定理。

电位移矢量与电场强度的关系式还可以表达为

$$\begin{cases} \varepsilon_r = 1 + \chi \\ D = (1 + \chi)\varepsilon_0 E = \varepsilon_r \varepsilon_0 E \end{cases}$$

这样介质中的电场强度为

$$E = \frac{D}{\varepsilon_r \varepsilon_0} \tag{3-13}$$

ε_r 为电介质的相对介电常数。真空中 $\varepsilon_r = 1$,则真空中电场强度

$$E = \frac{D}{\varepsilon_r \varepsilon_0} = \frac{D}{\varepsilon_0}$$

式(3-12)和式(3-13)能大大简化计算一些电介质中电场的步骤。如对于高度对称的介质材料,可以利用式(3-12)先把介质中的 D 求出,这里无须知道极化电荷有多少,再利用式(3-13)计算电场 E。

利用式(3-13)计算电场,如果各向同性均匀电介质充满存在电场的全部空间,电介质表面极化电荷均匀分布,并且呈高度对称分布,先计算 D,然后直接用式(3-13)计算 E。若上述条件不满足,应该根据边界条件计算电位移矢量,然后计算总电场强度,这是计算有介质时空间电场强度的一般方法。

2. 利用介质中高斯定理解析典型例题

利用式(3-9)计算电介质中场强的主要步骤如下:

(1) 根据自由电荷分布和电介质空间分布对称性,分析电位移矢量空间分布特征;

(2) 根据介质中的高斯定理得到电位移矢量的空间分布;

（3）根据电场强度与电位移矢量的关系计算场强空间分布。

例 3 - 15 如图 3 - 32 所示，一个平行板电容器，板带的电荷为 Q，板面积为 S，两个板之间用相对介电常数为 ε_r 的介质填充，计算电容器内介质表面的极化电荷密度（不考虑边缘效应）。

解 不考虑边缘效应是指电场只存在于两个板之间，两个板边缘外没有电场线。由图 3 - 32 中的虚线构成的高斯面，两个板外没有电位移矢量，用介质中的高斯定理，有

$$\boldsymbol{D} \cdot \boldsymbol{S} = \sigma_o S$$

电位移矢量的大小为

$$D = \sigma_o = \frac{Q}{S}$$

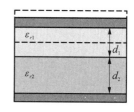

图 3 - 32

介质中总的电场强度为

$$E = \frac{D}{\varepsilon_o \varepsilon_r} = \frac{\sigma_o}{\varepsilon_o \varepsilon_r}$$

两个板上自由电荷产生的电场强度为 $E_o = \dfrac{\sigma_o}{\varepsilon_o}$

$$E = E_o - E' \Rightarrow \frac{\sigma_0}{\varepsilon_o \varepsilon_r} = \frac{\sigma_o}{\varepsilon_o} - \frac{\sigma'}{\varepsilon_o}$$

介质表面的极化电荷面密度为

$$\sigma' = \left(1 - \frac{1}{\varepsilon_r} \right) \sigma_o$$

例 3 - 16 如图 3 - 33 所示，由两个平板构成的电容器，平板面积为 S，两个板之间充满两层电介质，其厚度分别为 d_1 和 d_2，相对介电常数分别为 ε_{r1} 和 ε_{r2}。求两种介质边界上的极化电荷密度（不考虑边缘效应）。

解 由介质中的高斯定理，有

$$\boldsymbol{D} \cdot \boldsymbol{S} = \sigma_o S$$

电位移矢量的大小为

$$D = \sigma_o = \frac{Q}{S}$$

图 3 - 33

介质中总的电场强度为

$$\begin{cases} E_1 = \dfrac{D}{\varepsilon_o \varepsilon_{r1}} = \dfrac{\sigma_o}{\varepsilon_o \varepsilon_{r1}} \\[3mm] E_2 = \dfrac{D}{\varepsilon_o \varepsilon_{r2}} = \dfrac{\sigma_o}{\varepsilon_o \varepsilon_{r_2}} \end{cases}$$

两个板上自由电荷产生的电场强度 $E_o = \dfrac{\sigma_o}{\varepsilon_o}$，则

$$E = E_o - E' \Rightarrow \begin{cases} \dfrac{\sigma_0}{\varepsilon_o \varepsilon_{r1}} = \dfrac{\sigma_o}{\varepsilon_o} - \dfrac{\sigma'_1}{\varepsilon_o} \\[3mm] \dfrac{\sigma_0}{\varepsilon_o \varepsilon_{r2}} = \dfrac{\sigma_o}{\varepsilon_o} - \dfrac{\sigma'_2}{\varepsilon_o} \end{cases}$$

介质表面的极化电荷密度为

$$\begin{cases} \sigma'_1 = \left(1 - \dfrac{1}{\varepsilon_{r1}}\right)\sigma_o \\[3mm] \sigma'_2 = \left(1 - \dfrac{1}{\varepsilon_{r2}}\right)\sigma_o \end{cases}$$

在介质的边界上,总的极化电荷密度为

$$\sigma = \sigma'_2 - \sigma'_1 = \left(\dfrac{1}{\varepsilon_{r1}} - \dfrac{1}{\varepsilon_{r2}}\right)\sigma_o$$

例 3-17　如图 3-34 所示,由大小不同的两个导体球壳构成球形电容器,其中内球壳带正电 $+Q$,外球壳带负电 $-Q$,两球壳之间充满两层相对介电常数分别为 ε_{r1} 和 ε_{r2} 的电介质,计算电介质界面的电荷面密度。

解　以内球球心为原点,作一个高斯球面,由介质中的高斯定理得

$$\boldsymbol{D} \cdot \boldsymbol{S} = Q$$

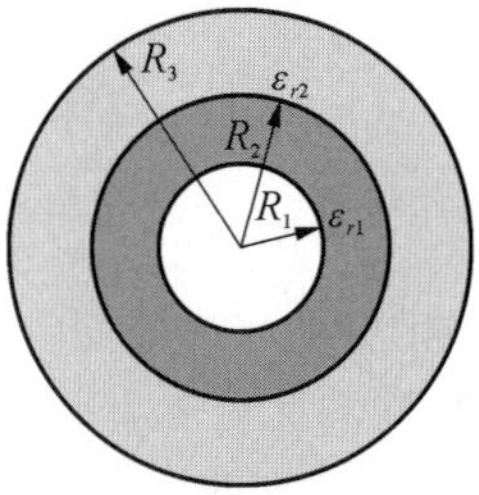

电位移矢量的大小为

$$D = \frac{Q}{4\pi r^2}$$

图 3-34

在两种介质中,对应的总电场强度分别为

$$\begin{cases} E_1 = \dfrac{D}{\varepsilon_o \varepsilon_{r1}} = \dfrac{Q}{4\pi \varepsilon_o \varepsilon_{r1} r_1^2} \\[3mm] E_2 = \dfrac{D}{\varepsilon_o \varepsilon_{r1}} = \dfrac{Q}{4\pi \varepsilon_o \varepsilon_{r_2} r_1^2} \end{cases}$$

两个板上自由电荷产生的电场强度 $E_o = \dfrac{\sigma_o}{\varepsilon_o} = \dfrac{Q}{4\pi\varepsilon_o r^2}$，总电场为

$$E = E_o - E' \Rightarrow \begin{cases} \dfrac{Q}{4\pi\varepsilon_o\varepsilon_{r1}r_1^2} = \dfrac{Q}{4\pi\varepsilon_o r_1^2} - \dfrac{Q_1'}{4\pi\varepsilon_o r_1^2} \\[3mm] \dfrac{Q}{4\pi\varepsilon_o\varepsilon_{r2}r_1^2} = \dfrac{Q}{4\pi\varepsilon_o r_1^2} - \dfrac{Q_2'}{4\pi\varepsilon_o r_1^2} \end{cases}$$

介质表面的极化电荷密度为

$$\begin{cases} \dfrac{Q}{\varepsilon_{r1}r_1^2} = \dfrac{Q}{r_1^2} - \dfrac{Q_1'}{r_1^2} \\[3mm] \dfrac{Q}{\varepsilon_{r2}r_1^2} = \dfrac{Q}{r_1^2} - \dfrac{Q_2'}{r_1^2} \end{cases}$$

在介质的边界两边,极化电荷量分别为

$$\begin{cases} Q_1' = Q - \dfrac{Q}{\varepsilon_{r1}} \\[3mm] Q_2' = Q - \dfrac{Q}{\varepsilon_{r2}} \end{cases}$$

边界上总的极化电荷面密度为

$$\sigma = \frac{Q_2' - Q_1'}{4\pi r_1^2} = \frac{1}{4\pi r_1^2}\left(\frac{Q}{\varepsilon_{r1}} - \frac{Q}{\varepsilon_{r2}}\right)$$

例 3-18　早期静电加速器中电击穿现象是妨碍加速电压提高的重要原因,图 3-35 所示是人们曾采用的一种加速器设计方案的简化模型。把加速器放在一个接地的耐压容器里,并充以介电常数为 ε 的高压强气体(这可大大提高击穿场强)。图 3-35 中内球面为高压电极,外球面为与内电极同心的球形钢制容器。若钢制容器半径 R、高压气体击穿场强 E_0 确定,试计算高压电极半径 r_0 为何值时,电极的电压可达最大值; r_0 为何值时,此球形电容器储能最大?

解　设内球面高压电极带电量为 Q,则电场强度分布为

$$\boldsymbol{E}(r) = \frac{Q}{4\pi\varepsilon r^2}\boldsymbol{r}_0$$

式中,r 为场点到球心的距离。由此可知,在高压电极附近,即 $r = r_0$ 处,电场强度最大。随着所加电压的升高,将在此处最先发生电击穿。

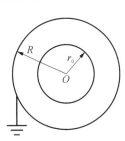

图 3-35

高压电极与钢制球壳间的电压为

$$U = \int_{r_0}^{R} \boldsymbol{E}(r)\mathrm{d}r = \frac{Q}{4\pi\varepsilon}\left(\frac{1}{r_0} - \frac{1}{R}\right) = E(r_0)r_0^2\left(\frac{1}{r_0} - \frac{1}{R}\right)$$

当 $r = r_0$ 处电场强度达击穿场强 E_0 时,U 达最大,有

$$U_0 = E(r_0)r_0^2\left(\frac{1}{r_0} - \frac{1}{R}\right) = \frac{E(r_0)}{R}\left[-\left(r_0 - \frac{R}{2}\right)^2 + \frac{R^2}{4}\right]$$

即当 $r = R/2$ 时,U_0 取最大值,有

$$U_{0\mathrm{max}} = \frac{R}{4}E_0$$

3.4.2　D、E 边界连续的条件

1. 电介质边界两侧电场相等

如图 3-36 所示的物理模型,在两种介质的分界面上取一个矩形路径,两边长 Δl,它们与界面平行,且无限靠近边界。界面两侧不同介质中的电场强度一般是不相等的,边界两侧电场沿边界的切向分量(E_{1t},E_{2t})与 Δl 方向平行,而垂直于边界的线段长度趋于 0。因此,按照静电场的环路定理,有

$$\oint \boldsymbol{E} \cdot \mathrm{d}\boldsymbol{l} = (E_{1t} - E_{2t})\Delta l = 0$$

故

$$E_{1t} - E_{2t} = 0 \text{ 或 } E_{1t} = E_{2t} \qquad (3-14)$$

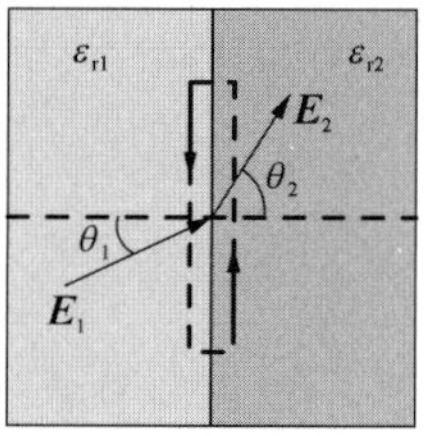

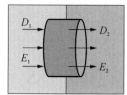

图 3-36

式(3-14)说明,沿介质边界的切向方向的电场强度量相等,即电场是连续的。

2. 电介质边界两侧法向方向电位移矢量相等

图 3-37 有两种不同电介质边界的物理模型。在两种电介质的边界取一个高斯圆柱面,高斯圆柱面两个底面的面积为 ΔS,取圆柱长度无限小,所以高斯圆柱面的侧面积为 0。由电位移矢量的高斯定理得

$$\oint_S \boldsymbol{D} \cdot \mathrm{d}\boldsymbol{S} = \sum_S q_0$$

在不同电介质的界面上没有自由电荷 q_0,于是有

图 3-37

$$\oint_S \boldsymbol{D} \cdot \mathrm{d}\boldsymbol{S} = 0$$

考虑到两侧的电位移矢量和面积矢量的关系,有

$$D_1 \Delta S - D_2 \Delta S = 0$$

得

$$D_2 = D_1 \text{ 或 } D_{2n} = D_{1n} \tag{3-15}$$

式(3-15)说明,在两种电介质边界两侧,垂直于边界的电位移矢量相等,也就是边界法向方向的电位移相等。

可以总结,在两种电介质的界面两侧有① 电位移矢量 $\boldsymbol{D}$ 的法向分量连续;② 电场强度 E 的切向分量连续。

3. 电介质边界两侧折射定律

对于图 3-36 所示的两种不同的介质材料构成的边界,当两侧电场矢量与边界有一定角度时(既不平行也不垂直),根据法线方向边界两侧电位移相等条件,有

$$\begin{cases} E_1 \sin \theta_1 = E_2 \cos \theta_2 \\ \varepsilon_0 \varepsilon_1 E_1 \cos \theta_1 = \varepsilon_0 \varepsilon_2 E_2 \cos \theta_2 \end{cases}$$

两式相除,得

$$\frac{\tan \theta_1}{\varepsilon_1} = \frac{\tan \theta_2}{\varepsilon_2} \text{ 或 } \frac{\tan \theta_1}{\tan \theta_2} = \frac{\varepsilon_1}{\varepsilon_2} \tag{3-16}$$

即电介质界面两侧电场线与法线夹角的正切之比等于两侧介电常数之比。

4. 与介质边界条件相关的综合性例题解析

例 3-19　如图 3-38 所示,由两个平板构成的电容器,平板的面积为 S,把平行板电容器空间一分为二,两部分空间相等。两个板之间充满两种不同的电介质,相对介电常数分别为 ε_{r1}、ε_{r2},已知导体板上带的电量为 Q,求图 3-38 中电场强度、极化强度和电荷分布情况? 不考虑边缘效应。

解　根据边界条件,在两种介质中,垂直于电容器表面方向上的电场强度相等,即

$$E_1 = E_2 = E$$

不考虑边缘效应的条件下,作一个高斯圆面。由于平行板电容器外面电位移矢量为 0,则有

$$S \varepsilon_0 \varepsilon_{1r} E + \varepsilon_0 \varepsilon_{2r} S E = Q$$

得

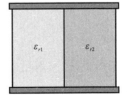

图 3-38

$$E = \frac{Q}{(\varepsilon_{1r}S + \varepsilon_{2r}S)\varepsilon_0}$$

再由
$$\begin{cases} D_1 = \varepsilon_0\varepsilon_{1r}E \\ D_2 = \varepsilon_0\varepsilon_{2r}E \end{cases}$$

得
$$\begin{cases} D_1 = \dfrac{\varepsilon_{1r}Q}{\varepsilon_{1r}S + \varepsilon_{2r}S} \\ D_2 = \dfrac{\varepsilon_{2r}Q}{\varepsilon_{1r}S + \varepsilon_{2r}S} \end{cases}$$

以及
$$\begin{cases} \sigma_1 = D_1 = \dfrac{\varepsilon_{1r}Q}{\varepsilon_{1r}S + \varepsilon_{2r}S} \\ \sigma_2 = D_2 = \dfrac{\varepsilon_{2r}Q}{\varepsilon_{1r}S + \varepsilon_{2r}S} \end{cases}$$

例 3 - 20　如图 3 - 39(a)所示,两个平板之间有两层介质,并有漏电现象。两个板的面积为 S,两层介质的相对介质常数、电导率和厚度分别为 ε_1、σ_1、d_1 和 ε_2、σ_2、d_2。两个板之间的电压为 U。求:

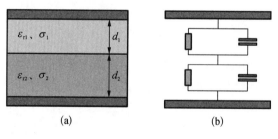

(a)　　　　　　　(b)

图 3 - 39

(1) 两层介质消耗的功率;

(2) 两层介质交界处的净电荷量。

解　两个平板之间介质有漏电现象,实际上相当于一个电阻和一个电容器构成的并联,其等效电路如图 3 - 39(b)所示。对应的电阻和消耗的功率为

$$\begin{cases} R_1 = \dfrac{d_1}{\sigma_1 S} \\ R_2 = \dfrac{d_2}{\sigma_2 S} \end{cases} \Rightarrow P = \frac{U^2}{R} = \frac{U^2}{R_1 + R_2} = \frac{U^2 S \sigma_1 \sigma_2}{d_1\sigma_1 + d_2\sigma_2}$$

对应的电压为

$$\begin{cases} U_1 = \left(\dfrac{US\sigma_1\sigma_2}{d_1\sigma_1 + d_2\sigma_2}\right)\dfrac{d_1}{\sigma_1 S} = \dfrac{Ud_1\sigma_2}{d_1\sigma_1 + d_2\sigma_2} \\[4mm] U_2 = \left(\dfrac{US\sigma_1\sigma_2}{d_1\sigma_1 + d_2\sigma_2}\right)\dfrac{d_2}{\sigma_2 S} = \dfrac{Ud_2\sigma_1}{d_1\sigma_1 + d_2\sigma_2} \end{cases}$$

两个介质中对应的电场强度分别为

$$\begin{cases} E_1 = \dfrac{U_1}{d_1} = \dfrac{U\sigma_2}{d_1\sigma_1 + d_2\sigma_2} \\[4mm] E_2 = \dfrac{U_2}{d_2} = \dfrac{U\sigma_1}{d_1\sigma_1 + d_2\sigma_2} \end{cases}$$

根据介质中电场强度分别为

$$\begin{cases} E_1 = \dfrac{Q_1}{\varepsilon_0\varepsilon_1 S} \\[4mm] E_2 = \dfrac{Q_2}{\varepsilon_0\varepsilon_2 S} \end{cases}$$

则分别有

$$\begin{cases} \dfrac{U\sigma_2}{d_1\sigma_1 + d_2\sigma_2} = \dfrac{Q_1}{\varepsilon_0\varepsilon_1 S} \\[4mm] \dfrac{U\sigma_1}{d_1\sigma_1 + d_2\sigma_2} = \dfrac{Q_2}{\varepsilon_0\varepsilon_2 S} \end{cases} \Rightarrow Q_1 - Q_2 = \dfrac{U\sigma_2\varepsilon_0\varepsilon_1 S}{d_1\sigma_1 + d_2\sigma_2} - \dfrac{U\sigma_1\varepsilon_0\varepsilon_2 S}{d_1\sigma_1 + d_2\sigma_2}$$

介质边界的极化电荷量为

$$Q_1 - Q_2 = \dfrac{US\varepsilon_0}{d_1\sigma_1 + d_2\sigma_2}(\sigma_2\varepsilon_1 - \sigma_1\varepsilon_2)$$

例 3 - 21 如图 3 - 40 所示的球形电容器,两个导体球壳之间空间一分为二,一部分充满介电常数为 ε_r 的电介质,求电容器内球壳表面的电荷分布。

解 在两个球壳之间作一个高斯球面,根据高斯定理,有

$$\oint_S \boldsymbol{D} \cdot \mathrm{d}\boldsymbol{S} = D_1(r)2\pi r^2 + D_2(r)2\pi r^2 = -Q$$

根据边界条件,图中沿半径方向为界面切线方向,电场强度相等,即

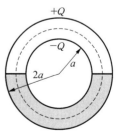

图 3 - 40

$$\boldsymbol{E}_1 = \boldsymbol{E}_2 = E(r)\boldsymbol{e}_r$$

在两个介质中,存在 $D_2(r) = \varepsilon_0 \varepsilon_2 E(r)$,$D_1(r) = \varepsilon_0 E(r)$,将两式代入高斯定律,得到

$$\varepsilon_0 \varepsilon_1 E(r) 2\pi r^2 + \varepsilon_0 \varepsilon_2 E(r) 2\pi r^2 = -Q$$

解得

$$E(r) = \frac{-Q}{2\pi\varepsilon_0(1+\varepsilon_r)r^2}$$

再利用

$$\sigma = \varepsilon_0 \varepsilon_r E(r) = \frac{-\varepsilon_r Q}{2\pi(1+\varepsilon_r)r^2}$$

例 3-22 如图 3-41 所示,一个相对介电常数是 ε_r 的球形电介质,在一个 E_0 的外电场中,计算介质球内外总的电场强度。

解 根据相对介电常数的定义,材料中的极化率为

$$\chi = \varepsilon_r - 1$$

再由极化强度的定义给出极化强度的表达式:

$$P = \varepsilon_0 \chi_e E = \varepsilon_0(\varepsilon_r - 1)E$$

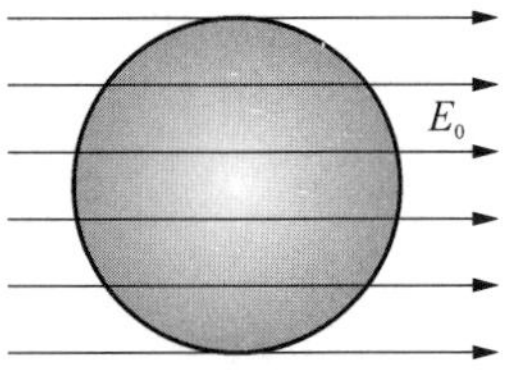

介质球中极化电荷在球内产生的附加电场强度为

图 3-41

$$E' = \frac{P}{3\varepsilon_0} = \frac{1}{3}(\varepsilon_r - 1)E$$

介质中总电场等于外电场强度减去附件电场强度,即

$$E_0 - E' = E_0 - \frac{1}{3}\varepsilon_0(\varepsilon_r - 1)E = E$$

从而求得

$$E = \frac{3E_0}{\varepsilon_r + 2}$$

例 3-23 如图 3-42 所示,一个相对介电常数为 ε_r 的无限大的均匀介质,介质内有均匀电场 E_0,现在介质中挖出一个球形空腔,挖出球形空腔后不影响介质内部极化强度的分布。计算空腔内电场。

解 一个球形空腔内,球形空腔表面极化电荷在球内产生附加的电场强度为

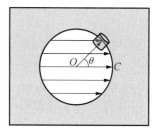

图 3 - 42

$$E'_{内} = \frac{P}{3\varepsilon_0} = \frac{\sigma}{3\varepsilon_0}$$

式中，σ 是介质空腔表面 C 点的极化电荷密度，也是最大极化电荷密度。在图 3 - 42 中所示位置取一个非常微小的高斯圆柱面，则根据高斯定理可以求出介质空腔外的附加电场强度为

$$E'\Delta S\cos\theta + \frac{\sigma}{3\varepsilon_0}\Delta S\cos\theta = \frac{\sigma\cos\theta\Delta S}{\varepsilon_0}$$

$$E' = \frac{2\sigma}{3\varepsilon_0}$$

设介质球内外总电场分别为 E_1 和 E_2，则

$$\begin{cases} E_1 = E_0 + \dfrac{\sigma}{3\varepsilon_0} \\ E_2 = E_0 - \dfrac{2\sigma}{3\varepsilon_0} \end{cases}$$

对应的电位移矢量为

$$\begin{cases} D_1 = \left(E_0 + \dfrac{\sigma}{3\varepsilon_0}\right)\varepsilon_0\varepsilon_r \\ D_2 = \left(E_0 - \dfrac{2\sigma}{3\varepsilon_0}\right)\varepsilon_0\varepsilon_r \end{cases}$$

如图 3 - 42 中的高斯圆柱面位置，再用介质的边界条件，介质界面法向方向电位移矢量相等，则

$$\varepsilon_0\left(E_0 + \frac{\sigma}{3\varepsilon_0}\right)\cos\theta = \left(E_0 - \frac{2\sigma}{3\varepsilon_0}\right)\varepsilon_0\varepsilon_r\cos\theta$$

化简得

$$E_0 + \frac{\sigma}{3\varepsilon_0} = E_0\varepsilon_r - \frac{2\sigma\varepsilon_r}{3\varepsilon_0}$$

由上式得

$$\sigma = \frac{3(\varepsilon_r - 1)\varepsilon_0 E_0}{1 + 2\varepsilon_r}$$

空腔内总的电场强度为

$$E_{内} = E_0 + \frac{\sigma}{3\varepsilon_0} = \frac{3\varepsilon_r E_0}{2\varepsilon_r + 1}$$

例 3-24　如图 3-43 所示，一无限大的介质材料，相对介电常数为 ε_r，在介质表面上方 h 的地方，有一点电荷 q。计算：

（1）点电荷下降到 $h/2$ 处静电力做的功。

（2）此位置 q 的静电力。

解　图 3-43 中，在与点电荷相距 r 处，自由电荷产生的电场为

$$E = \frac{q}{4\pi\varepsilon_0 r^2}$$

在竖直方向上产生的电场分量为

$$E_n = \frac{q}{4\pi\varepsilon_0 r^2} \frac{h}{r}$$

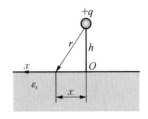

图 3-43

在距离点电荷 r 的地方，由于介质表面是平面，在介质表面上下方向取一个高斯圆柱面，可以求得极化电荷在竖直方向产生的附加电场为

$$E'_n = \frac{\sigma(r)}{2\varepsilon_0}$$

在此处垂直于介质表面方向上，介质表面法线方向电位移矢量相同，即

$$(E_n + E'_n)\varepsilon_0 = (E_n - E'_n)\varepsilon_0\varepsilon_r$$

把 E_n、E'_n 代入上式中，得

$$\left[\frac{qh}{4\pi\varepsilon_0 r^3} + \frac{\sigma(r)}{2\varepsilon_0} \right]\varepsilon_0 = \left[\frac{q}{4\pi\varepsilon_0 r^2} \frac{h}{r} - \frac{\sigma(r)}{2\varepsilon_0} \right]\varepsilon_0\varepsilon_r$$

从上式求得极化电荷面密度为

$$\sigma(r) = \frac{q}{2\pi r^2} \frac{h}{r} \frac{\varepsilon_r - 1}{\varepsilon_r + 1}$$

在介质表面取一个圆环积分，极化电荷量为

$$Q' = \int_0^\infty \sigma(r) 2\pi x \, dx = \int_0^\infty \frac{qhx \, dx}{\sqrt{(h^2 + x^2)^3}} \frac{\varepsilon_r - 1}{\varepsilon_r + 1} = \frac{(\varepsilon_r - 1)q}{\varepsilon_r + 1}$$

对于这道题，也可用等效电荷法。等效电荷 Q' 与 q 之间的距离 $d = 2h$，则开始时整个带电系统的电势能为

$$W_1 = \frac{Q'q}{4\pi\varepsilon_0 d} = \frac{Q'q}{4\pi\varepsilon_0 2h} = -\frac{q}{8\pi\varepsilon_0 h} \frac{(\varepsilon_r - 1)q}{\varepsilon_r + 1}$$

第二时刻的电势能为

$$W_2 = \frac{Q'q}{4\pi\varepsilon_0 h} = -\frac{q}{4\pi\varepsilon_0 h} \frac{(\varepsilon_r - 1)q}{\varepsilon_r + 1}$$

静电力做的功为

$$A = W_2 - W_1 = -\frac{q}{8\pi\varepsilon_0 h} \frac{(\varepsilon_r - 1)q}{\varepsilon_r + 1}$$

点电荷受到的静电力为

$$F = \frac{q^2}{4\pi\varepsilon_0 (2h)^2} \frac{\varepsilon_r - 1}{\varepsilon_r + 1} = \frac{q^2}{16\pi\varepsilon_0 h^2} \frac{\varepsilon_r - 1}{\varepsilon_r + 1}$$

例 3 - 25 如图 3 - 44 所示，一个空间无限大均匀介质，相对介电常数为 ε_r，介质内部距离介质表面为 d 处放置一个点电荷 q，计算介质表面上极化电荷密度分布和极化电荷总量。

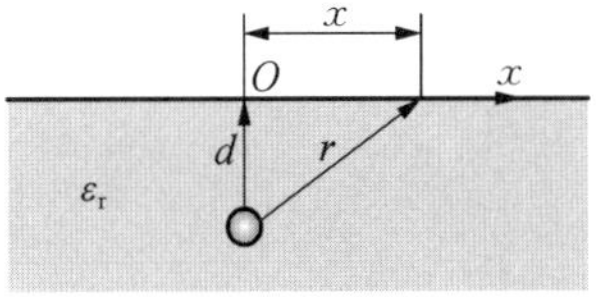

解 根据介质电场强度，在介质表面的法向方向（垂直于表面方向）为

图 3 - 44

$$D_{1n} = \varepsilon_0 E_{1n} = D_{2n} = \varepsilon_0 \varepsilon E_{2n}$$

根据上式和高斯定理，得

$$\begin{cases} E_{1n} = \varepsilon E_{2n} \\ E_{1n} - E_{2n} = \dfrac{\sigma}{\varepsilon_0} \end{cases}$$

由以上方程组求得介质表面法向方向上电场强度为

$$\begin{cases} E_{2n} = \dfrac{\sigma}{\varepsilon_0 (\varepsilon - 1)} \\ E_{1n} = \dfrac{\varepsilon\sigma}{\varepsilon_0 (\varepsilon - 1)} \end{cases}$$

再根据总电场与极化电荷产生的电场、自由电荷产生的电场关系，得

$$\begin{cases} E_{2n} = \dfrac{\sigma}{\varepsilon_0 (\varepsilon - 1)} = \dfrac{q}{4\pi\varepsilon_0 \varepsilon (d^2 + r^2)} \dfrac{d}{\sqrt{d^2 + r^2}} - \dfrac{\sigma}{2\varepsilon_0} \\ E_{1n} = \dfrac{\varepsilon\sigma}{\varepsilon_0 (\varepsilon - 1)} = \dfrac{q}{4\pi\varepsilon_0 \varepsilon (d^2 + r^2)} \dfrac{d}{\sqrt{d^2 + r^2}} + \dfrac{\sigma}{2\varepsilon_0} \end{cases}$$

表面极化电荷密度为

$$\sigma = \frac{\varepsilon-1}{\varepsilon(\varepsilon+1)} \frac{q}{2\pi(d^2+r^2)} \frac{d}{\sqrt{d^2+r^2}}$$

则总的极化电荷量为

$$q = \int_0^\infty 2\pi r\,\mathrm{d}r\sigma = \frac{(\varepsilon-1)\mathrm{d}q}{2\pi(\varepsilon+1)}\int_0^\infty \frac{2\pi r\,\mathrm{d}r}{(d^2+r^2)^{\frac{3}{2}}} = \frac{(\varepsilon-1)q}{\varepsilon(\varepsilon+1)}$$

例 3-26 如图 3-45 所示,两个平板之间充满许多半径为 R 的小颗粒,相对介电常数为 ε_r,单位体积中颗粒数为 n,计算两个板间介质的等效介电常数(不考虑平板之间的边缘效应)。

解 半径为 R 的小颗粒介质,其介质表面极化电荷在介质小颗粒内产生的电场强度为

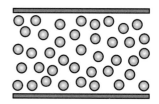

$$E'_{内} = \frac{P}{3\varepsilon_0} = \frac{\sigma_0}{3\varepsilon_0}$$

如果介质外电场强度为 E_0,则介质内部总电场强度为

图 3-45

$$E_{内总} = E_0 - \frac{P}{3\varepsilon_0}$$

介质内部极化强度 $P = \chi\varepsilon_0 E_{内总} = \varepsilon_0(\varepsilon_r-1)\left(E_0 - \frac{P}{3\varepsilon_0}\right)$,可得

$$P = \frac{3\varepsilon_0 E_0(\varepsilon_r-1)}{\varepsilon_r+2}$$

则单位体积总的极化强度为

$$P_总 = n\frac{4}{3}\pi R^3 \frac{3\varepsilon_0 E_0(\varepsilon_r-1)}{\varepsilon_r+2} = n4\pi R^3 \frac{\varepsilon_0 E_0(\varepsilon_r-1)}{\varepsilon_r+2}$$

再根据极化强度与介质中总电场强度的关系:$P_总 = \varepsilon_0(\varepsilon'_r-1)E_0$,则

$$n4\pi R^3 \frac{\varepsilon_0 E_0(\varepsilon_r-1)}{\varepsilon_r+2} = \varepsilon_0(\varepsilon'_r-1)E_0$$

两个板之间总的相对介电常数为

$$\varepsilon'_r = 1 + n4\pi R^3 \frac{(\varepsilon_r-1)}{\varepsilon_r+2}$$

例 3 - 27　如图 3 - 46 所示,无限长两个空心圆筒构成的圆柱形电容器,内半径为 R_1,外半径为 R_2,两圆筒之间有一半径为 R 的小颗粒悬浮着 $(R \ll R_1, R_2)$,小颗粒的相对介电常数为 ε_r,两个圆筒间电压为 U_0。计算:

（1）该小颗粒在两个圆筒间的加速度;（2）颗粒从内圆筒到外圆筒的运动时间。

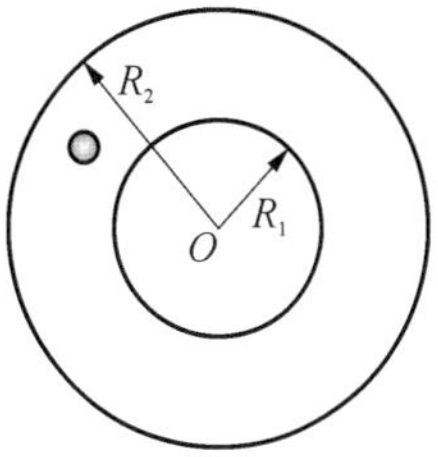

解　在无限长的内外空心圆柱筒之间,由电场强度和对应电势差计算出圆柱筒上单位长度的电荷量 λ,有

$$E_0 = \frac{\lambda}{2\pi\varepsilon_0 r}$$

图 3 - 46

电势为

$$U_0 = \int_{R_1}^{R_2} E_0 \, \mathrm{d}r = \int_{R_1}^{R_2} \frac{\lambda}{2\pi\varepsilon_0 r} \mathrm{d}r = \frac{\lambda}{2\pi\varepsilon_0} \ln \frac{R_2}{R_1} \Rightarrow \lambda = \frac{2\pi\varepsilon_0 U_0}{\ln \dfrac{R_2}{R_1}}$$

再由圆柱筒电荷分布计算两个圆筒之间的电场强度为

$$E_0 = \frac{\lambda}{2\pi\varepsilon_0 r} = \frac{1}{2\pi\varepsilon_0 r} \frac{2\pi\varepsilon_0 U_0}{\ln \dfrac{R_2}{R_1}} = \frac{U_0}{r \ln \dfrac{R_2}{R_1}}$$

利用上题结果,介质颗粒极化强度和介质总的极化强度为

$$P = \frac{3\varepsilon_0 E_0 (\varepsilon_r - 1)}{\varepsilon_r + 2}$$

和

$$P_{球} = \frac{4}{3}\pi R^3 \frac{3\varepsilon_0 E_0 (\varepsilon_r - 1)}{\varepsilon_r + 2}$$

根据一个偶极对在外电场中的电势能 $W = \boldsymbol{P}_{球} \cdot \boldsymbol{E}$ 和电势能与静电力之间的关系,静电力

$$F = \frac{\partial(\boldsymbol{P}_{球} \cdot \boldsymbol{E})}{\partial r} = -\frac{4\pi R^3 \varepsilon_0 (\varepsilon_r - 1)}{(\varepsilon_r + 2)r^3} \left(\frac{U_0}{\ln \dfrac{R_2}{R_1}}\right)^2$$

根据牛顿第二定律

$$F = -\frac{4\pi R^3 \varepsilon_0 (\varepsilon_r - 1)}{(\varepsilon_r + 2)r^3} \left(\frac{U_0}{\ln \dfrac{R_2}{R_1}}\right)^2 = ma$$

对应的加速度为

$$a = -\frac{4\pi R^3 \varepsilon_0 (\varepsilon_r - 1)}{m(\varepsilon_r + 2)r^3}\left(\frac{U_0}{\ln\dfrac{R_2}{R_1}}\right)^2$$

根据加速度定义

$$\frac{\mathrm{d}v}{\mathrm{d}t} = -\frac{4\pi R^3 \varepsilon_0 (\varepsilon_r - 1)}{m(\varepsilon_r + 2)r^2}\left(\frac{U_0}{\ln\dfrac{R_2}{R_1}}\right)^2$$

由

$$\frac{\mathrm{d}r}{\mathrm{d}r}\frac{\mathrm{d}v}{\mathrm{d}t} = -\frac{4\pi R^3 \varepsilon_0 (\varepsilon_r - 1)}{m(\varepsilon_r + 2)r^3}\left(\frac{U_0}{\ln\dfrac{R_2}{R_1}}\right)^2$$

有

$$v\mathrm{d}v = -\frac{4\pi R^3 \varepsilon_0 (\varepsilon_r - 1)}{m(\varepsilon_r + 2)r^3}\mathrm{d}r\left(\frac{U_0}{\ln\dfrac{R_2}{R_1}}\right)^2$$

两边积分,有

$$\int_0^v v\mathrm{d}v = -\frac{4\pi R^3 \varepsilon_0 (\varepsilon_r - 1)}{m(\varepsilon_r + 2)}\left(\frac{U_0}{\ln\dfrac{R_2}{R_1}}\right)^2 \int_{R_1}^r \frac{1}{r^3}\mathrm{d}r$$

$$\Rightarrow v^2 = \frac{4\pi R^3 \varepsilon_0 (\varepsilon_r - 1)}{m(\varepsilon_r + 2)}\left(\frac{U_0}{\ln\dfrac{R_2}{R_1}}\right)^2 \left(\frac{1}{R_1^2} - \frac{1}{r^2}\right)$$

得

$$v = \left(\frac{U_0}{\ln\dfrac{R_2}{R_1}}\right)\sqrt{\frac{4\pi R^3 \varepsilon_0 (\varepsilon_r - 1)^2}{m(\varepsilon_r + 2)}\left(\frac{1}{R_1^2} - \frac{1}{r^2}\right)}$$

再利用速度的定义,得

$$\frac{\mathrm{d}r}{\mathrm{d}t} = \left(\frac{U_0}{\ln\dfrac{R_2}{R_1}}\right)\sqrt{\frac{4\pi R^3 \varepsilon_0 (\varepsilon_r - 1)^2}{m(\varepsilon_r + 2)}\left(\frac{1}{R_1^2} - \frac{1}{r^2}\right)}$$

两边继续取积分,得

$$\frac{\mathrm{d}r}{\sqrt{\dfrac{1}{R_1^2}-\dfrac{1}{r^2}}}=\left(\frac{U_0}{\ln\dfrac{R_2}{R_1}}\right)\sqrt{\frac{4\pi R^3\varepsilon_0(\varepsilon_r-1)^2}{m(\varepsilon_r+2)}}\,\mathrm{d}t$$

$$\Rightarrow\int_{R_1}^{R_2}\frac{R_1 r\,\mathrm{d}r}{\sqrt{r^2-R_1^2}}=\left(\frac{U_0}{\ln\dfrac{R_2}{R_1}}\right)\sqrt{\frac{4\pi R^3\varepsilon_0(\varepsilon_r-1)^2}{m(\varepsilon_r+2)}}\int_0^t\mathrm{d}t$$

$$\Rightarrow t=\frac{R_1\sqrt{R_2^2-R_1^2}}{\sqrt{\dfrac{4\pi R^3\varepsilon_0(\varepsilon_r-1)^2}{m(\varepsilon_r+2)}}}\left(\frac{\ln\dfrac{R_2}{R_1}}{U_0}\right)$$

3.5　介质中的拉普拉斯方程

由

$$\begin{cases}\boldsymbol{\nabla}\cdot\boldsymbol{E}=\dfrac{\rho_{\text{自由电荷密度}}}{\varepsilon_0}\\[2mm]\boldsymbol{\nabla}\cdot\boldsymbol{D}=\rho_{\text{自由电荷密度}}\end{cases}$$

在电介质中,总的电场强度包含自由电荷产生的电场强度和极化电荷产生的电场强度,所以,电介质中总的电场强度和总的电位移散度分别为

$$\begin{cases}\boldsymbol{\nabla}\cdot\boldsymbol{E}=\dfrac{\rho_{\text{自由电荷密度}}+\rho_{\text{极化电荷密度}}}{\varepsilon_0}\\[2mm]\boldsymbol{\nabla}\cdot\boldsymbol{D}=\rho_{\text{自由电荷密度}}+\rho_{\text{极化电荷密度}}\end{cases}$$

或者写为

$$\begin{cases}\dfrac{\partial E_x}{\partial x}+\dfrac{\partial E_y}{\partial y}+\dfrac{\partial E_z}{\partial z}=\dfrac{\rho_{\text{自由电荷密度}}+\rho_{\text{极化电荷密度}}}{\varepsilon_0}\\[3mm]\dfrac{\partial D_x}{\partial x}+\dfrac{\partial D_y}{\partial y}+\dfrac{\partial D_z}{\partial z}=\rho_{\text{自由电荷密度}}+\rho_{\text{极化电荷密度}}\end{cases}$$

同样,介质中总的电场强度和总的电位移的旋度为

$$\begin{cases}\boldsymbol{\nabla}\times\boldsymbol{E}=0\\\boldsymbol{\nabla}\times\boldsymbol{D}=0\end{cases}$$

有介质时的泊松方程为

$$\nabla^2 U = -(\rho + \rho_{极化电荷}) \qquad (3-17)$$

在直角坐标系中，对应的拉普拉斯方程为

$$\begin{cases} \nabla^2 U = \dfrac{\partial^2 U}{\partial x^2} + \dfrac{\partial^2 U}{\partial y^2} + \dfrac{\partial^2 U}{\partial z^2} = 0 \\[3mm] \nabla^2 U = \dfrac{\partial^2 U}{\partial x^2} + \dfrac{\partial^2 U}{\partial y^2} + \dfrac{\partial^2 U}{\partial z^2} = -(\rho + \rho_{极化电荷}) \end{cases} \qquad (3-18)$$

在球坐标和圆柱坐标中，对应的拉普拉斯方程为

$$\begin{cases} \dfrac{1}{r^2}\dfrac{\partial}{\partial r}\left(r^2\dfrac{\partial U_m}{\partial r}\right) + \dfrac{1}{r^2\sin\theta}\dfrac{\partial}{\partial \theta}\left(\sin\theta\dfrac{\partial U_m}{\partial \theta}\right) + \dfrac{1}{r^2\sin^2\theta}\dfrac{\partial^2 U_m}{\partial \phi^2} = 0 \\[3mm] \dfrac{1}{r^2}\dfrac{\partial}{\partial r}\left(r^2\dfrac{\partial U_m}{\partial r}\right) + \dfrac{1}{r^2\sin\theta}\dfrac{\partial}{\partial \theta}\left(\sin\theta\dfrac{\partial U_m}{\partial \theta}\right) + \dfrac{1}{r^2\sin^2\theta}\dfrac{\partial^2 U_m}{\partial \phi^2} = -(\rho + \rho_P) \end{cases}$$

$$(3-19)$$

例 3-28　如图 3-47 所示，半径为 R、相对介电常数为 ε_{r2} 的均匀介质球，放在均匀电场 E 中。球外充满另外一种相对介电常数为 ε_{r1} 的均匀介质，计算球内外电场强度的分布。

解　根据球坐标的拉普拉斯方程

$$U = \sum_{nm}\left[\left(A_{nm}r^n + \dfrac{B_{nm}}{r^{n+1}}\right)\cos m\phi\, P_n^m(\cos\theta) + \left(C_{nm}r^n + \dfrac{D_{nm}}{r^{n+1}}\right)\sin m\phi\, P_n^m(\cos\theta)\right]$$

因为电势与电场的分布与 ϕ 无关，所以其对应的两个解为

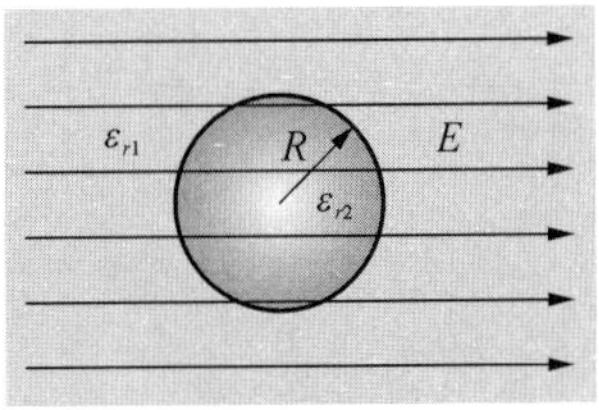

① 球外：$U_1 = \sum\limits_n\left[\left(A_n r^n + \dfrac{B_n}{r^{n+1}}\right)P_n(\cos\theta)\right]$；

② 球内：$U_2 = \sum\limits_n\left[\left(C_n r^n + \dfrac{D_n}{r^{n+1}}\right)P_n(\cos\theta)\right]$。

这是因为，当 $r \to \infty$ 时，$U_1\,|_{r\to\infty} = -E_0 r P(\cos\theta)$，所以有 $A_1 = -E_0$，$A_n = 0$ $(n \neq 1)$。同时，又因为当 $r \to 0$ 时，$U_2\,|_{r\to0}$ 有限，所以有 $D_n = 0$。

图 3-47

当 $r = R$，$U_1 = U_2$，有 $\varepsilon_1\dfrac{\partial U_1}{\partial r}\Big|_{r=R} = \varepsilon_2\dfrac{\partial U_2}{\partial r}\Big|_{r=R}$，则必然有

$$\sum_{n=0}^{\infty}\left(A_n r^n + \dfrac{B_n}{r^{n+1}}\right)P_n(\cos\theta) = -E_0 r P_1(\cos\theta)$$

则

$$\begin{cases} -E_0 R P_1 \cos\theta + \sum_{n}^{\infty} \left(\frac{B_n}{R^{n+1}}\right) P_n(\cos\theta) = \sum_{n} C_n R^n P_n(\cos\theta) \\ -\varepsilon_1 \left\{ E_0 P_1 \cos\theta + \sum_{n}^{\infty} \left[(n+1)\frac{B_n}{R^{n+2}}\right] P_n(\cos\theta) \right\} = \varepsilon_2 \left[\sum_{n}^{\infty} C_n n R^{n-1} P_n(\cos\theta)\right] \end{cases}$$

方程组中,各项系数的参数必须相等,所以

$$\begin{cases} -E_0 R + \dfrac{B_1}{R^2} = C_1 R \\ -\varepsilon_1 \left(E_0 + \dfrac{2B_1}{R^3}\right) = \varepsilon_2 C_2 \end{cases} \qquad (n=1)$$

以及

$$\begin{cases} \dfrac{B_n}{R^{n+1}} = C_n R^n \\ -\varepsilon_1 (n+1) \dfrac{B_n}{R^{n+2}} = \varepsilon_2 C_n n R^{n-1} \end{cases} \qquad (n \neq 1)$$

解方程组,得

$$\begin{cases} B_1 = -\dfrac{\varepsilon_2 - \varepsilon_1}{\varepsilon_2 + 2\varepsilon_1} E_0 R^3 \\ C_1 = -\dfrac{3\varepsilon_1}{\varepsilon_2 + 2\varepsilon_1} E_0 \\ B_n = C_n = 0 \end{cases}$$

球外电势与电场强度分布为

$$\begin{cases} U_1 = -E_0 r \cos\theta + \dfrac{\varepsilon_2 - \varepsilon_1}{\varepsilon_2 + 2\varepsilon_1} E_0 R^3 \dfrac{\cos\theta}{r^2} = -\boldsymbol{E}_0 \cdot \boldsymbol{r} + \dfrac{\boldsymbol{P} \cdot \boldsymbol{r}}{4\pi\varepsilon_0 r^3} \\ \boldsymbol{P} = 4\pi\varepsilon_0 \dfrac{\varepsilon_2 - \varepsilon_1}{\varepsilon_2 + 2\varepsilon_1} \boldsymbol{E}_0 R^3 \\ \boldsymbol{E}_1 = -\boldsymbol{\nabla} U_1 = \boldsymbol{E}_0 + \dfrac{1}{4\pi\varepsilon_0} \left[\dfrac{3(\boldsymbol{P} \cdot \boldsymbol{r})\boldsymbol{r}}{r^5} - \dfrac{\boldsymbol{P} \cdot \boldsymbol{r}}{r^3}\right] \end{cases}$$

球内电势与电场强度的分布为

$$\begin{cases} U_2 = -\dfrac{3\varepsilon_1}{\varepsilon_2 + 2\varepsilon_1} E_0 r \cos\theta = -\dfrac{3\varepsilon_1}{\varepsilon_2 + 2\varepsilon_1} \boldsymbol{E}_0 \cdot \boldsymbol{r} \\ \boldsymbol{E}_2 = -\boldsymbol{\nabla} U_2 = \dfrac{3\varepsilon_1}{\varepsilon_2 + 2\varepsilon_1} \boldsymbol{E}_0 \end{cases}$$

3.6   电容器

3.6.1   导体的电容与计算

1. 电容的定义以及电容器

一般说来,任何一个导体都能储存一定量的电荷,但储存的电荷不能超过极限值。如果超过极限值,电荷在导体周围产生的电场强度就能击穿周围的介质,使周围介质有放电电流,从而破坏器件的性能。导体形状不同,容电本领不同;同一个导体,周围介质不同,导体容电本领也不同。

如图 3-48 所示,体积相同的两个导体,一个是正方体,一个是球体。显然,球体的容电本领大于正方体的容电本领。如果有两个完全相同的导体球,一个放在纯洁的水中,一个在空气中,水中导体球的容电本领大于空气中导体的容电本领。

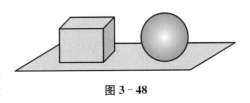

图 3-48

导体的容电本领,通常体现在相同电势下容电量的大小。比如,真空中一个半径为 R 的球形带电体,其表面电势为

$$U = \frac{Q}{4\pi\varepsilon_0 R}$$

定义

$$C = \frac{Q}{U} = 4\pi\varepsilon_0 R$$

C 对应的物理意义是使导体每升高单位电势所容的电量。定义电容

$$C = \frac{Q}{U} \tag{3-20}$$

电容的单位应是 C/V,这个单位有个专门的名称——法拉,符号为 F。由于 F 单位太大,一般用微法或皮法表示,电容的单位换算如下:

$$1\ \text{F} = 10^6\ \mu\text{F} = 10^{12}\ \text{pF}$$

电容是一个与带电体形状有关的物理量,它的大小代表其容电能力的高低。

一般单个导体的容电本领受到周围介质的影响,通常由两个或者多个导体组成一个电容器,如两个导体构成的电容器,其电容定义为

$$C = \frac{Q}{\Delta U}$$

式中，ΔU 是两个导体之间的电势差。

常见的电容器为平行板电容器、球形电容器和柱形电容器，如图 3-49 所示。

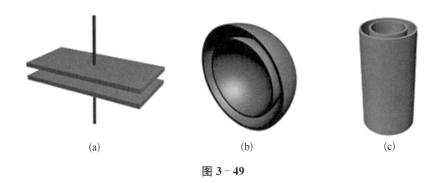

(a)   (b)   (c)

图 3-49

2. 电容器常见和综合性例题解析

例 3-29 如图 3-50 所示，两个平行导体板构成的电容器，如果板的面积为 S，板之间的距离为 d，不考虑边缘效应的条件下，计算两个板之间的电势差和电容器。

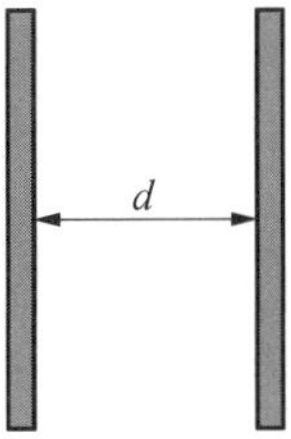

解 两个平板之间的电势差为

$$U = \int \boldsymbol{E} \cdot \mathrm{d}\boldsymbol{l} = Ed = \frac{\sigma}{\varepsilon_0}d = \frac{q}{S\varepsilon_0}d$$

平行板电容器电容为

$$C = \frac{q}{U_A - U_B} = \frac{\varepsilon_0 S}{d}$$

图 3-50

例 3-30 内外半径分别为 R_1、R_2 的薄球壳构成的球形电容器，求球形电容器的电容。

解 如果内球壳带电 $+Q$，外球壳带 $-Q$，两个球壳之间电场强度的表达式为

$$\boldsymbol{E} = \frac{q}{4\pi\varepsilon_0 r^3}\boldsymbol{r}$$

则对应的电势差为

$$U = \int \boldsymbol{E} \cdot \mathrm{d}\boldsymbol{r} = \frac{q}{4\pi\varepsilon_0}\left(\frac{R_2 - R_1}{R_2 R_1}\right)$$

电容为

$$C = \frac{q}{U} = \frac{4\pi\varepsilon_0 R_1 R_2}{R_2 - R_1}$$

例 3－31 如图 3－51 所示,长度为 l,内外半径分别是 R_1 和 R_2 的两个薄圆筒构成圆柱形电容器,两个圆筒之间充满相对介电常数为 ε_r 的电介质,求圆柱形电容器的电容。

解 利用高斯定理可知

$$\boldsymbol{E} = \frac{\lambda}{2\pi\varepsilon_0\varepsilon_r r}\boldsymbol{e}_r$$

内外圆筒之间的电势差为

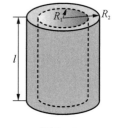

$$U = \int_1^2 E \cdot \mathrm{d}l = \int_{R_1}^{R_2} \frac{1}{2\pi\varepsilon_0\varepsilon_r}\frac{\lambda}{r}\mathrm{d}r = \frac{\lambda}{2\pi\varepsilon_0\varepsilon_r}\ln\frac{R_2}{R_1}$$

在柱形电容器每个电极上的总电荷 $q = \lambda l$,故圆柱形电容器的电容为

图 3－51

$$C = \frac{q}{U} = \frac{2\pi\varepsilon_0\varepsilon_r l}{\ln(R_2/R_1)}$$

例 3－32 如图 3－52 所示,半径都是 a 的两根平行长直导线相距 $d\ (d \gg a)$,求两直导线单位长度的电容。

解 设导线表面单位长度带电 $+\lambda$、$-\lambda$。 两线间任意 P 点的场强为

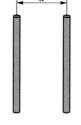

$$E = \frac{\lambda}{2\pi\varepsilon_0 x} + \frac{\lambda}{2\pi\varepsilon_0(d-x)}$$

对应的电势差为

$$U = \int_a^{d-a} E\mathrm{d}x = \frac{\lambda}{\pi\varepsilon_0}\ln\frac{d-a}{a} \approx \frac{\lambda}{\pi\varepsilon_0}\ln\frac{d}{a}$$

图 3－52

单位长度的电容为

$$C = \frac{Q}{U} = \frac{\lambda \cdot 1}{\dfrac{\lambda}{\pi\varepsilon_0}\ln\left(\dfrac{d}{a}\right)} = \frac{\pi\varepsilon_0}{\ln\left(\dfrac{d}{a}\right)}$$

例 3－33 如图 3－53 所示,球形电容器由半径为 R_1 的球体和半径为 R_3 的导体球壳构成,内球与外球壳之间有两层均匀电介质,分界面的半径为 R_2,相对介电

常数分别为 ε_{r1} 和 ε_{r2}。求电容器的电容。

解 假如内球带电 $+q$，外球壳带电 $-q$，根据介质中高斯定律,有

$$\oint_S \boldsymbol{D} \cdot \mathrm{d}\boldsymbol{S} = 4\pi r^2 D = q$$

电位移和电场强度分别为

$$D = \frac{q}{4\pi r^2}$$

$$E = \frac{D}{\varepsilon_0 \varepsilon_r}$$

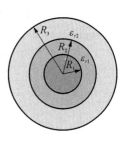

图 3-53

两种介质中的电场强度分别为

$$\begin{cases} E_1 = \dfrac{q}{4\pi\varepsilon_0\varepsilon_{r1}r^2} \\[3mm] E_2 = \dfrac{q}{4\pi\varepsilon_0\varepsilon_{r2}r^2} \end{cases}$$

内外球壳之间的电势差为

$$\Delta U = \int_{R_1}^{R_2} \frac{q\,\mathrm{d}r}{4\pi\varepsilon_0\varepsilon_{r1}r^2} + \int_{R_2}^{R_3} \frac{q\,\mathrm{d}r}{4\pi\varepsilon_0\varepsilon_{r2}r^2} = \frac{q[\varepsilon_{r2}R_3(R_2 - R_1) + \varepsilon_{r1}R_1(R_3 - R_2)]}{4\pi\varepsilon_{r1}\varepsilon_{r2}\varepsilon_{r3}R_1R_2R_3}$$

对应的电容为

$$C = \frac{q}{\Delta U} = \frac{4\pi\varepsilon_0\varepsilon_{r1}\varepsilon_{r2}R_1R_2R_3}{\varepsilon_{r2}R_3(R_2 - R_1) + \varepsilon_{r1}R_1(R_3 - R_2)}$$

例 3-34 如图 3-54(a)所示,半径为 R 的长直导线,轴心与地面的距离为 L,计算下面两种条件下该导线与地面形成的电容:(1) $R \ll L$;(2) $R < L$。

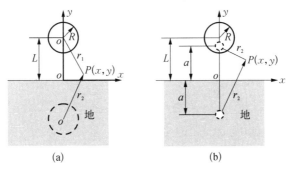

(a)　　　　　　(b)

图 3-54

解 (1) 如果 $R \ll L$，圆柱相当于一个无限长的带电直线，地面相当于一个导体，地面会产生感应电荷。根据等效性原理，地面上的感应电荷可用一根无限长带电直线代替，如图 3 - 54(a)中地表下点线连成的圆所示。在地表上任意一点 $P(x, y)$ 产生的电场强度为

$$E = \frac{\lambda_+}{2\pi\varepsilon_0 r_1} r_1 - \frac{\lambda_1}{2\pi\varepsilon_0 r_2} r_2$$

由于 o 点电势为零点，则 $P(x, y)$ 对应的电势为

$$U = \int_{r_1}^{L} \frac{\lambda_+}{2\pi\varepsilon_0 r} dr - \int_{r_2}^{L} \frac{\lambda_-}{2\pi\varepsilon_0 r} dr$$

$$= \frac{\lambda_+}{2\pi\varepsilon_0} \ln\frac{L}{r_1} - \frac{\lambda_-}{2\pi\varepsilon_0} \ln\frac{L}{r_2}$$

考虑到 $\lambda = \lambda_+ = \lambda_-$，则任意点的电势为

$$U = \frac{\lambda}{2\pi\varepsilon_0} \ln\frac{r_2}{r_1}$$

导体是等势体，感应等效电荷在圆柱轴心上产生的电势等于圆柱表面电势，取导体表面的电势时，$r_1 = R$，$r_2 = 2L$，这样有

$$U = \frac{\lambda}{2\pi\varepsilon_0} \ln\frac{2L}{R}$$

根据电容的定义，得导线电容为

$$C = \frac{Q}{U} = \frac{\lambda}{\dfrac{\lambda}{2\pi\varepsilon_0} \ln\dfrac{2L}{R}} = 2\pi\varepsilon_0 \frac{1}{\ln\dfrac{2L}{R}}$$

(2) 如果 $R < L$，对应的物理模型如图 3 - 54(b)所示。圆柱面上电荷分布不均匀，不均匀分布的电荷可以用一根等效的无限长带电直导线代替，设单位长度带电 λ_+，如图 3 - 54(b)中圆柱面中的点线构成的小圆。这个等效无限长带电直线在地表下对应一根无限长的带感应电荷的直线，如图 3 - 54(b)地表下点线构成的圆所示。设圆柱面外的任意一点 $P(x, y)$，总的电场强度为

$$E = \frac{\lambda_+}{2\pi\varepsilon_0 r_1} r_1 - \frac{\lambda_1}{2\pi\varepsilon_0 r_2} r_2$$

以坐标原点为电势零点，则 $o(x, y)$ 点电势为

$$U = \int_a^{\sqrt{(x-a)^2+y^2}} \frac{\lambda_+}{2\pi\varepsilon_0 r} dr - \int_a^{\sqrt{(x+a)^2+y^2}} \frac{\lambda_-}{2\pi\varepsilon_0 r} dr$$

积分得

$$U = \frac{\lambda}{2\pi\varepsilon_0} \ln \frac{\sqrt{(x+a)^2 + y^2}}{\sqrt{(x-a)^2 + y^2}}$$

$$\Rightarrow \frac{(x+a)^2 + y^2}{(x-a)^2 + y^2} = e^{\frac{4\pi\varepsilon_0 U_0}{\lambda}}$$

令 $k^2 = e^{\frac{4\pi\varepsilon_0 U_0}{\lambda}}$，则

$$\frac{(x+a)^2 + y^2}{(x-a)^2 + y^2} = k^2$$

展开后得

$$(x+a)^2 + y^2 = k^2[(x-a)^2 + y^2]$$

可得

$$\left(x - \frac{k^2+1}{k^2-1}a\right)^2 + y^2 = \frac{4k^2 a^2}{(k^2-1)^2}$$

在导体表面上电势相等，由上式推出

$$\begin{cases} \dfrac{k^2+1}{k^2-1}a = L \\ \dfrac{4k^2 a^2}{(k^2-1)^2} = R \end{cases}$$

联解方程组，得

$$k = \frac{L}{R} + \sqrt{\left(\frac{L}{R}\right)^2 - 1}$$

根据无限长导体电容定义，有

$$C = \frac{\lambda}{U} = \frac{2\pi\varepsilon_0}{\ln\left[\dfrac{L}{R} + \sqrt{\left(\dfrac{L}{R}\right)^2 - 1}\right]}$$

例 3-35　如图 3-55(a)所示，两个半径分别为 R_1 和 R_2 的无限长导体圆柱体相距 L，(1) 则单位长度的电容值为多少？(2) 求非同轴导体圆柱单位长度的电容。两个圆柱轴心之间的距离 $L < \dfrac{R_1}{2}$。

解　(1) 此题两圆柱面上都是等势体，由于受到彼此电荷的影响，圆柱体表面

上感应电荷分布不均,可以用两根无限长带电直线来代替,如图 3 - 55(b)所示,请参照例 3 - 11 的解法,本题直接给出两等效无限长带电直线的位置坐标关系。

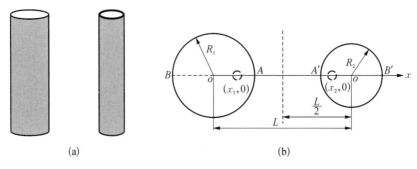

图 3 - 55

$$\begin{cases} x_1 x_2 = R_1^2 \\ (L - x_1)(L - x_2) = R_2^2 \end{cases}$$

由以上方程组解得

$$\begin{cases} x_1 = \dfrac{1}{2L}\left[L^2 + R_1^2 - R_2^2 - \sqrt{(L^2 + R_1^2 - R_2^2)^2 - 4R_1^2 L^2} \right] \\ x_2 = \dfrac{1}{2L}\left[L^2 + R_1^2 - R_2^2 + \sqrt{(L^2 + R_1^2 - R_2^2)^2 - 4R_1^2 L^2} \right] \end{cases}$$

以两圆柱之间距离的中心为零点电势,则电势的分布函数为

$$U = \frac{\lambda}{4\pi\varepsilon_0} \ln \frac{(x - x_1)^2 + y^2}{(x - x_2)^2 + y^2}$$

当 $x = R_1$, $y = 0$,第一个圆柱表面上的电势为

$$U_{R_1} = \frac{\lambda}{4\pi\varepsilon_0} \ln \frac{2LR_1 - \left[L^2 + R_1^2 - R_2^2 - \sqrt{(L^2 + R_1^2 - R_2^2)^2 - 4R_1^2 L^2} \right]}{2LR_1 - \left[L^2 + R_1^2 - R_2^2 + \sqrt{(L^2 + R_1^2 - R_2^2)^2 - 4R_1^2 L^2} \right]}$$

进一步简化处理,得

$$U_{R_1} = \frac{\lambda}{4\pi\varepsilon_0} \ln \frac{(L - R_1)^2 - R_2^2 - \sqrt{(R_1^2 + R_2^2 - L^2)^2 - 4R_1^2 R_2^2}}{(L - R_1)^2 - R_2^2 + \sqrt{(R_1^2 + R_2^2 - L^2)^2 - 4R_1^2 R_2^2}}$$

当 $x = L - R_2$, $y = 0$,第二个圆柱面上的电势为

$$U_{R_2} = \frac{\lambda}{4\pi\varepsilon_0} \ln \frac{(L - R_2)^2 - R_1^2 - \sqrt{(R_1^2 + R_2^2 - L^2)^2 - 4R_1^2 R_2^2}}{(L - R_2)^2 - R_1^2 + \sqrt{(R_1^2 + R_2^2 - L^2)^2 - 4R_1^2 R_2^2}}$$

两圆柱之间的电势差为

$$\Delta U = U_{R_2} - U_{R_1} = \frac{\lambda}{4\pi\varepsilon_0}\ln\frac{(L-R_2)^2 - R_1^2 - \sqrt{(R_1^2+R_2^2-L^2)^2 - 4R_1^2R_2^2}}{(L-R_2)^2 - R_1^2 + \sqrt{(R_1^2+R_2^2-L^2)^2 - 4R_1^2R_2^2}}$$

$$\frac{(L-R_1)^2 - R_2^2 + \sqrt{(R_1^2+R_2^2-L^2)^2 - 4R_1^2R_2^2}}{(L-R_1)^2 - R_2^2 - \sqrt{(R_1^2+R_2^2-L^2)^2 - 4R_1^2R_2^2}}$$

化简后得

$$\Delta U = \frac{\lambda}{2\pi\varepsilon_0}\ln\left[\frac{R_1^2+R_2^2-L^2}{2R_1R_2} + \sqrt{\left(\frac{R_1^2+R_2^2-L^2}{2R_1R_2}\right)^2 - 1}\right]$$

圆柱体单位长度的电容为

$$C = \frac{\lambda}{\Delta U} = 2\pi\varepsilon_0\ln\left[\frac{R_1^2+R_2^2-L^2}{2R_1R_2} + \sqrt{\left(\frac{R_1^2+R_2^2-L^2}{2R_1R_2}\right)^2 - 1}\right]^{-1}$$

(2) 如果是两个薄无限长导体圆筒，小的圆筒在大的圆筒内，但两圆筒的轴心线不重合，两轴心线之间的距离为 L，$L < R_1 - R_2$，单位长度电容的计算方法与上述相同，其电容的表达式也相同。

例 3‑36 如图 3‑56 所示，设椭圆的半长轴是 a，半短轴是 b，椭圆绕长轴旋转形成椭球体，计算该旋转椭球导体的电容。

解 以焦点为极坐标原点，建立椭圆的极坐标方程

$$r = \frac{p}{1+e\cos\theta}, \quad e = \frac{c}{a}, \quad p = \frac{b^2}{a}$$

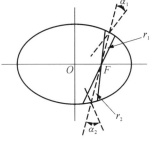

由于椭球是一个等势体，内部的电场强度为零，焦点 F 的电场强度也为零。以焦点 F 为中线点，取两个小微元，面积分别为 $\mathrm{d}S_1$、$\mathrm{d}S_2$，r_1 和 r_2 分别是两个微元到焦点的矢径，设 $\mathrm{d}S_{10}$、$\mathrm{d}S_{20}$ 分别是两个微元垂直于 r_1 和 r_2 的面积分量，α_1 和 α_2 分别是两个微元的曲

图 3‑56

率半径和两个微元到焦点之间矢径的夹角。根据立体角度的定义 $\mathrm{d}\Omega = \dfrac{\mathrm{d}S_{10}}{r_1^2}$，设两个微元处单位面积的带电量分别是 σ_1 和 σ_2，它们在焦点产生的电场强度分别为

$$\begin{cases} E_1 = \dfrac{\sigma_1\mathrm{d}S}{4\pi\varepsilon_0 r_1^2} = \dfrac{\sigma_1\mathrm{d}S_{10}}{4\pi\varepsilon_0 r_1^2\cos\alpha_1} = \dfrac{\sigma_1\mathrm{d}\Omega}{4\pi\varepsilon_0\cos\alpha_1} \\[3mm] E_2 = \dfrac{\sigma_2\mathrm{d}S}{4\pi\varepsilon_0 r_2^2} = \dfrac{\sigma_2\mathrm{d}S_{20}}{4\pi\varepsilon_0\cos\alpha_2 r_2^2} = \dfrac{\sigma_2\mathrm{d}\Omega}{4\pi\varepsilon_0\cos\alpha_2} \end{cases}$$

　　根据对称性,两个微元上的电荷焦点产生的电场强度为零,即它们在焦点处产生的电场强度绝对值相等,即

$$E_1 = E_2 = \frac{\sigma_1 \mathrm{d}\Omega}{4\pi\varepsilon_0 \cos\alpha_1} = \frac{\sigma_2 \mathrm{d}\Omega}{4\pi\varepsilon_0 \cos\alpha_2}$$

椭球体在不同位置表面的电荷面密度为

$$\frac{\sigma_1}{\cos\alpha_1} = \frac{\sigma_2}{\cos\alpha_2} = k$$

式中,k 为常量。微元的面积为

$$\mathrm{d}S = \frac{2\pi r \sin\theta r \mathrm{d}\theta}{\cos\alpha}$$

则微元的电荷量为

$$\mathrm{d}q = \sigma \mathrm{d}S = k\cos\alpha \frac{2\pi r \sin\theta r \mathrm{d}\theta}{\cos\alpha} = 2\pi k r^2 \sin\theta \mathrm{d}\theta$$

旋转椭球体带电量为

$$Q = \int_0^\pi 2\pi k r^2 \sin\theta \mathrm{d}\theta = \int_0^\pi 2\pi k \left(\frac{p}{1+e\cos\theta}\right)^2 \sin\theta \mathrm{d}\theta = \frac{4\pi k p^2}{1-e^2}$$

由于 $a^2 - c^2 = b^2$, $e = \dfrac{c}{a}$, $p = \dfrac{b^2}{a}$, 则

$$Q = 4\pi k b^2 \Rightarrow k = \frac{Q}{4\pi k b^2}$$

由 $\dfrac{\sigma_1}{\cos\alpha_1} = \dfrac{\sigma_2}{\cos\alpha_2} = k$, 得

$$\sigma = \frac{Q\cos\alpha}{4\pi k b^2}$$

根据矢量关系,由 $r = \dfrac{p}{1+e\cos\theta}$, 可得

$$\cos\alpha = \frac{1+e\cos\theta}{(1+e^2+2e\cos\theta)^{\frac{1}{2}}}$$

则

$$\sigma = \frac{Q(1 + e\cos\theta)}{4\pi b^2 (1 + e^2 + 2e\cos\theta)^{\frac{1}{2}}}$$

以及

$$dS = \frac{2\pi r^2 \sin\theta d\theta}{\cos\alpha} = \frac{(1 + e^2 + 2e\cos\theta)^{\frac{1}{2}}}{1 + e\cos\theta} 2\pi r^2 \sin\theta d\theta$$

微元在焦点处产生的电势为

$$dU = \frac{\sigma dS}{4\pi\varepsilon_0 r} = \frac{1}{4\pi\varepsilon_0 r} \frac{Q(1 + e\cos\theta)dS}{4\pi b^2 (1 + e^2 + 2e\cos\theta)^{\frac{1}{2}}} = \frac{Q}{8\varepsilon_0 \pi b^2} r\sin\theta d\theta$$

再将 $r = \dfrac{p}{1 + e\cos\theta}$ 代入上式,得

$$dU = \frac{1}{2\varepsilon_0} \frac{Q}{4\pi b^2} \left(\frac{p}{1 + e\cos\theta} \right) \sin\theta d\theta$$

用定积分解出椭球导体的电势,得

$$U = \frac{1}{2\varepsilon_0} \frac{Qp}{4\pi b^2} \int_0^\pi \frac{\sin\theta d\theta}{1 + e\cos\theta} = \frac{Qp}{8\pi\varepsilon_0 b^2 e} \ln\left(\frac{1 + e}{1 - e} \right) = \frac{Q}{8\pi\varepsilon_0 c} \ln\left(\frac{a + c}{a - c} \right)$$

则对应的电容为

$$C = \frac{Q}{U} = 8\pi\varepsilon_0 c \ln\left(\frac{a - c}{a + c} \right)$$

3.6.2 电容器的串、并联

1. 电容器串、并联的电容计算

如需增大电容,则可将多个电容并联,如图 3-57 所示。并联后的定容为

$$C = C_1 + C_2 + \cdots + C_k \tag{3-21}$$

若增强耐压,可将多个电容串联,如图 3-58 所示,由于 $U = U_1 + U_2 + \cdots + U_k$,所以串联后的电容为

$$\frac{1}{C} = \frac{1}{C_1} + \frac{1}{C_2} + \cdots + \frac{1}{C_k} \tag{3-22}$$

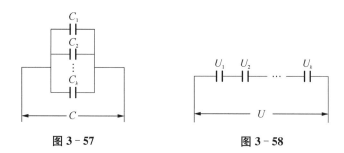

图 3 - 57   图 3 - 58

2. 电容器串、并联的综合性例题解析

例 3 - 37   如图 3 - 59 所示,由两个球壳构成的电容器,把电容器一分为二,上半个球壳为真空,下半个球壳充满了相对介电常数为 ε_r 的电解质,求整个电容器的电容。

解   可以把整个电容器看作两个半球壳电容器的并联。

由于球形电容器的电容为

$$C = 4\pi\varepsilon_0 \frac{R_2 R_1}{R_2 - R_1}$$

则对应两个半个球壳的电容分别为

$$C_1 = 2\pi\varepsilon_0\varepsilon_r \frac{R_1 R_2}{R_2 - R_1}$$

$$C_2 = 2\pi\varepsilon_0 \frac{R_1 R_2}{R_2 - R_1}$$

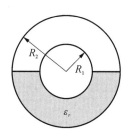

图 3 - 59

总的电容器电容为两个半球壳电容器并联,即

$$C = C_1 + C_2 = 2\pi\varepsilon_0 \frac{R_1 R_2}{R_2 - R_1} + 2\pi\varepsilon_0\varepsilon_r \frac{R_1 R_2}{R_2 - R_1}$$

总的电容为

$$C = \frac{2\pi R_1 R_2}{R_2 - R_1}(\varepsilon_0 + \varepsilon_0\varepsilon_r)$$

例 3 - 38   如图 3 - 60 所示,三个电容器的电容均为 C,电源电动势为 ε,电阻分别为 R_1、R_2。开始时,三个电容器均不带电。然后,先接通 OA,再接通 OB,再接通 OA,再接通 OB,如此反复,每次均达到平衡。(1) N 次接通 OB 后,各电容器的电量是多少? (2) 无限多次接通 OB 后,电阻上消耗的能量是多少?

解   第一次接通 OA,有

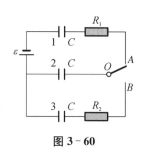

图 3 - 60

$$Q_1 = Q_2 = \frac{1}{2}C\varepsilon = \Delta Q_1$$

第一次接通 OB，有

$$\begin{cases} Q_1 = \frac{1}{2}C\varepsilon = \Delta Q_1 \\ Q_2 = \frac{1}{4}C\varepsilon = \frac{1}{2}\Delta Q_1 \\ Q_3 = \frac{1}{4}C\varepsilon = \frac{1}{2}\Delta Q_1 \end{cases}$$

第二次接通 OA，有

$$\begin{cases} Q_1 = \Delta Q_1 + \Delta Q_2 \\ Q_2 = \frac{1}{2}\Delta Q_1 + \Delta Q_2 \end{cases}$$

第二次接通 OB，有

$$\begin{cases} Q_1 = \frac{1}{2}C\varepsilon + \Delta Q_2 = \Delta Q_1 + \Delta Q_2 \\ Q_2 = \frac{1}{4}C\varepsilon + \frac{1}{2}\Delta Q_2 = \frac{1}{2}\Delta Q_1 + \frac{1}{2}\Delta Q_2 \\ Q_3 = \frac{1}{4}C\varepsilon + \frac{1}{2}\Delta Q_2 = \frac{1}{2}\Delta Q_1 + \frac{1}{2}\Delta Q_2 \end{cases}$$

第三次接通 OA 和 OB，有

$$\begin{cases} Q_1 = \Delta Q_1 + \Delta Q_2 + \Delta Q_3 \\ Q_2 = \frac{1}{2}\Delta Q_1 + \frac{1}{2}\Delta Q_2 + \frac{1}{2}\Delta Q_3 \\ Q_3 = \frac{1}{2}\Delta Q_1 + \frac{1}{2}\Delta Q_2 + \frac{1}{2}\Delta Q_3 \end{cases}$$

第 N 次接通 OA，有

$$\begin{cases} Q_1 = \Delta Q_1 + \Delta Q_2 + \Delta Q_3 + \cdots + \Delta Q_N \\ Q_2 = \frac{1}{2}\Delta Q_1 + \frac{1}{2}\Delta Q_2 + \frac{1}{2}\Delta Q_3 + \cdots + \frac{1}{2}\Delta Q_N \\ Q_3 = \frac{1}{2}\Delta Q_1 + \frac{1}{2}\Delta Q_2 + \frac{1}{2}\Delta Q_3 + \cdots + \frac{1}{2}\Delta Q_{N-1} \end{cases}$$

由于电容器 2 和电容器 3 上的电量相同,只计算电容器 1 和电容器 2 上的电量即可。电容器 1 和电容器 2 上的电压为

$$\begin{cases} U_1 = \dfrac{Q_1}{C} = \dfrac{\Delta Q_1 + \Delta Q_2 + \Delta Q_3 + \cdots + \Delta Q_N}{C} \\ U_2 = \dfrac{Q_2}{C} = \dfrac{1}{2} \dfrac{\Delta Q_1 + \Delta Q_2 + \Delta Q_3 + \cdots + 2\Delta Q_N}{C} \end{cases}$$

令 $\varepsilon = U_1 + U_2$,则

$$\Delta Q_1 + \Delta Q_2 + \Delta Q_3 + \cdots + \Delta Q_N + \frac{1}{2}(\Delta Q_1 + \Delta Q_2 + \Delta Q_3 + \cdots + 2\Delta Q_N) = \varepsilon C$$

显然,上式在第 N 次和 $N-1$ 次都成立,即

$$\begin{cases} \Delta Q_1 + \Delta Q_2 + \Delta Q_3 + \cdots + \Delta Q_N + \dfrac{1}{2}(\Delta Q_1 + \Delta Q_2 + \Delta Q_3 + \cdots + 2\Delta Q_N) = \varepsilon C \\ \Delta Q_1 + \Delta Q_2 + \Delta Q_3 + \cdots + \Delta Q_N + \Delta Q_{N+1} \\ \qquad + \dfrac{1}{2}(\Delta Q_1 + \Delta Q_2 + \Delta Q_3 + \cdots + \Delta Q_N + 2\Delta Q_{N+1}) = \varepsilon C \end{cases}$$

解得

$$\Delta Q_{N+1} = \frac{1}{4}\Delta Q_N$$

把 $\Delta Q_{N+1} = \dfrac{1}{4}\Delta Q_N$ 代入,得

$$\begin{cases} Q_1 = \Delta Q_1 + \Delta Q_2 + \Delta Q_3 + \cdots + \Delta Q_N \\ Q_2 = \dfrac{1}{2}\Delta Q_1 + \dfrac{1}{2}\Delta Q_2 + \dfrac{1}{2}\Delta Q_3 + \cdots + \dfrac{1}{2}\Delta Q_N \\ Q_3 = \dfrac{1}{2}\Delta Q_1 + \dfrac{1}{2}\Delta Q_2 + \dfrac{1}{2}\Delta Q_3 + \cdots + \Delta Q_N \end{cases}$$

得

$$\begin{cases} Q_1 = \Delta Q_1 + \dfrac{1}{4}\Delta Q_1 + \dfrac{1}{4}\dfrac{1}{4}\Delta Q_1 + \dfrac{1}{4}\dfrac{1}{4}\dfrac{1}{4}\Delta Q_1 \cdots + \left(\dfrac{1}{4}\right)^{N-1}\Delta Q_1 \\ Q_2 = \dfrac{1}{2}\Delta Q_1 + \dfrac{1}{2}\dfrac{1}{4}\Delta Q_1 + \dfrac{1}{2}\dfrac{1}{4}\dfrac{1}{4}\Delta Q_1 + \dfrac{1}{2}\dfrac{1}{4}\dfrac{1}{4}\dfrac{1}{4}\Delta Q_1 + \cdots + \dfrac{1}{2}\left(\dfrac{1}{4}\right)^{N-1}\Delta Q_1 \end{cases}$$

$$\Rightarrow \begin{cases} Q_1 = \Delta Q_1 \left[1 + \frac{1}{4} + \left(\frac{1}{4} \right)^2 + \left(\frac{1}{4} \right)^3 + \cdots + \left(\frac{1}{4} \right)^{N-1} \right] = \Delta Q_1 \frac{4}{3} \left[1 - \left(\frac{1}{4} \right)^N \right] \\ Q_2 = \frac{1}{2} \Delta Q_1 \left[1 + \frac{1}{4} + \left(\frac{1}{4} \right)^2 + \left(\frac{1}{4} \right)^3 + \cdots + \left(\frac{1}{4} \right)^{N-1} \right] = \Delta Q_1 \frac{2}{3} \left[1 - \left(\frac{1}{4} \right)^N \right] \end{cases}$$

$$\Rightarrow \begin{cases} Q_1 = \Delta Q_1 \frac{4}{3} \left[1 - \left(\frac{1}{4} \right)^N \right] = \frac{2}{3} \left[1 - \left(\frac{1}{4} \right)^N \right] C\varepsilon \\ Q_2 = \Delta Q_1 \frac{2}{3} \left[1 - \left(\frac{1}{4} \right)^N \right] = \frac{1}{3} \left[1 - \left(\frac{1}{4} \right)^N \right] C\varepsilon \end{cases}$$

$$\Rightarrow \begin{cases} U_1 = \frac{Q_1}{C} = \frac{2}{3} \left[1 - \left(\frac{1}{4} \right)^N \right] \varepsilon \\ U_2 = \frac{Q_2}{C} = \frac{1}{3} \left[1 - \left(\frac{1}{4} \right)^N \right] \varepsilon \end{cases}$$

根据电流做功,得

$$Q_1 = \frac{2}{3} \left[1 - \left(\frac{1}{4} \right)^N \right] C\varepsilon = \frac{2}{3} C\varepsilon$$

$$W_\varepsilon = \varepsilon Q_1 = \frac{2}{3} C\varepsilon^2$$

$$\begin{cases} W_1 = \frac{Q_1^2}{2C} = \frac{2}{9} C\varepsilon^2 \\ W_2 = W_3 = \frac{Q_2^2}{2C} = \frac{1}{18} C\varepsilon^2 \end{cases}$$

则做的功为

$$A = \frac{2}{3} C\varepsilon^2 - \frac{2}{9} C\varepsilon^2 - \frac{1}{18} C\varepsilon^2 - \frac{1}{18} C\varepsilon^2 = \frac{1}{3} C\varepsilon^2$$

3.7　静电能

3.7.1　电容器的电能

以平行板电容器为例说明,如图 3-61 所示。电子从电容器的一个极板被拉到另一个极板,被拉出电子的极板带正电,另外一个极板带负电。如此逐渐进行下去,极板上带电量达到 Q。完成这个过程要靠外力克服电场力做功,使之转化为电容器所储存的电能。设在充电过程中某一瞬间电容器极板上的带电量为 q,两个板之间的电势差为 U,所以在整个充电过程中储存在电容器里的电能为

$$W = \int_0^Q U \mathrm{d}q$$

利用 U 与 q 的关系,得

$$W = \int_0^Q \frac{q}{C} \mathrm{d}q = \frac{Q^2}{2C}$$

再利用 $Q = CU$,则电势能可写成

$$W = \frac{Q^2}{2C} = \frac{1}{2}CU^2 = \frac{1}{2}QU \qquad (3-23)$$

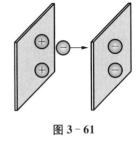

图 3-61

上式表明,在一定的电压下,电容 C 大的电容器储能多。从这个意义上说,电容 C 也是电容器储能本领大小的标志。对同一电容器来说,电压愈高,储能愈多。一般电容器储能有限,但是若使电容器在短时间内放电,则可得到较大的功率,在激光和受控热核反应中都有重要的应用。

例 3-39 如图 3-62 所示,已知一个球形电容器,内、外半径分别为 R_1、R_2,带电量分别为 Q_1、Q_2,求电容器的能量。

解 利用导体球壳电容器的电容计算式,有

$$C = 4\pi\varepsilon_0 \frac{R_2 R_1}{R_2 - R_1}$$

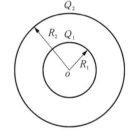

图 3-62

内球壳和外球壳的内表面构成一个电容器,带的电量为 Q_1,则对应的电势能为

$$W_1 = \frac{1}{2}\frac{Q_1^2}{C_1} = \frac{1}{2}\frac{(R_2 - R_1)Q_1^2}{4\pi\varepsilon_0 R_1 R_2}$$

外球壳则相当于一个带电量为 $Q_1 + Q_2$ 的孤立的导体球壳,对应的电势能为

$$W_2 = \frac{Q^2}{2C_2} = \frac{(Q_1 + Q_2)^2}{8\pi\varepsilon_0 R}$$

则总的电势能为

$$W = W_1 + W_2 = \frac{(R_2 - R_1)Q_1^2}{8\pi\varepsilon_0 R_1 R_2} + \frac{(Q_1 + Q_2)^2}{8\pi\varepsilon_0 R}$$

3.7.2 多个孤立点电荷的电势能

如图 3-63 所示,假如有两个点电荷,相距 r,相互之间的作用能就是把 q_2 从无限远处移动到距离 q_1 为 r 的位置(把 q_1 从无限远处移动到距离 q_2 为 r 的位

置),移动过程中需抵抗电场力 $F_{12}=q_2E_1$ 做功,则总电势能为

$$W_h=\int_{r_0}^{\infty} q_1\left(\frac{q_2}{4\pi\varepsilon_0 r^3}r\right)\cdot \mathrm{d}r=q_1\frac{q_2}{4\pi\varepsilon_0 r_0}=q_2\frac{q_1}{4\pi\varepsilon_0 r_0}$$

电势能还可以写成

图 3-63

$$W_h=\frac{1}{2}\left[q_1\left(\frac{q_2}{4\pi\varepsilon_0 r}\right)+q_2\left(\frac{q_1}{4\pi\varepsilon_0 r}\right)\right]=\frac{1}{2}\left[q_1U_1+q_2U_2\right] \qquad (3-24)$$

由于孤立的点电荷自身带电能量太小,可以忽略不计,因此,对于多个点电荷构成的带电系统,总的静电能为

$$W_{互}=\frac{1}{2}\sum_{i=1} q_iU_i$$

把点电荷体系推广到连续分布的带电体系,则对应的电势能为

$$W_{互}=\frac{1}{2}\iiint_V U(r)\rho(r)\mathrm{d}V \qquad (3-25)$$

式中,$U(r)$ 是除 $\rho(r)\mathrm{d}V$ 以外,其他电荷在 r 处产生的电势。可以证明,可以把 $\rho(r)\mathrm{d}V$ 当成点电荷,由于体积 $\mathrm{d}V$ 无限小,在自身处产生的电势为二阶无穷小量,即总电势中不考虑每一个电荷元在自身处产生的电势。

带电系统的静电能还可以通过电场能量密度方法计算,这将在第 6 章中继续讨论。

3.7.3　带电体能量与相互作用力

对于一个带电系统,当电荷沿电场的方向运动时,电场力做的功等于静电能的减少,即

$$-\mathrm{d}W=F\cdot \mathrm{d}l \qquad (3-26)$$

静电能对应的全微分为

$$\mathrm{d}W=\frac{\partial W}{\partial x}\mathrm{d}x+\frac{\partial W}{\partial y}\mathrm{d}y+\frac{\partial W}{\partial z}\mathrm{d}z$$

上式可以写为

$$\begin{aligned}\mathrm{d}W&=\left(\frac{\partial W}{\partial x}i+\frac{\partial W}{\partial y}j+\frac{\partial W}{\partial z}k\right)\cdot(\mathrm{d}xi+\mathrm{d}yj+\mathrm{d}zk)\\ &=\left(\frac{\partial W}{\partial x}i+\frac{\partial W}{\partial y}j+\frac{\partial W}{\partial z}k\right)\cdot \mathrm{d}l\end{aligned} \qquad (3-27)$$

式中,i、j、k 是 x、y、z 三个方向的单位矢量,$\mathrm{d}l=(\mathrm{d}xi+\mathrm{d}yj+\mathrm{d}zk)$。把式 (3-26) 代入式(3-27)中,得

$$\boldsymbol{F} \cdot \mathrm{d}\boldsymbol{l} = -\left(\frac{\partial W}{\partial x}\boldsymbol{i} + \frac{\partial W}{\partial y}\boldsymbol{j} + \frac{\partial W}{\partial z}\boldsymbol{k}\right) \cdot \mathrm{d}\boldsymbol{l}$$

所以静电力与系统静电能的关系为

$$\boldsymbol{F} = -\boldsymbol{\nabla} W = -\left(\frac{\partial W}{\partial x}\boldsymbol{i} + \frac{\partial W}{\partial y}\boldsymbol{j} + \frac{\partial W}{\partial z}\boldsymbol{k}\right) \tag{3-28}$$

例 3 - 40 一个平行板电容器，板的面积为 S，两个板上带的电量分别为 $\pm Q$。不考虑边缘效应，计算平行板电容器之间的相互吸引力。

解 电容器的静电能为

$$W = \frac{Q^2}{2C} = \frac{xQ^2}{2\varepsilon_0 S}$$

则两个板之间的力为

$$F = \frac{\mathrm{d}W}{\mathrm{d}x} = -\frac{Q^2}{2\varepsilon_0 S}$$

负号表示相互作用力是吸引力。

例 3 - 41 一个半径为 r 的导体球壳（电荷均匀分布在球表面上），单位面积带电 σ，计算球壳表面上单位面积所受的力。

解 由于球壳表面均匀受力，球壳上单位面积受到的力矢量都垂直于球壳表面。因此，如果球壳半径稍增加一点，则静电力做的功就等于体系能量的减少，如图 3 - 64 所示。首先，计算球壳带电后的静电能

$$W = \frac{Q^2}{2C} = \frac{Q^2}{8\pi r \varepsilon_0}$$

对应的微分关系为

$$\mathrm{d}W = -\frac{Q^2}{8\pi r^2 \varepsilon_0}\mathrm{d}r$$

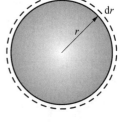

图 3 - 64

如果球壳表面单位面积受到的作用力为 P，如果球壳半径稍增加，则静电力做的功为

$$\mathrm{d}W' = (P\mathrm{d}S)\mathrm{d}r$$

则整个球壳静电力做的功为

$$\mathrm{d}W' = \sum_S (P\mathrm{d}S)\mathrm{d}r = P4\pi r^2\mathrm{d}r$$

根据能量守恒 $\mathrm{d}W = \mathrm{d}W'$，则有

$$P4\pi r^2\mathrm{d}r = -\frac{Q^2}{8\pi r^2 \varepsilon_0}\mathrm{d}r$$

单位面积所受到的力为

$$P = -\frac{Q^2}{32\pi^2 r^4 \varepsilon_0}$$

例 3-42　如图 3-65 所示,已知一个平行板电容器,两板的电势差为 U,中间是一介电常数为 ε_r 的平板,平板在竖直方向的长度为 b,垂直于纸面的宽度为 a。 如果把介质完全拉出,计算外力做的功以及拉出过程中的外力。

解　根据电容器电能的表达式

$$W = \frac{Q^2}{2C} = \frac{1}{2}CU^2$$

当电介质全部拉出后,电容的变化导致静电能的改变量为

$$\Delta W_{\text{静电能改变}} = \frac{1}{2}\Delta CU^2 = \frac{1}{2}\left(\frac{\varepsilon_0 ab}{d} - \frac{\varepsilon_0 \varepsilon_r ab}{d}\right)U^2$$

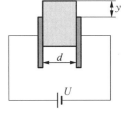

图 3-65

由于在电介质拉出过程中,电容器带的电量会发生改变,电量的改变会导致电源做功,有

$$\Delta W_{2(\text{电源做功})} = \Delta QU = (C_2 U - C_1 U)U$$

电介质取出前后,有

$$\Delta W_{2(\text{电源做功})} = \left(\frac{\varepsilon_0 ab}{d}U - \frac{\varepsilon_0 \varepsilon_r ab}{d}U\right)U = \left(\frac{\varepsilon_0 ab}{d} - \frac{\varepsilon_0 \varepsilon_r ab}{d}\right)U^2$$

根据能量守恒,外力做功和电源做功等于两个板间电场能量的变化,即

$$A_{\text{外力做功}} + \Delta W_{2(\text{电源做功})} = \Delta W$$

所以外力做的功为

$$A_{\text{外力做功}} = \Delta W - \Delta W_{2(\text{电源做功})} = -\frac{1}{2}\left(\frac{\varepsilon_0 ab}{d} - \frac{\varepsilon_0 \varepsilon_r ab}{d}\right)U^2$$

拉出过程中的电容为

$$C = C_1 + C_2 = \frac{\varepsilon_0 a}{d}\big[y + \varepsilon_r(b - y)\big]$$

拉出介质的过程中,静电能的改变量为

$$\Delta W_{\text{静电能改变}} = \frac{1}{2}\Delta CU^2$$

$$= \frac{1}{2}\left\{\frac{\varepsilon_0 a}{d}\big[y_2 + \varepsilon_r(b - y_2)\big] - \frac{\varepsilon_0 a}{d}\big[y_1 + \varepsilon_r(b - y_1)\big]\right\}U^2$$

化简后得到

$$\Delta W_{\text{静电能改变}} = \frac{1}{2}\frac{\varepsilon_0 a}{d}(\Delta y - \Delta y \varepsilon_r)U^2$$

电源做的功为

$$\Delta W_{2(\text{电源做功})} = \Delta QU = (C_2 U - C_1 U)U$$

$$= \left\{ \frac{\varepsilon_0 a}{d}[y_2 + \varepsilon_r(b - y_2)] - \frac{\varepsilon_0 a}{d}[y_1 + \varepsilon_r(b - y_1)] \right\}U^2$$

化简后得到

$$\Delta W_{2(\text{电源做功})} = \frac{\varepsilon_0 a}{d}(\Delta y - \Delta y \varepsilon_r)U^2$$

再利用 $A_{\text{外力做功}} + \Delta W_{2(\text{电源做功})} = \Delta W$，得

$$A_{\text{外力做功}} = F\Delta y = -\frac{\varepsilon_0 a}{2d}(\Delta y - \varepsilon_r \Delta y)U^2$$

拉出过程中的外力为

$$F = -\frac{\varepsilon_0 a}{2d}(1 - \varepsilon_r)U^2 = \frac{\varepsilon_0 a}{2d}(\varepsilon_r - 1)U^2$$

习　题

3-1　如习题 3-1 图所示,一个半径为 R 的导体球,距离球心为 L 的地方有一点电荷 $+q$,计算图中 A 点的电势。

3-2　如习题 3-2 图所示,把一个半径为 R 的导体无限长圆柱棒放在均匀电场 E 中。计算:(1) 计算圆柱棒表面的感应电荷分布;(2) 单位长度的正感应电量。

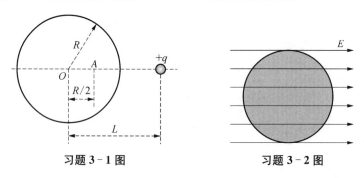

习题 3-1 图　　　　　　　　　习题 3-2 图

3-3　如习题 3-3 图所示,一个导体球壳,内外半径分别为 R_1、R_2,球壳内有一点电荷 $+q$,距离球壳中心为 $R/2$,计算:(1) 球心处的电势;(2) 球壳外的电势分布;(3) 球壳内表面

感应电荷的分布。

3-4 如习题 3-4 图所示,距离球壳中心 L 的地方有另外一个点电荷 $-Q$,计算:(1) 球心处的电势;(2) 球壳内外表面感应电荷的分布。(3) $-Q$ 受到的静电力;(4) 计算球壳外空间任意一点的电场强度、电势。

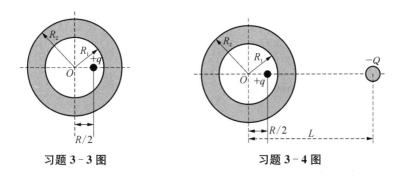

习题 3-3 图　　　　　　　　习题 3-4 图

3-5 如习题 3-5 图所示,无限大接地的导体板,距离板面 d 的地方有一点电荷 $+q$。 计算:(1) 导体板上电势和电场强度分布;(2) 点电荷受到的静电力。

3-6 如习题 3-6 图所示,两个无限大的介质板,相对介电常数分别为 ε_{r1} 和 ε_{r2},在介质板的上方有一个点电荷,与板的垂直距离为 d。 计算:(1) 板表面的极化电荷分布;(2) 点电荷受到的静电力;(3) 点电荷下降 $d/2$ 后,静电力做的功。

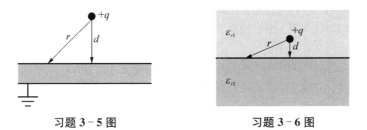

习题 3-5 图　　　　　　　　习题 3-6 图

3-7 如习题 3-7 图所示,相对介电数为 ε_r 的均匀介质,介质内部总电场为 E_0,挖出一个球空腔,计算空腔内的电场。

3-8 如习题 3-8 图所示,两个球壳之间充满许多半径为 r 的小颗粒,相对介电常数为 ε_r,单位体积粒数为 n,已知内球壳半径为 R_1,外球壳半径为 R_2。 计算球壳之间介质的等效介电常数。

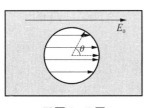
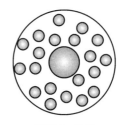

习题 3-7 图　　　　　　　　习题 3-8 图

3-9 如习题 3-9 图所示,已知一个平行板电容器,面积为 S,两个板之间的距离为 d,两板之间有一半径为 r 的小颗粒悬浮在其间,相对介电常数为 ε_r,电容器带的电量为 Q。计算:(1) 该小颗粒在两个板壳之间的加速度;(2) 从一个板运动另外一个板的时间(不考虑边缘效应)。

3-10 如习题 3-10 图所示,半径为 R 的金属球之外充满均匀电介质,电介质相对介电常数为 ε_r,金属球带电荷量为 Q,求:(1) 介质层内的场强分布;(2) 介质层内的电势分布;(3) 金属球的电势。

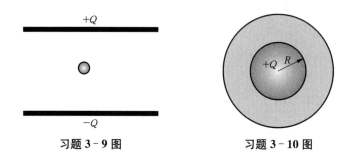

习题 3-9 图　　　　　　　习题 3-10 图

3-11 如习题 3-11 图所示,球形电容器由半径为 R_1 的导体球和半径为 R_3 的导体球壳构成,其间有两层均匀电介质,分界面的半径为 R_2,介电常数分别为 ε_{r1} 和 ε_{r2}。(1) 求电容 C;(2) 当内球带电 $-Q$ 时,求各介质表面上极化电荷的面密度。

3-12 面积为 $1.0\ \text{cm}^2$ 的两平行金属板,带有等量异号电荷 $\pm 30\ \mu\text{C}$,其间充满相对介电常数 $\varepsilon_r = 2$ 的均匀电介质。略去边缘效应,求介质内的电场强度和介质表面上的极化电荷密度。

3-13 如习题 3-13 图所示,平行板电容器的极板面积为 S,中间有两层厚度各为 d_1 和 d_2、相对介电常数各为 ε_{r1} 和 ε_{r2} 的电介质层。试求:(1) 电容 C;(2) 当金属板上带电面密度为 σ 时,两层介质的分界面上的极化电荷面密度;(3) 极板间电势差 U;(4) 两层介质中的电位移 D。

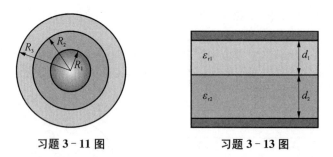

习题 3-11 图　　　　　　　习题 3-13 图

3-14 一平行板电容器两极板的面积都是 $2.0\ \text{cm}^2$,相距 $5.0\ \text{mm}$,两板间加上 $10\,000\ \text{V}$ 的电压后,取去电源,再在其间充满两层介质:一层厚 $2.0\ \text{mm}$,$\varepsilon_{r1} = 5.0$;另一层厚 $3.0\ \text{mm}$,$\varepsilon_{r2} = 2.0$。略去边缘效应,求:(1) 各介质中的电极化强度 P;(2) 电容器靠近电介质 2 的极板为负极板,将它接地,两介质接触面上的电势。

3-15　平行板电容器的极板面积为 S，间距为 d，其间充满电介质，介质的介电常数是变化的，在一个极板处为 ε_{r1}，在另一个极板处为 ε_{r2}，其他处的介电常数与到 ε_{r1} 处的距离呈线性关系，略去边缘效应。(1) 求电容器的 C；(2) 当两极板上的电荷分别为 $+Q$ 和 $-Q$ 时，求介质内的极化电荷体密度和表面上的极化电荷面密度。

3-16　一电容器的两极板都是边长为 a 的正方形金属平板，两板不严格平行，两个板间最短的距离为 d，两个板之间的夹角为 θ，证明：当 $\theta \ll d/a$ 时，略去边缘效应，它的电容为

$$C = \varepsilon_0 \frac{a^2}{d}\left(1 - \frac{a\theta}{2d}\right)$$

3-17　如习题 3-17 图所示，一个平行板电容器两极板的面积都是 S，相距 d，今在其间平行地插入厚度为 t、介电常数为 ε_r 的均匀电介质，其面积为 $S/2$，设两板分别带电荷 $+Q$ 和 $-Q$，略去边缘效应，求：(1) 两板电势差 U；(2) 电容 C；(3) 介质的极化电荷面密度。

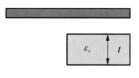

习题 3-17 图

3-18　圆柱形电容器是由半径为 R_1 和 R_2 的两个薄导体圆筒构成，其间充满介电常数为 ε_r 的介质。设内圆筒沿轴线单位长度上导线的电荷为 $+\lambda$，外圆筒的电荷为 $-\lambda$。略去边缘效应。计算：(1) 两极的电势差 U；(2) 介质中的电场强度 E、电位移 D、极化强度 P；(3) 介质表面的极化电荷面密度；(4) 单位长度电容 C。

3-19　设一个同轴电缆里面导体的半径是 R_1，外面的半径是 R_3，两导体间充满两层均匀电介质，它们的分界面的半径为 R_2，设内外两层电介质的介电常数分别为 ε_1 和 ε_2，它们的介电强度分别为 E_1 和 E_2，证明：当两极间的电压逐渐升高时，在 $\varepsilon_1 E_1 R_1 > \varepsilon_2 E_2 R_2$ 的条件下，先被击穿的是外层电介质。

3-20　半径为 2.0 cm 的导体球外套有一个与它同心的导体球壳，壳的内外半径分别为 4.0 cm 和 5.0 cm，球与壳间是空气。壳外也是空气，当内球的电量为 3.0×10^{-8} C 时，求这个系统储藏了多少电能。

3-21　半径为 a 的导体圆柱外面套有一半径为 b 的同轴导体圆筒，长度都是 l，其间充满介电常数为 ε_r 的均匀介质。圆柱带电为 $+Q$，圆筒带电为 $-Q$，略去边缘效应。求整个介质内的电场总能量 W。

3-22　圆柱电容器由一长直导线和套在它外面的共轴导体圆筒构成。设导线的半径为 a，圆筒的内半径为 b。证明：这电容器所储藏的能量有一半是在半径 $r = \sqrt{ab}$ 的圆柱体内。

3-23　如习题 3-23 图所示，两个相等的电荷 $+q$ 相距 $2d$，一个接地导体球放在它们中间。(1) 如果要使这两个电荷所受的合力都为零，计算球的最小半径(设 $r \ll d$)；(2) 如果使导体球具有电势 U，球的半径同(1)中所求，每个电荷受力多大？

3-24　一个平行板电容器两极板间距离 $d = 1.0$ mm，将它水平放入水中，让水充满极板的间隙。然后将电容器接上直流电压 $U = 500$ V。求间隙中水的压强的增量。水的相对介电常数 $\varepsilon_r = 81$。

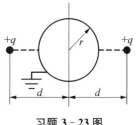

习题 3-23 图

3-25 如习题3-25图所示,平行板电容器极板面积为 S,间距为 d,接在电源上以维持其电压 V,将一块厚度为 d、介电常数为 ε_r 的均匀电介质板插入极板间空隙。计算:(1)静电能的改变;(2)电场对电源做的功;(3)电场对介质板做的功。

3-26 如习题3-26图所示,一个平行板电容器极板的面积为 S,极板间距离为 d,在它中间有一块厚为 t、相对介电常数为 ε_r 的介质平板。把两极板充电到电势差为 V。略去边缘效应。(1)断开电源,把这介质板抽出,抽出时要做多少功?(2)如果在闭合 K 的情况下抽出介质板,要做多少功?(3)若将中间的介质板换上同样厚的导体板,再回答上面两个问题。

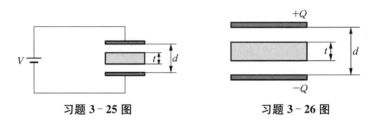

习题 3-25 图 　　　　　　　　　　习题 3-26 图

3-27 一个平行板电容器的两极板都是宽为 b、面积为 S 的长方形金属片,两片相距 d,分别带有电荷 $+Q$ 和 $-Q$。一块厚为 t、相对介电常数为 ε_r 的均匀介质片,其面积和宽度都与极板相同,平行地放在两极板间,今把介质片从两极板间沿长度方向平行拉出。略去边缘效应。当这介质片在极板间的长度为 x 时,求把它拉向原位置的静电力的大小。

3-28 无线电调谐电容器具有的最大电容为 100 pF,旋转动片,电容值可降至最小电容 10 pF。若电容器在电容最大时充电达 300 V 的电压,然后转动旋钮调到电容值最小,初始和终了的电势差值分别为多少?在转动旋钮中需做多少功?

3-29 一颗水银滴带电量 Q_0,具有电势 U_0,将这颗水银滴轻轻平分成两颗相同的小水银滴后,在静电斥力作用下,两颗小水银滴反方向向远处运动。求两颗小水银滴各自获得的最大动能。设小水银滴都是球体,忽略表面张力影响,小水银滴运动中无阻力。

3-30 ^{235}U 原子核可当作半径 $R = 9.2 \times 10^{-15}$ m 的球,它共有 92 个质子,每个质子的电荷 $q = 1.6 \times 10^{-19}$ C。假设这些电荷均匀分布在球体表面(实际是在球体内,这里做了简化)。(1)求 ^{235}U 原子核的静电能。(2)当一个 ^{235}U 原子核分裂成两个相同的碎片,每一个碎片都可当作均匀表面带电球体,求放出的能量。(3)1 kg ^{235}U 做上述裂变时,能放出多少能量?(说明:除了把 ^{235}U 的电荷均匀分布在球面的近似外,这里仅仅考虑静电能,而没有考虑表面能以及其他有关能量,因此,本题算得的结果与实验值有误差)。

3-31 一个半径为 R_1 的薄球壳均匀带电,带电量为 q。(1)若将薄球壳的半径由 R_1 扩大到 R_2,静电力做了多少功?(2)若在薄球壳中心还有一个带电量为 q_0 的点电荷,再将薄球壳的半径由 R_1 扩大到 R_2,静电力做了多少功?

3-32 平行板电容器两极板间均匀分布着稀疏的介质颗粒,每个介质颗粒可看成半径为 a 的小球(a 比电容器线度小很多),介质的相对介电常数为 ε_r,颗粒的数密度为 n,两极板间可看成充满一种等效的均匀介质,求这种等效介质的相对介电常数。

3-33 如习题3-33图所示,一个平行板电容器,板宽为 a,长为 b,两板间距为 d($d \ll a$, b),在电容器中有一块电介质(厚为 d、宽为 a、长为 b),其相对介质常数为 ε_r。(1)使电容器与电动势为 V 的电源相连接,把部分电介质从电容器中抽出,使留在极板间的电介质长度为 x,

求把电介质拉向电容器的电力。（2）当电介质在电容器内时，电容器被充电至极板间电压为 V_0，然后断开电源。仍把电介质部分拉出，使留在极板间的长度为 x，求使电介质返回电容器的电力。设忽略边缘效应。

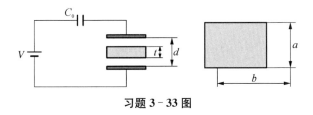

习题 3-33 图

3-34　长为 L 的圆柱形电容器，由半径为 a 的内芯圆导线与半径为 b 的外部导体薄圆壳所组成，其间充满介电常数为 ε_r 的电介质。（1）当此电容器充电到电量为 Q 时，求电场强度；（2）求电容器的电容；（3）把电容器与电势为 V 的电池相连接，并将电介质从电容器中拉出一部分，当不计边缘效应时，如果维持电介质在拉出位置不动，需施多大的力？此力沿何方向？

第4章 磁介质

4.1 磁介质的分类

磁介质使物质处于一种特殊状态,在没有外磁场的条件下,材料不显示磁性,但是在磁场作用下,其内部状态发生变化,介质对材料内部和外部均会产生附加磁场,从而改变磁场在空间的分布,这种材料被称为磁介质。按磁化机构的不同,磁介质可分为抗磁体、顺磁体、铁磁体等。在磁场作用下,磁介质内部状态的变化称为磁化,几乎所有的物质都能被磁化,故都是磁介质。

(1) 顺磁性介质:对于顺磁性材料,在没有外磁场 B_0 的作用下,材料宏观上对外不显示磁性。当它在外磁场的作用下,材料会产生附加的磁感应强度,内部附加的磁感应强度与外磁场的方向一致,导致材料内部总磁感应强度 $B_{总}$ 增加,这种材料称为顺磁性介质。对于常见的顺磁性介质,$\dfrac{B_{总}}{B_0} > 1$,如锰、铬、铂、氧、氮。

(2) 抗磁性介质:磁介质在外加磁场 B_0 的作用下,内部会产生附加的磁感应强度,但附加的磁感应强度与外磁场方向相反,导致内部总磁感应强度 $B_{总}$ 降低,这样的材料属于抗磁性介质。对于常见的抗磁性介质,$\dfrac{B_{总}}{B_0} < 1$,如锌、铜、水银、铅、铋。

(3) 铁磁性介质:磁介质在外磁场 B_0 的作用下,材料内部会产生附加的磁感应强度,但附加的磁感应强度远大于外磁场的磁感应强度,导致材料内总磁感应强度 $B_{总}$ 远大于外磁场的强度 B_0。对于常见的铁磁性介质,$\dfrac{B_{总}}{B_0} \gg 1$,一般为 $10^2 \sim 10^4$,如铁、钴、镍、钆、镝及其合金或氧化物等。

(4) 完全的超导体:磁介质在外磁场 B_0 的作用下,材料内部的总磁感应强度为 0,$\dfrac{B_{总}}{B_0} = 0$,完全抗磁性,满足这种性质的物质就是超导体。

4.2 磁介质磁化机理

4.2.1 顺磁性介质与磁矩

1. 电子轨道磁矩

顺磁性介质磁化过程的微观机制本质上来源于原子核周围电子在外磁场作用下运动状态的改变。以原子核周围电子运动的半经典模型为基础,可以半定性地讨论和阐述介质材料磁化过程。当介质无外磁场时,电子在原子或分子中的运动包括轨道运动和自旋两部分,绕原子核运动的电子相当于一个电流圆环,形成的磁矩称为轨道磁矩,如图 4-1(a)所示。由于电子带负电,其磁矩与角速度的方向总是相反的。

设电子以半径 r、角速度 ω 做圆周运动。每经过时间 $T = 2\pi/\omega$,电子绕行一周,类似于一个电流圆环,对应的电流强度为

$$I = \frac{uq}{2\pi r}$$

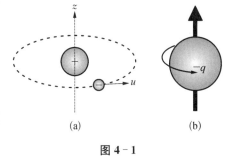

图 4-1

式中,u 是电子的运动速度。电子运动形成的轨道磁矩表示为

$$|\,\boldsymbol{p}_1\,| = IS = \frac{uq}{2\pi r}\pi r^2 = \frac{1}{2}qur$$

把电子在绕行运动中形成的角动量 $L = mru$ 代入上式,得磁矩的表达式

$$|\,\boldsymbol{p}_1\,| = \frac{q}{2m}\,|\,\boldsymbol{L}\,|$$

考虑电子运动方向与形成的电流强度方向相反,则轨道磁矩矢量为

$$\boldsymbol{p}_1 = -\frac{q}{2m}\boldsymbol{L} \tag{4-1}$$

2. 电子自旋磁矩

电子自旋时,相当于一个带电的小球绕通过球心的轴旋转,如图 4-1(b)所示。带电小球自旋时,形成的磁矩称为电子自旋磁矩,即

$$\boldsymbol{p}_s = -\frac{q}{m}\boldsymbol{S} \tag{4-2}$$

式中，m 是电子质量；S 是电子自旋角动量。一个电子总的磁矩为

$$\boldsymbol{p}_{i电子} = \boldsymbol{p}_{i轨} + \boldsymbol{p}_{i自} = -\frac{e}{2m}(\boldsymbol{L} + 2\boldsymbol{S}) \tag{4-3}$$

为了使讨论问题时更方便，我们把每个原子所有电子的轨道磁矩和自旋磁矩耦合为一个小的电流圆环磁矩，每个小电流圆环的磁矩方向满足右手螺旋定则。

材料中总的磁矩是所有电子绕行运动产生的磁矩和它们自旋磁矩的矢量和，即

$$\boldsymbol{P}_{分子} = \sum \boldsymbol{p}_{i轨} + \sum \boldsymbol{p}_{i自} \tag{4-4}$$

对于顺磁性介质，介质内部在没有磁化的条件下，有许许多多小电流圆环对应的磁矩，只是这些小磁矩的矢量方向是混乱分布的，总磁矩为 0，如图 4-2(a)所示。当介质在外磁场作用下，磁介质中每个分子磁矩受到一个力矩，力矩的作用使每个分子电流对应的角动量产生转动，分子磁矩很快转到外磁场方向上，各分子磁矩会在一定程度上沿外场排列起来，这时候总的磁矩不为零；当外磁场强度达到一定的程度，介质内部的小磁矩完全有序地排列起来，如图 4-2(b)所示。这些有序排列的分子磁矩会在材料内部产生与外磁场方向相同的附加磁场，导致材料内部磁感应强度增加，这就是介质顺磁性机理。

热运动会对磁矩的排列产生干扰作用，所以温度越高，磁化越弱。

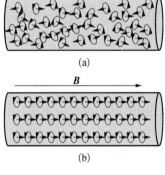

图 4-2

4.2.2　抗磁性介质与磁矩

抗磁性介质磁化过程的微观机制本质上也来源于原子核周围电子在外磁场作用下运动状态的改变。在没有外磁场作用时，绕原子核轨道旋转运动的电子以角速度 ω_0、半径 r 绕原子核做匀速圆周运动。令 Z 代表原子序数，则原子核带电 Ze。根据牛顿第二定律，有

$$\frac{Ze^2}{4\pi\varepsilon_0 r^2} = m\omega_0^2 r$$

式中，m 为电子质量，由上式解得

$$\omega_0 = \left(\frac{Ze^2}{4\pi\varepsilon_0 mr^3}\right)^{1/2} \tag{4-5}$$

为了探讨方便,给出图 4-3 所示的模型。加上外磁场 $\boldsymbol{B}$ 以后,电子将受到洛伦兹力 $F = qvB = qr\omega B$。首先考虑 $\boldsymbol{\omega}$ 与 $\boldsymbol{B}$ 同向的情形,洛伦兹力指向原子核中心。假设轨道的半径不变,则角速度将增加到 $\omega = \omega_0 + \Delta\omega$,这时 ω 满足的运动方程为

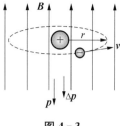

图 4-3

$$\frac{Zq^2}{4\pi\varepsilon_0 r^2} + q\omega rB = m\omega^2 r$$

当 B 不太大 $\left(B \ll \dfrac{m\omega_0}{e}\right)$ 时,$\Delta\omega \ll \omega_0$,$\omega^2 \approx \omega_0^2 + 2\omega_0\Delta\omega$,上式转化为

$$\frac{Ze^2}{4\pi\varepsilon_0 r^2} + q\omega_0 rB + q\Delta\omega rB = m\omega_0^2 r + 2m\omega_0\Delta\omega r$$

两端第一项相消,左端第三项可忽略,由此解得

$$\Delta\omega = \frac{qB}{2m} \tag{4-6}$$

然后,考虑 $\boldsymbol{\omega}$ 方向与 $\boldsymbol{B}$ 反向的情形,如图 4-4 所示。这里洛伦兹力是背离原子核中心的,则动力学方程为

$$\frac{Zq^2}{4\pi\varepsilon_0 r^2} - q\omega rB = m\omega^2 r$$

在轨道半径 r 不变的条件下,角速度将减小,即 $\omega = \omega_0 - \Delta\omega$,代入上式后得

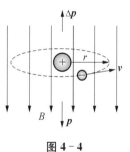

图 4-4

$$\frac{Ze^2}{4\pi\varepsilon_0 r^2} - q\omega_0 rB + q\Delta\omega rB = m\omega_0^2 r - 2m\omega_0\Delta\omega r$$

解得

$$\Delta\omega = \frac{qB}{2m} \tag{4-7}$$

综合以上两种情况可以看出,$\Delta\omega$ 改变量方向相同。电子角速度 ω 的改变将引起磁矩 $\boldsymbol{p}$ 改变,原有磁矩 $\boldsymbol{p}$ 和磁矩的改变量 $\Delta\boldsymbol{p}$ 分别为

$$\boldsymbol{p} = -\frac{qr^2}{2}\boldsymbol{\omega}_0$$

$$\Delta\boldsymbol{p} = \left|\frac{qr^2}{2}\Delta\boldsymbol{\omega}\right| = \frac{q^2 r^2}{4m}\boldsymbol{B} \tag{4-8}$$

　　由于 $\Delta\boldsymbol{\omega}$ 的方向总与外磁场 $\boldsymbol{B}$ 相同,电子带负电,所以 $\Delta\boldsymbol{\omega}$ 产生的磁矩与 $\boldsymbol{B}$ 的方向相反,导致介质内部总的磁感应强度降低,这就是抗磁性的物理机理。

　　应当指出,在外磁场的作用下,几乎所有介质中的所有分子电流都会产生与 $\boldsymbol{B}$ 的方向相反的附加磁矩 $\Delta\boldsymbol{p}$,但由于这附加磁矩非常小,普通材料很难显示出来。材料的顺磁效应比抗磁效应强得多,抗磁性就被掩盖了。

　　超导体的基本特性之一是在特定温度 T_{c}(称为转变温度)以下电阻完全消失,超过特定温度有电阻,但是超导体最根本的特性还是它的磁学性质——完全抗磁性。如图 4-5 所示,将一块超导体放在外磁场中,其体内的磁感应强度 $\boldsymbol{B}$ 等于 0,这种现象称为迈斯纳效应。在普通的抗磁体内,导体内的磁感应强度 $\boldsymbol{B}$ 为 0,这样的抗磁体可以称为完全抗磁体。造成超导体抗磁性的原因与普通的抗磁体不同,其中的感应电流不是由束缚在原子中的电子的轨道运动形成的,而是其表

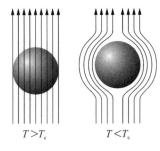

$T > T_{c}$　　　　　$T < T_{c}$

图 4-5

面的超导电流在增加外磁场的过程中,在超导体的表面产生感应的超导电流,它产生的附加磁感应强度将体内的磁感应强度完全抵消。当外磁场达到稳定值后,因为超导体没有电阻,表面的超导电流将一直持续下去。

4.3　磁介质中的安培环路定律

4.3.1　磁化强度矢量

1. 磁化强度矢量

　　为了描述磁介质的磁化状态,通常引入磁化强度矢量的概念,它被定义为单位体积内分子磁矩的矢量和,表示为

$$M = \frac{\sum\limits_{i} \boldsymbol{p}_{mi}}{\Delta V} \tag{4-9}$$

　　当磁介质处于未磁化状态时,各个分子磁矩 $\boldsymbol{p}_{i分子}$ 的取向杂乱无章,$\sum \boldsymbol{p}_{i分子} = 0$,从而使磁化强度 $\boldsymbol{M} = 0$。在有磁场的情况下,介质内部分子磁矩在一定程度上沿着外磁场的方向排列起来,这时各分子磁矩 $\boldsymbol{p}_{分子}$ 的矢量和将不等于 0,磁化强度 $\boldsymbol{M}$ 就是一个沿 $\boldsymbol{B}$ 方向的矢量。分子磁矩定向排列的程度愈高,磁化强度矢量 $\boldsymbol{M}$ 的数值就愈大。由此可见,磁化强度矢量 $\boldsymbol{M}$ 是一个能够反映出介质磁化状态的物理量。

2. 磁化电流线密度

各向同性的均匀介质,在均匀磁场中被磁化后,介质内部分子磁矩有序排列,方向相同,如图 4-6(a)所示。从垂直于磁化强度矢量方向作一个截面图,截面上这些分子电流圆环紧密排列,每个分子电流圆环相切部分由于电流矢量方向相反而相互抵消,最后只剩下最外层分子电流圆环与介质表面相切的那部分电流元没有被抵消,没有被抵消的部分依次连接起来就是一个大电流圆环,大圆环上的电流被称为磁化电流,如图 4-6(b)所示。由于垂直于磁化强度方向的任意截面上都有磁化电流圆环,这样,磁介质圆柱上的磁化电流类似于载流螺线管,如图 4-6(c)所示。

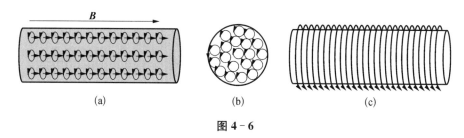

图 4-6

磁化电流不是真实的电流,它不是电荷的宏观移动,不产生焦耳热,但它产生的磁感应强度等效于传导电流产生的磁感应强度。

设图 4-6 中介质截面面积为 S, 假定单个分子磁矩(小分子电流圆环)的长度为 l,面积为 S_i,单个分子磁矩的电流强度为 I,介质中共有 N 个小分子电流圆环,则根据磁化强度的定义可以得到

$$\boldsymbol{M} = \frac{\sum_i^N \boldsymbol{p}_i}{\Delta V} = \frac{\sum_i^N S_i I e}{N l S_i} = \frac{S_i I \sum_i^N e}{N l S_i}$$

式中, e 是磁矩矢量方向的单位矢量。消掉上式中的 S 项,由于每个小磁矩的矢量方向完全相同,则上式可以写为

$$\boldsymbol{M} = \frac{I \sum_i^N e}{N l} = \frac{I(N e)}{N l}$$

因为 $\boldsymbol{M}$ 矢量方向与 e 矢量方向相同,上式可以转化为标量式,即

$$M = \frac{I}{l} = i$$

式中的 i 就是单位长度上流过的磁化电流,也就是磁化电流线密度。将上式表示

为矢量式,有

$$i = \boldsymbol{M} \times \boldsymbol{n}_0 \tag{4-10}$$

式中,$\boldsymbol{n}_0$ 是介质表面法线方向。式(4-10)是磁化强度与表面磁化电流线密度的重要关系式。

当介质的磁化强度方向确定后,磁介质不同的表面通过的磁化电流线密度是不同的,与表面法线方向有关。如图 4-7 所示的磁介质模型,A 处表面法线方向平行于纸面向上,则 A 处磁化电流密度大小为

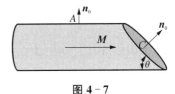

图 4-7

$$i = |\boldsymbol{M} \times \boldsymbol{n}_0| = M$$

C 处表面法线方向如图 4-7 所示,则 C 处磁化电流密度为

$$i = M\sin\left(\frac{\pi}{2} - \theta\right) = M\cos\theta \tag{4-11}$$

3. 磁化强度与磁化电流线密度的关系

设一个圆柱形磁介质,圆柱半径远小于长度 L,介质磁化强度方向平行于圆柱的轴线,如图 4-8 所示。在图中作一回路,则 $\boldsymbol{M}$ 沿图 4-8 中回路矢量点积分,有

$$\oint \boldsymbol{M} \cdot \mathrm{d}\boldsymbol{l} = Ml = il \tag{4-12}$$

式中,i 是单位长度流过的磁化电流强度。

根据斯托克斯定理,不难得出

$$\oint \boldsymbol{M} \cdot \mathrm{d}\boldsymbol{l} = \iint_S (\nabla \times \boldsymbol{M}) \cdot \mathrm{d}\boldsymbol{S} = jl$$

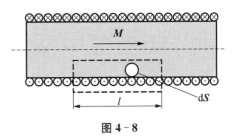

图 4-8

由于 il 就是封闭曲线内通过的磁化电流强度,$\mathrm{d}\boldsymbol{S}$ 为面积元,则令

$$\boldsymbol{j} = \nabla \times \boldsymbol{M} \tag{4-13}$$

式中,$\boldsymbol{j}$ 就是磁化电流面密度,即介质中磁化电流面密度等于磁化强度的旋度。

4. 磁介质的典型例题解析

例 4-1 如图 4-9 所示,一根细长均匀磁化的磁介质圆柱,磁化强度为 $\boldsymbol{M}$,计算圆柱轴心线上中点和端面上中心的磁感应强度。

解 首先计算磁介质棒上的圆柱面的磁化电流,有

$$i = M$$

图 4-9

考虑到细长的圆柱表面磁化电流分布与理想化的螺线管上电流分布类似,可认为两者产生的磁感应强度分布完全相同,因此,圆柱中的磁感应强度为

$$B = \mu_0 i = \mu_0 M$$

磁介质棒的端面中心的磁感应强度为

$$B = \frac{1}{2} \mu_0 M$$

例 4 - 2　如图 4 - 10 所示,一个磁化强度为 **M** 的薄圆盘,磁化强度方向与圆盘表面垂直,圆盘半径为 R,厚度为 h,$R \gg h$。计算薄圆盘中心的磁感应强度。

解　根据盘磁化强度的方向,圆盘侧面磁化电流线密度为

$$i = \boldsymbol{M} \times \boldsymbol{n}_0 = M$$

圆盘表面通过的磁化电流为

$$I = hi = hM$$

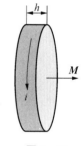

图 4 - 10

由于 $R \gg h$,磁化电流在空间产生的磁感应强度可以等效于一个电流圆环在空间产生的磁感应强度,因此直接用电流圆环在空间产生磁感应强度的表达式,有

$$B_1 = \frac{\mu_0 I}{2R} = \frac{\mu_0 ih}{2R} = \frac{\mu_0 M h}{2R}$$

例 4 - 3　如图 4 - 11 所示,一个半径为 R 的磁介质球被均匀磁化,磁化强度为 **M**,球外是真空,求球心处的磁感应强度。

解　介质球被磁化后,根据磁化电流线密度与磁化强度的关系,得到球表面不同位置的磁化电流线密度为

$$i = M \sin \theta$$

在球面上取一个圆环,圆环上的磁化电流为

$$dI = iR d\theta = MR \sin \theta d\theta$$

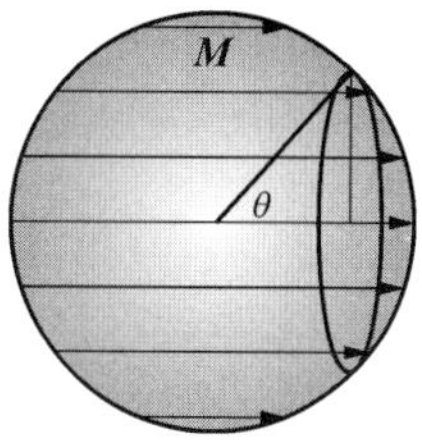

图 4 - 11

则对应的磁化电流圆环在球心处产生的磁感强度为

$$dB = \frac{\mu_0 dI (R \sin \theta)^2}{2 \left[(R \sin \theta)^2 + (R \cos \theta)^2 \right]^{\frac{3}{2}}} = \frac{\mu_0 M \sin \theta (\sin \theta)^2 d\theta}{2}$$

整个球面上的磁化电流在球心处产生的磁感应强度为

$$B = \int_0^\pi \frac{\mu_0 M \sin^3 \theta d\theta}{2} = \frac{\mu_0 M}{2} \left(\int_0^\pi \sin \theta d\theta - \int_0^\pi \sin \theta \cos^2 \theta d\theta \right)$$

积分得

$$B = \frac{\mu_0 M}{2}\left(2 - \frac{2}{3}\right) = \frac{2\mu_0 M}{3}$$

4.3.2 磁介质中的安培环路定理

1. 磁介质中安培环路定理的推导

磁场本质上是由电荷的运动激发的,因此,任何电荷的运动激发的磁场本质上都相同,其磁感线均是无头无尾的闭合曲线。设一个螺线管,单位长度绕 n 圈,螺线管上通过的电流强度为 I,如图 4 - 12 所示。螺线管内部有一个圆柱形的磁介质,磁化强度为 $\boldsymbol{M}$,螺线管长度远大于管的半径。

当磁介质棒的长度远大于圆柱棒的半径时,不考虑边缘效应,也就是把螺线管内的磁感线当成是均匀分布的。根据安培环路定理,有

图 4 - 12

$$\oint \boldsymbol{B} \cdot \mathrm{d}\boldsymbol{l} = \mu\left(\sum I_0 + \sum i'\right) \quad (4 - 14)$$

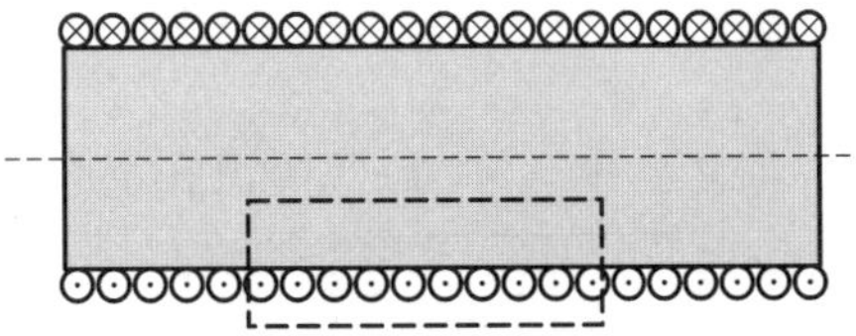

式中,$\sum I_0$、$\sum i'$ 分别是穿过安培环路总的传导电流和总的磁化电流。

考虑到

$$\oint \boldsymbol{M} \cdot \mathrm{d}\boldsymbol{l} = \sum i'$$

则式(4 - 14)可写为

$$\oint \boldsymbol{B} \cdot \mathrm{d}\boldsymbol{l} = \mu\left(\sum I_0 + \oint \boldsymbol{M} \cdot \mathrm{d}\boldsymbol{l}\right)$$

将磁化强度项移到方程的左边,得

$$\frac{1}{\mu_0}\oint \boldsymbol{B} \cdot \mathrm{d}\boldsymbol{l} - \oint \boldsymbol{M} \cdot \mathrm{d}\boldsymbol{l} = \sum I_0$$

由于方程左边积分路径相同,所以

$$\oint\left(\frac{1}{\mu_0} - \boldsymbol{M}\right) \cdot \mathrm{d}\boldsymbol{l} = \sum I_0$$

令

$$H = \frac{B}{\mu_0} - M \qquad (4-15)$$

则有

$$\oint_{(L)} H \cdot dl = \sum_{(L内)} I_0 \qquad (4-16)$$

式中,H 被定义为磁介质中的磁场强度。式(4-16)表明,磁场强度沿磁场中任一闭合曲线的环量等于通过封闭曲线内传导电流的总和,与磁化电流无关。H 没有物理意义,但在计算一些特定的磁介质中的磁感应强度时,可以使 B 的计算大大简化。

实验证明,$M = \chi_m H$,这里 χ_m 是磁化率。磁化率是反映磁介质受磁化程度的一个物理量。χ_m 越大,介质越容易被磁化;χ_m 越小,介质越难被磁化。顺磁质的磁化率 $\chi_m > 0$,M 与 H 方向一致;抗磁质的磁化率 $\chi_m < 0$,M 与 H 方向相反。顺磁质和抗磁质的 χ_m 值,其绝对值的量级通常在 $1 \times 10^{-6} \sim 1 \times 10^{15}$ 范围内。对于顺磁性物质,$\mu_r > 1$,$\chi_m > 0$;对于抗磁性物质,$\mu_r < 1$,$\chi_m < 0$;对于超导体,$\chi_m = -1$。

式(4-15)可以变为

$$B = \mu_0(M + H) \qquad (4-17)$$

把 $M = \chi_m H$ 代入式(4-17)中,得到

$$B = \mu_0(H + M) = \mu_0(1 + \chi_m)H \qquad (4-18)$$

令 $\mu_r = 1 + \chi_m$,则

$$B = \mu_0 \mu_r H = \mu H \qquad (4-19)$$

μ_r 被定义为磁介质的相对磁导率。根据相对磁导率的定义,磁化强度还可表示为

$$M = \chi_m H = (\mu_1 - 1)H \qquad (4-20)$$

$B = \mu_0 \mu_r H$,如果均匀磁介质充满存在磁场的全部空间,或者放宽一些,磁介质中 B 均匀分布,那么先计算 H,然后计算 B。若不满足上述条件,根据外磁场空间中的磁介质形状,在满足介质边界的条件下,首先计算 H,然后才计算 B。

2. 磁介质中安培环路定理的典型应用举例

例 4-4 如图 4-13 所示,一个紧密环绕的环形螺线管,螺线管轴心线半径为 R,螺线管半径为 r,$R \gg r$,螺线管通过的电流强度为 I_0,螺线管内的环形磁介质磁化强度为 M,计算环形螺线管内的磁感应强度。

解 当 $R \gg r$,螺线管内的磁感应强度近似于均匀分布。根据安培环路定理,有

$$\oint \boldsymbol{H} \cdot \mathrm{d}\boldsymbol{l} = 2\pi R H = N I_0$$

图 4-13

由上式得

$$H = \frac{N}{2\pi R} I_0 = n I_0$$

式中，$n = N/2\pi R$ 代表环上单位长度内的圈数。

当没有磁介质时，螺线管内部磁感应强度为

$$B_0 = n\mu_0 I_0 = \mu_0 H$$

有磁介质环后，磁介质内部总的磁感应强度为

$$B = \mu_0 (H + M) = B_0 + \mu_0 M$$

例 4-5　如图 4-14 所示，一根无限长的直导线，半径为 R_1，外包一层半径为 R 的磁介质，磁介质的相对磁导率为 μ_r。求磁介质中的磁化强度、磁感应强度及其表面磁化电流线密度。

解　对于无限长的载流导线，直接用安培环路定律计算周围磁场强度的分布，有

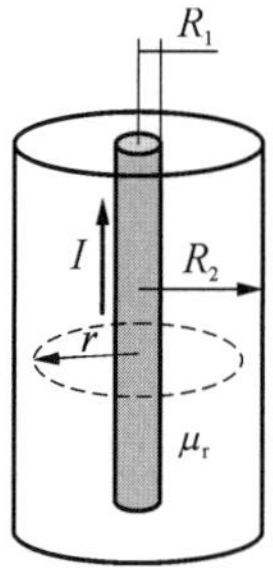

$$H = \frac{I}{2\pi r}$$

没有磁介质时，磁感应强度分布为

$$\boldsymbol{B}_1 = \frac{\mu_0 I}{2\pi r}$$

图 4-14

磁介质内总的磁感应强度为

$$\boldsymbol{B}_2 = \frac{\mu_0 \mu_r I}{2\pi r}$$

介质被磁化后产生的附加磁感应强度为

$$\Delta \boldsymbol{B} = \boldsymbol{B}_2 - \boldsymbol{B}_1 = \frac{I\mu_0}{2\pi r}(\mu_r - 1)$$

由于介质磁化强度方向与外磁场方向相同，磁化以后，半径为 R_1 的薄圆筒上的磁化电流方向向上，半径为 R_2 的薄圆筒上的磁化电流方向向下。设单位长度磁化电流线密度为 i，则附加的磁感应强度等于磁化电流产生的磁感应强度，有

$$\Delta \boldsymbol{B} = \frac{I\mu_0}{2\pi R_1}(\mu_r - 1) = \mu_0 \frac{2\pi R_1 i}{2\pi R_1}$$

得磁化电流线密度为

$$i = \frac{I}{2\pi R_1}(\mu_r - 1)$$

对应的磁化强度为

$$M = \frac{I}{2\pi R_1}(\mu_r - 1)$$

4.3.3　磁介质的边界条件

1. 磁介质边界法线方向 B 相等

如图 4 - 15 所示,在介质边界两边,在垂直于界面的法线方向上作一个高斯圆柱面。由于磁感线都是无始无终的封闭曲线,因此,在磁介质边界两边的磁通量为零,即

$$\oint \boldsymbol{B} \cdot \mathrm{d}\boldsymbol{S} = 0$$

由于边界两边圆柱面高度近似为零,所以通过高斯圆柱面的磁通量就只有左右底面的磁通量,即

$$(\boldsymbol{B}_2 - \boldsymbol{B}_1) \cdot \Delta \boldsymbol{S} = 0$$

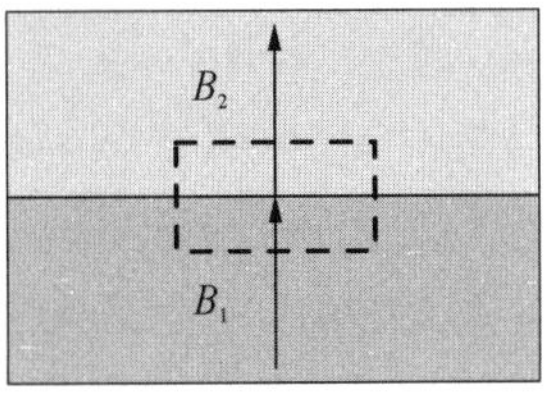

图 4 - 15

则

$$B_{2n} = B_{1n} \tag{4-21}$$

即在两种磁介质的边界上,边界法线方向上的磁感应强度相等。

2. 磁介质边界切线方向 H 相等

在两种磁介质边界两边,作一个长方形的封闭曲线,垂直于边界的两条线可以无限短,平行于边界的两条线长度为 Δl,如图 4 - 16 所示。由于磁介质界面上没有传导电流 I_0,根据安培环路定理,有

$$\oint \boldsymbol{H} \cdot \mathrm{d}\boldsymbol{l} = \sum I_0 = 0$$

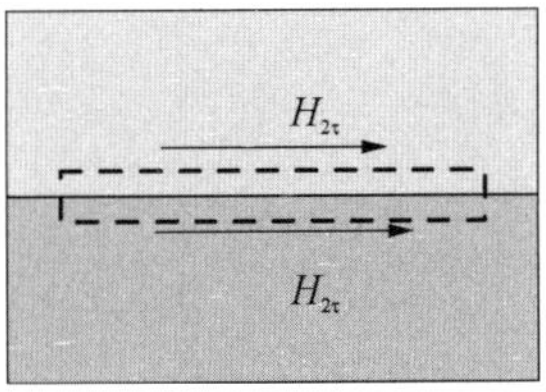

积分后得

$$H_{1\tau}\Delta l - H_{2\tau}\Delta l = 0$$

图 4 - 16

必然有

$$H_{1\tau} = H_{2\tau} \tag{4-22}$$

即在两种磁介质的边界上,界面切线方向的磁场强度 H 相同。

因此,在两种磁介质的边界上,磁感应强度 B 的法向分量连续,磁场强度 H 的切向分量连续。这是电磁学最基本的规律之一。

3. 磁介质边界两边磁感应强度 B 的折射

如果磁感应强度矢量不垂直于也不平行于两种磁介质边界(见图 4-17),则磁感线在界面上会产生折射。根据边界条件,有

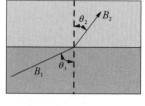

$$\begin{cases} \mu_0\mu_{r1}H_1\cos\theta_1 = \mu_0\mu_{r2}H_2\cos\theta_2 \\ H_1\sin\theta_1 = H_2\sin\theta_2 \end{cases}$$

两式相除,得

$$\frac{\tan\theta_1}{\mu_{r1}} = \frac{\tan\theta_2}{\mu_{r2}} \quad 或 \quad \frac{\tan\theta_1}{\tan\theta_2} = \frac{\mu_{r1}}{\mu_{r2}} \qquad (4-23)$$

图 4-17

即磁介质边界两侧磁感线与法线夹角的正切之比等于两侧磁导率之比。

如果磁介质为弱磁性物质(顺磁质或抗磁质),$\mu_{r1} \approx 1$,而磁介质 2 为铁磁质,$\mu_{r2} \approx 10^2 \sim 10^6$,$\mu_{r1} \ll \mu_{r2}$,则 $\tan\theta_1 \ll \tan\theta_2$,$\theta_1 \approx 0$,$\theta_2 \approx 90°$。 这时在弱磁性物质一侧,磁感线和磁场线几乎与界面垂直,而在铁磁质一侧,磁感线和磁场线几乎与界面平行,磁感线非常密集,高导磁率的介质把磁通量集中到内部。这是磁路定理的基础,也是变压器设计的理论基础。

4. 磁介质边界条件的应用举例

例 4-6　如图 4-18 所示,一个无限长直流导线,导线半径为 R,通过的电流强度为 I,长直流导线周围包裹有两种磁介质,磁介质的相对磁导率分别为 μ_{r1} 和 μ_{r2},求两种介质内的磁化强度。

解　围绕轴心作一个安培环路,如图 4-18 中的虚线构成的圆。两种磁介质中,磁场强度不等,根据环路定律,有

$$\pi R H_1 + \pi R H_2 = I$$

根据边界条件,在两种介质中,界面法线方向的磁感应强度相等,即

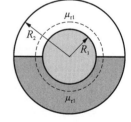

图 4-18

$$\begin{cases} H_1 = \dfrac{B}{\mu_0\mu_{1r}} \\ H_2 = \dfrac{B}{\mu_0\mu_{2r}} \end{cases}$$

代入上式,得

$$\pi R \frac{B}{\mu_0\mu_{1r}} + \pi R \frac{B}{\mu_0\mu_{2r}} = I$$

解得

$$B = \frac{I\mu_0\mu_{1r}\mu_{2r}}{\pi R_1(\mu_{1r}+\mu_{2r})}$$

再利用磁化强度、磁场强度与磁感应强度的关系,有

$$\begin{cases} M_1 = \dfrac{B}{\mu_0} - H_1 \\ M_2 = \dfrac{B}{\mu_0} - H_2 \end{cases}$$

将 B、H 代入上式,得两种磁介质中的磁化强度:

$$\begin{cases} M_1 = \dfrac{I\mu_{1r}\mu_{2r}}{\pi R_1(\mu_{1r}+\mu_{2r})}\left(1-\dfrac{1}{\mu_{1r}}\right) \\ M_2 = \dfrac{I\mu_{1r}\mu_{2r}}{\pi R_1(\mu_{1r}+\mu_{2r})}\left(1-\dfrac{1}{\mu_{2r}}\right) \end{cases}$$

例 4 - 7 如图 4 - 19 所示,无限长平面中有均匀的线电流通过,单位长度通过的电流强度为 α,两侧充满无限大磁介质,磁介质的相对磁导率分别为 μ_{r1} 和 μ_{r2},求两种介质内的磁化强度、磁场强度、磁感应强度。

解 在边界两边作安培环路,如图 4 - 19 中虚线所示。根据安培环路定律,有

$$lH_1 + lH_2 = l\alpha$$

则

$$H_1 + H_2 = \alpha$$

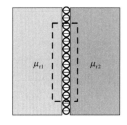

图 4 - 19

在边界的两边磁介质中,总的磁感应强度 B 是传导电流、磁介质边界上磁化电流共同产生的。传导电流产生的磁场方向与介质磁化强度方向相同,则介质表面磁化电流方向与传导电流方向相同。这样,磁介质中 B 等于三块无限大平面的电流产生的磁感应强度的叠加。考虑对称关系,所以两种磁介质中 B 相等。由于

$$\begin{cases} B_1 = \mu_0\mu_{1r}H_1 \\ B_2 = \mu_0\mu_{2r}H_2 \\ B_1 = B_2 = B \end{cases}$$

将以上关系代入磁场的安培环路定理中,得

$$\frac{B}{\mu_0\mu_{1r}} + \frac{B}{\mu_0\mu_{2r}} = \alpha$$

$$B = \frac{\mu_0 \mu_{1r} \mu_{2r}}{\mu_{1r} + \mu_{2r}} \alpha$$

将 B 代入磁场强度与磁感应强度的关系式,得

$$\begin{cases} H_1 = \dfrac{B_1}{\mu_0 \mu_{1r}} = \dfrac{\mu_{2r}}{\mu_{1r} + \mu_{2r}} \alpha \\[3mm] H_2 = \dfrac{B_2}{\mu_0 \mu_{2r}} = \dfrac{\mu_{1r}}{\mu_{1r} + \mu_{2r}} \alpha \end{cases}$$

磁化强度为

$$\begin{cases} M_1 = (\mu_{1r} - 1) H_1 = \dfrac{(\mu_{1r} - 1) \mu_{2r}}{\mu_{1r} + \mu_{2r}} \alpha \\[3mm] M_2 = (\mu_{2r} - 1) H_2 = \dfrac{(\mu_{2r} - 1) \mu_{1r}}{\mu_{1r} + \mu_{2r}} \alpha \end{cases}$$

4.4　磁介质中泊松方程和拉普拉斯方程

当有磁介质时,磁感应强度的旋度为

$$\nabla \times \boldsymbol{B} = \mu_0 \left(\boldsymbol{j}_1 + \boldsymbol{j}_2 + \frac{\mathrm{d}\boldsymbol{D}}{\mathrm{d}t} \right) \tag{4-24}$$

式中,$\boldsymbol{j}_1$、$\boldsymbol{j}_2$ 分别是宏观的传导电流密度和磁化电流密度。把式(4-13)代入式(4-24)中,得

$$\nabla \times \boldsymbol{B} = \mu_0 \left(\boldsymbol{j}_1 + \nabla \times \boldsymbol{M} + \frac{\mathrm{d}\boldsymbol{D}}{\mathrm{d}t} \right)$$

把 $\boldsymbol{M}$ 项移到方程左边,得

$$\nabla \times \left(\frac{\boldsymbol{B}}{\mu_0} - \boldsymbol{M} \right) = \boldsymbol{j}_1 + \frac{\mathrm{d}\boldsymbol{D}}{\mathrm{d}t} \tag{4-25}$$

将 $\boldsymbol{B} = \mu_0 \boldsymbol{H} + \mu_0 \boldsymbol{M}$ 代入式(4-25),得

$$\nabla \times \boldsymbol{H} = \boldsymbol{j}_1 + \frac{\mathrm{d}\boldsymbol{D}}{\mathrm{d}t} \tag{4-26}$$

在不含传导电流的条件下,$\boldsymbol{j}_1 = 0$,$\dfrac{\mathrm{d}\boldsymbol{D}}{\mathrm{d}t} = 0$,则磁场强度的旋度为零,磁感应强度的散度为零,即

$$\begin{cases} \nabla \times \boldsymbol{H} = 0 \\ \nabla \cdot \boldsymbol{B} = 0 \end{cases}$$

再由

$$\boldsymbol{B} = \mu_0 \boldsymbol{H} + \mu_0 \boldsymbol{M}$$

两边取散度,得

$$\nabla \cdot \boldsymbol{B} = \mu_0 \nabla \cdot \boldsymbol{H} + \mu_0 \nabla \cdot \boldsymbol{M}$$

由于 $\nabla \cdot \boldsymbol{B} = 0$,则上式就剩下

$$\nabla \cdot \boldsymbol{H} = -\nabla \cdot \boldsymbol{M}$$

令 $\rho_m = -\nabla \cdot \boldsymbol{M}$,则有

$$\begin{cases} \nabla \cdot \boldsymbol{H} = \rho_m \\ \nabla \times \boldsymbol{H} = 0 \end{cases}$$

现在由静电场的特点

$$\begin{cases} \nabla \cdot \boldsymbol{E} = \dfrac{(\rho + \rho_P)}{\varepsilon_0} \\ \nabla \times \boldsymbol{E} = 0 \end{cases}$$

得

$$\boldsymbol{E} = -\nabla U$$

同样,可以得到

$$\boldsymbol{H} = -\nabla U_m$$

以及

$$\nabla^2 U_m = -\rho_m \qquad\qquad (4-27)$$

式(4-27)就是拉普拉斯方程。在直角坐标系中,该方程为

$$\begin{cases} \nabla^2 U_m = \dfrac{\partial^2 U_m}{\partial x^2} + \dfrac{\partial^2 U_m}{\partial y^2} + \dfrac{\partial^2 U_m}{\partial z^2} = 0 \\ \nabla^2 U_m = \dfrac{\partial^2 U_m}{\partial x^2} + \dfrac{\partial^2 U_m}{\partial y^2} + \dfrac{\partial^2 U_m}{\partial z^2} = -\rho_m \end{cases} \qquad (4-28)$$

在球坐标和圆柱坐标中,对应的拉普拉斯方程为

$$\begin{cases} \dfrac{1}{\rho}\dfrac{\partial}{\partial \rho}\left(\rho\dfrac{\partial U_m}{\partial \rho}\right)+\dfrac{1}{\rho^2}\dfrac{\partial^2 U_m}{\partial \phi^2}+\dfrac{\partial^2 U_m}{\partial z^2}=0 \\ \dfrac{1}{\rho}\dfrac{\partial}{\partial \rho}\left(\rho\dfrac{\partial U_m}{\partial \rho}\right)+\dfrac{1}{\rho^2}\dfrac{\partial^2 U_m}{\partial \phi^2}+\dfrac{\partial^2 U_m}{\partial z^2}=-\rho_m \end{cases} \qquad (4-29)$$

$$\begin{cases} \dfrac{1}{r^2}\dfrac{\partial}{\partial r}\left(r^2\dfrac{\partial U_m}{\partial r}\right)+\dfrac{1}{r^2\sin\theta}\dfrac{\partial}{\partial \theta}\left(\sin\theta\dfrac{\partial U_m}{\partial \theta}\right)+\dfrac{1}{r^2\sin^2\theta}\dfrac{\partial^2 U_m}{\partial \phi^2}=0 \\ \dfrac{1}{r^2}\dfrac{\partial}{\partial r}\left(r^2\dfrac{\partial U_m}{\partial r}\right)+\dfrac{1}{r^2\sin\theta}\dfrac{\partial}{\partial \theta}\left(\sin\theta\dfrac{\partial U_m}{\partial \theta}\right)+\dfrac{1}{r^2\sin^2\theta}\dfrac{\partial^2 U_m}{\partial \phi^2}=-\rho_m \end{cases}$$

拉普拉斯方程是电磁学中最基本的方程之一,它在计算空间电势和电场分布时非常有用。具体问题中,根据对称性选取适当的坐标系来求出矢量的各个分量。

例 4-8 一个半径为 R 的磁介质球被均匀磁化,磁化强度为 M,球外是真空,求球内外磁场的分布。

解 球壳的拉普拉斯方程为

$$U_m=\sum_{nm}\left[\left(A_{nm}r^n+\frac{B_{nm}}{r^{n+1}}\right)\cos m\phi P_n^m(\cos\theta)+\left(C_{nm}r^n+\frac{D_{nm}}{r^{n+1}}\right)\sin m\phi P_n^m(\cos\theta)\right]$$

设球内
$$U_{m_1}=\sum_n\left[\left(A_nr^n+\frac{B_n}{r^{n+1}}\right)\phi P_n(\cos\theta)\right]$$

球外
$$U_{m_2}=\sum_n\left[\left(C_nr^n+\frac{D_n}{r^{n+1}}\right)P_n(\cos\theta)\right]$$

因为: $r\to 0$, U_m 有限,因此 $B_n=0$;同样, $r\to\infty$, $U_m\to 0$,因此 $C_n=0$。 当 $r=R$, $U_{m_1}=U_{m_2}$,有

$$\begin{cases} \dfrac{\partial U_{m_2}}{\partial r}\bigg|_{r=R}-\dfrac{\partial U_{m_1}}{\partial r}\bigg|_{r=R}=-\sigma_m \\ \sigma_m=M\cos\theta=MP_1(\cos\theta) \end{cases}$$

因此

$$\sum_n\left\{\left[A_n nr^{n-1}+\frac{(n+1)D_n}{R^{n+2}}\right]P_n(\cos\theta)\right\}=MP_1(\cos\theta)$$

上式在任意角度下都成立

$$\begin{cases} A_n nR^{n-1}+\dfrac{(n+1)D_n}{R^{n+2}}=0 \qquad n\neq 1 \\ A_1+\dfrac{2D_1}{R^3}=M \qquad n=0 \end{cases}$$

又在球表面处

$$\sum_n \left[(A_n R^n) P_n(\cos\theta)\right] = \sum_n \left[\left(\frac{D_n}{R^{n+1}}\right) P_n(\cos\theta)\right] \qquad r = R$$

因为对任意角度都成立，所以

$$\begin{cases} A_n R^n = \dfrac{D_n}{R^{n+1}} \\ A_1 R = \dfrac{D_1}{R^2} \end{cases}$$

将上面四个方程联合求解，得

$$\begin{cases} A_n = D_n = 0 \qquad n \neq 1 \\ A_1 = \dfrac{1}{3} M \\ D_1 = \dfrac{1}{3} M R^3 \end{cases}$$

则球壳内外

$$\begin{cases} U_{m_1} = \dfrac{1}{3} M r \cos\theta = \dfrac{1}{3} \boldsymbol{M} \cdot \boldsymbol{r} \\ U_{m_1} = \dfrac{1}{3} M R^3 \dfrac{\cos\theta}{r^2} = \dfrac{R^3}{3} \dfrac{\boldsymbol{M} \cdot \boldsymbol{r}}{r^3} \end{cases}$$

总磁矩 $M_{总} = \dfrac{4}{3} \pi R^3 M$，代入上式，得

$$U_{m_2} = \frac{1}{4\pi} \frac{\boldsymbol{M}_{总} \cdot \boldsymbol{r}}{r^3}$$

球外

$$H_2 = -\boldsymbol{\nabla} U_{m_2} = \frac{1}{4\pi} \left[\frac{3(\boldsymbol{M}_{总} \cdot \boldsymbol{r})\boldsymbol{r}}{r^5} - \frac{\boldsymbol{M}_{总}}{r^3}\right]$$

球内

$$\boldsymbol{H}_1 = \boldsymbol{\nabla} U_{m_1} = -\frac{1}{3} \boldsymbol{M}$$

再利用 $\boldsymbol{B} = \mu_0 \boldsymbol{H} + \mu_0 \boldsymbol{M}$，得

$$B_2 = \mu_0 H_2 = \frac{\mu_0}{4\pi} \left[\frac{3(\boldsymbol{M}_{总} \cdot \boldsymbol{r})\boldsymbol{r}}{r^5} - \frac{\boldsymbol{M}_{总}}{r^3}\right]$$

$$B_1 = -\mu_0 \frac{1}{3} M + \mu_0 M = \frac{2}{3} \mu_0 M$$

显然,球内磁场分布是均匀的,并且磁场强度与磁化强度方向反平行,磁感应强度与磁化强度平行。

4.5 磁路定理

1. 磁路定理的介绍

由于铁磁材料的磁导率 μ 很大,铁芯有使磁感应通量集中到自己内部的作用。一个没有铁芯的载流线圈产生的磁感线是弥散在整个空间中的。若把同样的线圈绕在一个闭合的铁芯上(见图 4-20),则不仅磁通量的数值大大增加,而且磁感线几乎是沿着铁芯的。换句话说,铁芯的边界就构成一个磁感应管,它把绝大部分磁通量集中到这个管子里。这一点与一个电路很相似:如果在电源的两极间没有导线,两极产生的电场线弥散在整个空间;接上一根闭合的导线时,则不仅电流的数值大大增加,而且电流线几乎是沿着导线内部流动的。换句话说,导线的边界就构成一个电流管,它把绝大部分电流集中到这个管子里。通常把导线构成的电流管称为电路,与此类比,铁芯构成的磁感应管也可以称为磁路。

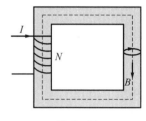

图 4-20

在恒定电路中,不管导线各段的粗细或电阻怎样不同,通过各截面的电流 I 都是一样的。在铁芯里,由于磁场的"高斯定理",通过铁芯各个截面的磁通量 Φ_B 也相同。

对于图 4-20 所示的模型,按安培环路定理,有

$$NI_0 = \oint_{(L)} \boldsymbol{H} \cdot \mathrm{d}\boldsymbol{l} = \sum_i \frac{B_i l_i}{\mu_0 \mu_i} = \sum_i \frac{\Phi_{Bi} l_i}{\mu_0 \mu_i S_i}$$

式中,N 和 I_0 分别是产生磁场的线圈匝数和传导电流;H_i、B_i、μ_i、l_i、S_i 分别是第 i 段均匀磁路中的磁场强度、磁感应强度、(相对)磁导率、长度和截面积。因为通过各段磁路的磁通量 $\Phi_{Bi} = B_i S_i$ 都一样,我们统一用 Φ_B 代表,于是上式写成

$$NI_0 = \Phi_B \sum_i \frac{l_i}{\mu_0 \mu_i S_i} \tag{4-30}$$

令 $R_i = \dfrac{l_i}{\mu_0 \mu_i S_i}$,式(4-30)可写成与电路公式更加相似的形式,即

$$\Phi = \Phi_B \sum_i R_i \tag{4-31}$$

式(4-31)称为磁路定理,$\Phi_B R_i$ 称为磁动势,式(4-31)可用文字表述:闭合磁路

的磁动势等于各段磁路上磁势下降之和。

2. 磁路定理的应用举例

例 4‑9　如图 4‑21 所示,一个电磁铁的磁路图的尺寸如下:磁极截面积 $S_1 = 0.01 \text{ m}^2$,长度 $l_1 = 2.6 \text{ m}$, $\mu_1 = 6\,000$,轭铁截面积 $S_2 = 0.02 \text{ m}^2$,长度 $l_2 = 1.40 \text{ m}$, $\mu_2 = 700$,气隙长度 l_3 在 $0 \sim 0.05 \text{ m}$ 范围内可调。如果线圈匝数 $N = 5\,000$,电流 I_0 最大为 4 A,问 $l_3 = 0.05 \text{ m}$ 和 0.01 m 时,最大磁场强度 H 值是多少?

解　根据磁路定理

$$\Phi_B = \frac{NI_0}{\dfrac{l_1}{\mu_1 \mu_0 S_1} + \dfrac{l_2}{\mu_2 \mu_0 S_2} + \dfrac{l_3}{\mu_0 S_3}}$$

在气隙中, $\Phi_B = \mu_0 H S_3$,故

$$H = \frac{NI_0 / S_3}{\dfrac{l_1}{\mu_1 S_1} + \dfrac{l_2}{\mu_2 S_2} + \dfrac{l_3}{S_3}}$$

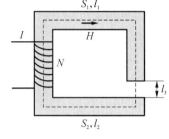

图 4‑21

取 $S_3 \approx S_1 = 0.01 \text{ m}^2$,将所给数据代入上式,得到

$$l_3 = 0.05 \text{ m 时}, H = 3.92 \times 10^5 \text{ A/m} = 4.9 \times 10^3 \text{ Oe}$$
$$l_3 = 0.01 \text{ m 时}, H = 1.8 \times 10^6 \text{ A/m} = 2.3 \times 10^4 \text{ Oe}$$

4.6　铁磁体

4.6.1　铁磁质的磁化规律

以铁为代表的一类磁性很强的物质称为铁磁质。在纯化学元素中,除铁之外,还有过渡族中的其他元素(如钴、镍)和某些稀土族元素(如钆、镝、钬)具有铁磁性。然而常用的铁磁质多数是铁和其他金属元素或非金属元素组成的合金以及某些包含铁的氧化物。

图 4‑22 所示是铁磁体磁化过程曲线。铁磁质的磁化规律具有以下共同特点。假设磁介质环在磁化场 $H_0 = 0$ 的时候处于未磁化状态,这状态相当于坐标原点 0。在逐渐增加磁化场 H_0 的过程中,M 随之增加。开始时,M 增加得较缓慢(oa 段),然后经过一段急剧增加的过程(ab 段),又缓慢下来(bc 段),再继续增大磁化场时,M 几乎不再变了,这时的磁化强度称为饱和磁化强度,通常用 M_s 表示。

当铁磁质的磁化达到饱和之后,逐渐将磁化场去掉(见图 4‑22 中的 cd 段)。如果将磁化场去掉($H_0 = H = 0$),介质的磁化状态并不恢复到原来的起点 o,而是

保留一定的磁性,此过程如图 4 - 22 中的 od 段所示,
这时的磁化强度 M 和磁感应强度 B 称为剩余磁化强
度和剩余磁感应强度。若要使介质的磁化强度或磁感
应强度减到 0,可加一相反方向的磁化场（$H_0 = H < 0$）。 只有当反方向的磁化场大到一定程度时,介质才
完全退磁（即达到 $M = 0$ 或 $B = 0$ 的状态）,使介质完全
退磁所需要的反向磁化场的大小称为这种铁磁质的矫
顽力（见图 4 - 22 中的 oe 段）,通常用 H_c 表示。从具
有剩磁的状态到完全退磁的状态,这一段曲线 de 称为
退磁曲线。介质退磁后,如果反方向的磁化场的数值

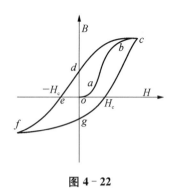

图 4 - 22

继续增大,则介质将沿相反的方向磁化,直到饱和（ef 段）。一般说来,反向的饱和
磁化强度的数值与正向磁化时一样。此后若使反方向的磁化场数值减小到 0,然
后又沿正方向增加,其过程沿 fgc 进行,达到原来的饱和磁化强度,并形成一个闭
合曲线,这就是铁磁质的磁滞回线。

4.6.2　磁滞损耗

线圈中的感应电动势为

$$\varepsilon = -\frac{\mathrm{d}\Phi}{\mathrm{d}t}$$

式中,$\Phi = NBS$ 是线圈中的磁通匝链数,N 是线圈的总匝数,S 是截面积。在此
过程中,电源抵抗感应电动势做的功为

$$\mathrm{d}A = -I_0\varepsilon\,\mathrm{d}t = I_0\frac{\mathrm{d}\Phi}{\mathrm{d}t}\mathrm{d}t = I_0\mathrm{d}\Phi \tag{4-32}$$

在有闭合铁芯的螺绕环中,$H = nI_0$,其中 $n = N/l$ 为线圈单位长度内的匝数,
l 为螺绕环的周长,而 $\mathrm{d}\Phi = NS\mathrm{d}B$,所以

$$\mathrm{d}A = \frac{H}{N/l}NS\mathrm{d}B = SlH\mathrm{d}B$$

式中,$Sl = V$ 是铁芯的体积。对于单位体积的铁芯来说,电源需要抵抗感应电动势
所做的功为

$$\mathrm{d}a = \frac{\mathrm{d}A}{V} = H\mathrm{d}B$$

总体来说,沿着整个磁滞回线循环一周,积分的结果刚好是图 4 - 23 中曲线所

包围的面积,即

$$a = \oint H \mathrm{d}B \qquad (4-33)$$

所以对单位体积的铁芯反复磁化一周,电源做的功为

$$a = \oint H \mathrm{d}B$$

　　在交流电路的电感元件中,磁化场的方向反复变化,由于铁芯的磁滞效应,每变化一周,电源就得额外地做上述相同的功,这部分能量最终将以热的形式耗散掉。这部分因磁滞现象而消耗的能量称为磁滞损耗。在交流电器件中,磁滞损耗是十分有害的,必须尽量使之减小。

4.6.3　铁磁质的分类

　　从铁磁质的性能和使用方面来说,它主要按矫顽力的大小分为软磁材料和硬磁材料两大类。

1. 软磁材料

　　矫顽力很小$[H_c \approx 1\,\mathrm{A/m}(10^{-2}\,\mathrm{Oe})]$的材料称为软磁材料。矫顽力小,就意味着磁滞回线狭长[见图 4-23(a)],它所包围的面积小,从而在交变磁场中的磁滞损耗小,所以软磁材料适用于交变磁场中。无论是电子设备中的各种电感元件,还是变压器、镇流器、电动机和发电机中的铁芯,都需要使用软磁材料。此外,继电器、电磁铁的铁芯也需要使用软磁材料,以便在电流切断后没有剩磁。

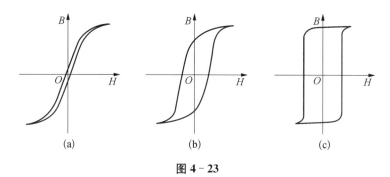

图 4-23

2. 硬磁材料(永磁体)

　　矫顽力大$[H_c \approx 10^4 \sim 10^6\,\mathrm{A/m}(10^2 \sim 10^4\,\mathrm{Oe})]$的材料称为硬磁材料。永磁体是在外加的磁化场去掉后仍保留一定剩余磁化强度的物体[见图 4-23(b)]。制造许多电器设备(如各种电表、扬声器、微音器、拾音器、耳机)都需要永磁体。永磁体的作用是在它的缺口中产生一个恒磁场,例如电流计中就是利用永久磁铁在气

隙中产生一个恒磁场来使线圈偏转的。在一切有缺口的磁路中,两个磁极表面都要在磁铁的内部产生一个与磁化方向相反的退磁场。这样一来,即使是在闭合磁路的情况下,材料也具有较高的剩余磁化强度,但是若没有足够大的矫顽力,开了缺口之后,在磁铁本身退磁场的作用下也会使剩余的磁性退掉。因此,做永磁铁的材料必须具有较大的矫顽力 H_C,硬磁材料适合用作永磁体。

3. 矩磁材料

除了通常的软磁材料和硬磁材料外,近代科学技术中还按各种不同的特殊用途,需要具有不同特殊性能的磁性材料[见图 4 - 23(c)]。例如,在现代信息技术中,广泛利用该类磁性材料来进行信息的转换、记录、存储和处理。用于随机存取信息的存储器需要一种磁滞回线接近矩形的磁性材料,这种材料称为矩磁材料。

4.6.4 铁磁质的磁化机理

近代科学实践证明,铁磁质的磁性主要来源于电子自旋磁矩。在没有外磁场的条件下,铁磁质中电子自旋磁矩可以在小范围内"自发地"排列起来,形成一个个小的自发磁化区——磁畴,如图 4 - 24 所示。通常在未磁化的铁磁介质中,各磁畴内的自发磁化方向不同,宏观上不显示出磁性。加上外磁场后将显示出宏观的磁性,这个过程通常称为技术磁化。当外加的磁化场不断加大时,起初磁化方向与磁化场方向接近的那些磁畴扩大自己的疆界,把邻近那些磁化方向与磁场方向相反的磁畴领域并吞过来一些,

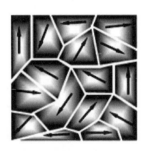

图 4 - 24

继而磁畴的磁化方向在不同程度上转向磁场的方向,介质就显示出宏观的磁性来。当所有的磁畴都按磁化场的方向排列好,介质的磁化就达到饱和,磁化强度非常大。这就是为什么铁磁质的磁性比顺磁质强得多。介质里的掺杂和内应力在磁场去掉后阻碍着磁畴恢复到原来的退磁状态,这是造成磁滞现象的主要原因。

铁磁性与磁畴结构分不开。当铁磁体受到强烈的震动,或在高温下受到剧烈热运动的影响时,磁畴便会瓦解,这时与磁畴联系的一系列铁磁性质(如高磁导率、磁致伸缩等)将全部消失。任何铁磁物质都有一个临界温度,高过这个温度,铁磁性就会消失,变为顺磁性,这个临界温度称为铁磁质的居里点。

习　　题

4 - 1　一个均匀磁化的圆柱形磁棒,直径为 25 mm,长度为 75 mm,磁矩为 12 000 A·m²,求棒侧表面上的面磁化电流密度。

4 - 2　一个均匀磁化圆柱棒,棒的长度远大于半径,体积为 0.01 m³,磁矩为 500 A·m²,棒

内的磁感应强度 $B = 5.0\,\text{Gs}$。计算圆柱棒内的磁场强度。

4-3　一个长螺线管长为 l，由表面绝缘的导线密绕而成，共绕有 N 匝，导线中通有电流 I。一个同样长的磁介质圆柱棒，半径与螺线管相同，圆柱棒被均匀磁化后磁化强度为 M。计算它们内部任意一点的磁感应强度（不考虑边缘效应）。

4-4　如习题 4-4 图所示，一个无限大的磁介质，磁化强度为 M，并且沿水平方向。在磁介质中挖出一个半径为 R 的球形空腔，计算球心处的磁感应强度（挖出一个球形空腔后，介质内的磁化强度不改变）。

4-5　如习题 4-5 图所示，一个半径为 R 的磁介质球，相对磁化率为 μ_r，把它放在磁感应强度为 B_0 的均匀磁场中。

（1）计算磁介质球心处的磁感应强度；

（2）计算距离球心为 L 的 A 点的磁感应强度。

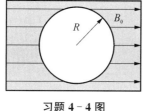
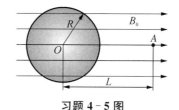

习题 4-4 图　　　　　　　　习题 4-5 图

4-6　如习题 4-6 图所示，一个厚度为 h、边长为 a 的磁介质薄片，其中 $h \ll a$，磁介质相对磁化率为 μ_r，把它放在磁感应强度为 B_0 的均匀磁场中，外磁场的方向平行于介质薄片表面。计算磁介质薄片表面附近的磁感应强度（不考虑边缘效应）。

4-7　如习题 4-7 图所示，一个厚度为 h、半径为 R 的长方体磁介质薄圆盘，其中 $h \ll R$，磁介质相对磁化率为 μ_r，把它放在磁感应强度为 B_0 的均匀磁场中，外磁场的方向垂直于圆盘表面。

（1）计算磁介质中心点的磁感应强度；

（2）计算距离薄圆盘中心为 L 的 A 点的磁感应强度。

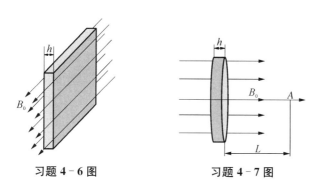

习题 4-6 图　　　　　　习题 4-7 图

4-8　如习题 4-8 图所示，一个无限大的磁介质，磁化强度为 M，并且沿水平方向。在磁介质中挖出一个半径为 R、长度为 L 的圆柱形空腔，圆柱形空腔轴心线与磁化强度方向平行，其

中 $L \gg R$，计算空腔内 1、2、3 点处的磁感应强度(挖出一个球形腔后,介质内的磁化强度不变)。

4-9 如题 4-9 图所示,一个无穷长圆柱形直导线外包一层相对磁导率为 μ_r 的圆筒形磁介质,导线半径为 R_1,磁介质的外半径为 R_2,导线内有电流 I 通过。

(1) 求介质内、外的磁场强度和磁感应强度的分布;

(2) 求介质内、外表面的磁化面电流密度。

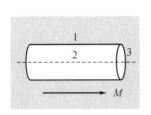

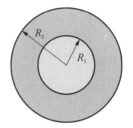

习题 4-8 图   习题 4-9 图

4-10 如题 4-10 图所示,一个无限长圆柱形直导线,导线外分别充满相对磁导率为 μ_{r1} 和 μ_{r2} 的半圆筒形磁介质,导线半径为 R_1,磁介质的外半径为 R_2,导线内有电流 I 通过。

(1) 求介质内、外的磁场强度和磁感应强度的分布;

(2) 求介质内、外表面的磁化面电流密度。

4-11 一个无限大的导电平面,垂直于电流方向上单位长度通过的电流强度为 α,导电平面两侧是无限大磁介质,相对磁导率分别为 μ_{r1} 和 μ_{r2}。

(1) 计算磁介质中的磁感应强度;

(2) 计算磁介质面的磁化电流密度。

4-12 如题 4-12 图所示,一个环形铁芯横截面的直径为 4.0 mm,环的平均半径 $R = 15$ mm,环上密绕着 200 匝线圈,当线圈导线通有 25 mA 的电流时,铁芯的磁导率 $\mu = 300$,求通过铁芯横截面的磁通量。

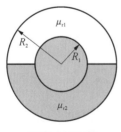

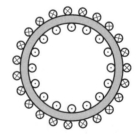

习题 4-10 图   习题 4-12 图

4-13 一个铁环中心线的周长为 30 cm,横截面积为 1.0 cm²,在环上紧密地绕有 300 匝表面绝缘的导线,当导线中通有电流 32 mA 时,通过环的横截面的磁通量为 2.0×10^{-6} Wb,求:

(1) 铁环内部磁感应强度的大小;

(2) 铁环内部磁场强度的大小。

4-14 如题 4-14 图所示,一个铁环中心线的半径 $R = 20$ cm,横截面是边长为 4.0 cm

的正方形。环上绕有 500 匝表面绝缘的导线。导线中载有电流 1.0 A,这时铁的磁导率 $\mu = 400$。

(1) 求通过环的横截面的磁通量;

(2) 如果在环中锯开一个宽为 1.0 mm 的空气隙,求这时通过环横截面的磁能量的减少量。

4-15　一个利用空气间隙获得强磁场的电磁铁如习题 4-15 图所示,磁铁中心线的长度 $l_1 = 500$ mm,空气隙长度 $l_2 = 20$ mm,铁芯是磁导率 $\mu = 5\,000$ 的硅钢。要在空气隙中得到 $B = 3\,000$ Gs 的磁场,求铁芯上线圈的安匝数 NI。

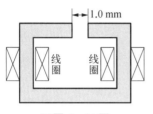

习题 4-14 图

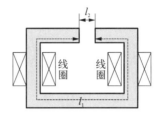

习题 4-15 图

4-16　某电钟里有一铁芯线圈,已知铁芯磁路长 14.4 cm,空气隙宽 2.0 mm,铁芯横截面积为 0.60 cm^2,铁芯的磁导率 $\mu = 1\,600$,现在要使通过空气隙的磁能量为 4.8×10^{-6} Wb,求线圈电流的安匝数 NI,若线圈两端电压为 220 V,线圈消耗的功率为 2.0 W,求线圈的匝数 N。

4-17　(1) 证明电磁铁吸引衔铁的起重力 $F = \dfrac{SB^2}{2\mu_0}$, 式中 S 为两磁极与衔铁相接触的总面积,B 为电磁铁内的磁感应强度(设磁铁内的 $H \ll M$)。

(2) 起重力与磁极、衔铁间的距离 x 有无关系?

4-18　一起重用的马蹄形电磁铁形状如习题 4-18 图所示,两极的横截面都是边长为 a 的正方形,磁铁的磁导率 $\mu = 200$,上面绕有 $N = 200$ 匝线圈,电流 $I = 2.0$ A,已知 $a = x = 0.5$ cm, $l = d = 10$ cm,衔铁与磁极直接接触。(1) 求电磁铁的起重力;(2) 若磁铁与衔铁间垫有厚 1.0 mm 的铜片,当负重(包括衔铁自重)20 kg 时,需要多大的电流?

4-19　在上题中,已知电磁铁的每个磁极的面积都是 1.5×10^{-2} m^2。在磁极与衔铁间夹有薄铜片,以免铁与铁直接接触。设磁通量为 1.5×10^{-2} Wb,求电磁铁的起重力。

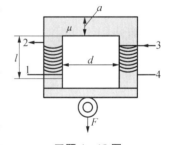

习题 4-18 图

4-20　磁铁棒长 5.0 cm,横截面积为 1.0 cm^2,设棒内所有铁原子的磁矩都沿棒长方向整齐排列,每个铁原子的磁矩为 1.8×10^{-23} A·m^2。(1) 求这磁铁棒的磁矩;(2) 当这磁铁棒在 $B = 1.5$ Gs 的外磁场中并与之垂直时,B 使它转动的力矩有多大?

4-21　一个磁针的磁矩为 20 A·m^2,处在 $B = 5.0 \times 10^{-2}$ Gs 的均匀外磁场中,求 B 作用在这磁针上的力矩的最大值。

4-22　一个小磁针的磁矩为 m,处在磁场强度为 H 的均匀外磁场中,这磁针可以绕它的中心转动,转动惯量为 J,它在平衡位置附近作小振动时,求振动的周期和频率。

4-23　两磁偶极排列在同一条直线上,它们的磁偶极矩分别为 P_{m1} 和 P_{m2},中心的距离为

r,它们各自的长度都比 r 小很多。证明它们之间的相互作用力 $F = \dfrac{3p_{m1}p_{m2}}{2\pi\mu_0 r^4}$。

4-24   目前在实验室里产生 $E = 10^5$ V/m 的电场和 $B = 10^4$ Gs 的磁场是不难做到的。在边长为 10 cm 的立方体空间里产生上述两种均匀场,所需的能量各为多少?

4-25   利用高磁导率的铁磁体,在实验室产生 $B = 5\,000$ Gs 的磁场不困难。(1)求磁场的能量密度;(2)要想产生能量密度等于这个值的电场,电场强度 E 应为多少?

4-26   一个同轴线由很长的直导线和套在它外面的同轴圆筒构成,导线的半径为 a,圆筒的内半径为 b,外半径为 c,电流 I 沿圆筒流去,沿导线流回;在它们的横截面上,电流都是均匀分布的。(1)求下列四处每米长度内所储磁能 W 的表达式:导线内、导线与圆筒之间、圆筒内、圆筒外;(2)当 $a = 1.0$ mm,$b = 4.0$ mm,$c = 5.0$ mm,$I = 10$ A 时,每米长度的同轴线中储存的磁能是多少?

第5章 电磁感应

电磁感应现象是电磁学中最重大的发现之一,它揭示了电与磁相互联系和转化的重要方面。电磁学的发现在科学上和技术上都具有划时代的意义,它不仅丰富了人类对于电磁现象本质的认识,推动了电磁学理论的发展,而且在实践上开拓了广泛应用的前途。运用电磁感应原理制造的发电机、感应电动机和变压器等电器设备得到广泛的应用;利用电感元件来控制电压或电流的分配、发射、接收和传输电磁信号等。

1820年,奥斯特的发现第一次揭示了电流能够产生磁。1822年,D. F. J. 阿拉果和亚历山大·冯·洪堡在测量地磁强度时,偶然发现金属对附近磁针的振荡有阻尼作用。1824年,阿拉果根据这个现象做了铜盘实验,发现转动的铜盘会带动上方自由悬挂的磁针旋转,但磁针的旋转与铜盘不同步。1831年8月,法拉第做了大量的实验,把产生感应电流的情形概括为5类:变化的电流、变化的磁场、运动的恒定电流、运动的磁铁、在磁场中运动的导体,并把这些现象正式命名为电磁感应。进而,法拉第发现,在相同条件下不同金属导体回路中产生的感应电流与导体的导电能力成正比,他由此认识到,感应电流是由与导体性质无关的感应电动势产生的,即使没有回路,没有感应电流,感应电动势依然存在。

5.1 电磁感应现象与法拉第定律

5.1.1 电磁感应现象

实验现象1:如图5-1所示,把一根磁棒插入线圈,在插入的过程中,电流计的指针发生偏转,这表明线圈中产生了电流,这种电流称为感应电流。当磁棒插在线圈内不动时,电流计的指针就不再偏转,这时线圈中没有感应电流。再把磁棒从线圈内拔出,在拔出的过程中,电流计指针又发生偏转,偏转的方向与插入磁棒时相反,这表明感应电流的方向改变了(见图5-1)。在实验中,磁棒插入或拔出的速度愈快,电流计指针偏转的角度就愈大,也就是说感应电流愈大。

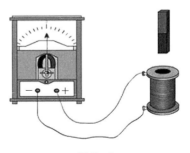

图 5-1

实验现象 2：如图 5 - 2 所示，把开关 K 闭合，当调节可变电阻来改变线圈 A' 中电流时，可看到电流计的指针发生偏转，即线圈 A 中产生感应电流。调节可变电阻的动作愈快，线圈 A 中的感应电流就愈大。在这个实验里，线圈 A 没有相对运动。但在实验中，线圈 A 所在处的磁场都发生了变化。两个实验中，前者通过相对运动使线

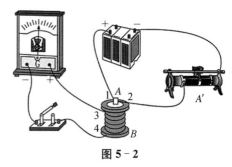

图 5 - 2

圈 A 处的磁场发生变化；后者通过调节线圈 A' 中的电流使线圈 A 处的磁场发生变化。因此，综合这两个实验就可以认识到，不管用什么方法，只要使线圈 A 处的磁场发生变化，线圈 A 中就会产生感应电流。

5.1.2　法拉第电磁感应定律

如图 5 - 3 所示，设在时刻 t_1 穿过导线回路的磁通量是 Φ_1，在时刻 t_2 穿过导线回路的磁通量是 Φ_2，那么，在 $dt = t_2 - t_1$ 这段时间内穿过回路的磁通量的变化是 $d\Phi = \Phi_2 - \Phi_1$，则磁通的变化率 $\dfrac{d\Phi}{dt}$ 反映了磁通量变化的快慢和趋势。精确的实验表明，导体回路中感应电动势的大小与穿过回路磁通量的变化率成正比，这个结论称为法拉第电磁感应定律，即

$$\varepsilon = -\frac{d\Phi}{dt} \tag{5-1}$$

式中，Φ 的单位是韦伯（Wb）；t 的单位是秒（s）；ε 的单位是伏特（V）。式中的负号代表感应电动势方向，这个问题我们将在后面讨论。式（5 - 1）只适用于单匝导线组成的回路。如果回路不是单匝线圈而是多匝线圈，那么当磁通量变化时，每匝中都将产生感应电动势。由于匝与匝之间是互相串联的，整个线圈的总电动势就等于各匝所产生的电动势之和。令 Φ_1，Φ_2，…，Φ_N 分别是通过各匝线圈的磁通量，则式中 $\Phi = \Phi_1 + \Phi_2 + \cdots + \Phi_N$ 称为磁通匝链数和全磁通。如果穿过每匝线圈的磁通量相同，均为 Φ，则 $\Phi = N\Phi_1$，那么

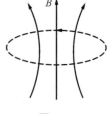

图 5 - 3

$$\varepsilon = -\frac{d\Phi}{dt} = -N\frac{d\Phi_1}{dt} \tag{5-2}$$

典型应用：磁通计原理，即

$$\varepsilon = -N\frac{\mathrm{d}\Phi_1}{\mathrm{d}t}$$

感应电流为

$$I = \frac{\varepsilon}{R} = -\frac{1}{R}\frac{\mathrm{d}\Phi}{\mathrm{d}t}$$

感应电量为

$$q = \int_{t_1}^{t_2} I\mathrm{d}t = -\frac{1}{R}(\Phi_2 - \Phi_1) \tag{5-3}$$

感应电量与磁通量的变化成正比,与磁通量变化的快慢无关,这就是磁通计原理。在实验中,可以通过测量感应电量和电阻来确定磁通量的变化。

例 5-1　用 1.5 s 的时间把磁棒由线圈的顶部一直插到底部。在这段时间内,穿过每一匝线圈的磁通量改变了 5.0×10^{-5} Wb,线圈的匝数为 60,求线圈中感应电动势的大小;若闭合回路的总电阻为 800 Ω,求感应电流的大小。

解　已知 $\Delta t = 1.5$ s, $\Delta\Phi = 5.0 \times 10^{-5}$ Wb, $N = 60$, $R = 800$ Ω,直接代入法拉第电磁感应定律,得

$$\varepsilon = N\frac{\Delta\Phi}{\Delta t} = 60 \times \frac{5.0 \times 10^{-5}\ \text{Wb}}{1.5\ \text{s}} = 2.0 \times 10^{-3}\ \text{V}$$

由闭合电路的欧姆定律可知感应电流 I 为

$$I = \frac{\varepsilon}{R} = \frac{2.0 \times 10^{-3}\ \text{V}}{800\ \Omega} = 2.5 \times 10^{-6}\ A$$

例 5-2　如图 5-4 所示,两个半径分别为 R 和 r 的同轴圆形线圈相距 x,且 $R \gg r$, $x \gg r$。若大线圈通有电流 I,而小线圈沿 x 轴正向以速率 v 运动,两线圈平面平行。试求小线圈回路中所产生的电动势与 x 的关系。

解　电流轴线上的磁感应强度为

$$B = \frac{\mu_0 I R^2}{2(R^2 + x^2)^{3/2}}$$

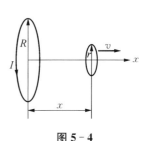

图 5-4

小线圈回路中的感应电动势为

$$|\varepsilon| = \left|\frac{\mathrm{d}\Phi}{\mathrm{d}t}\right| = \frac{\pi r^2 \mu_0 I R_2}{2}\ \frac{3}{2}\ \frac{2x}{(R^2 + x^2)^{5/2}}\ \frac{\mathrm{d}x}{\mathrm{d}t}$$

$$= \frac{\pi r^2 \mathrm{d}B}{\mathrm{d}t} = \frac{3}{2}\ \frac{\pi r^2 \mu_0 I R_2 v}{x^4}$$

5.1.3 楞次定律

感应电动势的方向是法拉第电磁感应定律的重要组成部分,为了把各种场合中感应电动势的方向用一个统一的公式表示出来,就得先规定一些正负号法则。电动势和磁通量都是标量,它们的正负都是相对于某一标定方向而言的。

1834 年,楞次提出了另一种直接判断感应电流方向的方法:首先,判断穿过闭合回路的磁通量沿什么方向,发生什么变化(增加还是减少);其次,根据楞次定律来确定感应电流所激发的磁场沿何方向(与原来的磁场反向还是同向);最后,根据右手定则,从感应电流产生的磁场方向确定感应电流的方向。楞次定律可表述如下:感应电流的效果总是反抗引起感应电流的原因,感应电流产生的磁场总是阻碍回路中原磁通量的改变。

根据能量守恒定律,能量不可能无中生有,这部分热只可能从其他形式的能量转化而来。在上述例子里,按照楞次定律,把磁棒插入线圈或从线圈内拔出时,都必须克服斥力或引力做机械功,实际上,正是这部分机械功转化成感应电流所释放的焦耳热。设想感应电流的效果不是反抗引起感应电流的原因,那么在上述例子里,将磁棒插入或拔出的过程中,既对外做功,又释放焦耳热,这显然是违反能量守恒定律的。因此,感应电流只有按照楞次定律所规定的方向流动,才能符合能量守恒定律。

按照通常的习惯,我们规定如下右手定则:将右手四指弯曲,用此代表选定的回路绕行方向,则伸直的拇指指向法线的方向。归纳大量实验的结果,用一个负号表达电动势与 $\dfrac{\mathrm{d}\Phi}{\mathrm{d}t}$ 之间方向的关系。在任何情况下,而且无论回路的绕行方向怎样选择,感应电动势的正负总是与磁通量变化率 $\dfrac{\mathrm{d}\Phi}{\mathrm{d}t}$ 的正负相反。

图 5-5 给出四个线圈中磁通量变化的情形,这四种情形里,我们都选定回路的绕行方向如图 5-5 中箭头所示,从而按照右手定则,它的法线 e 是向上的。在图 5-5(a)中,对于选定的绕行方向和法线方向,Φ 是正的,当 Φ 增大时,$\dfrac{\mathrm{d}\Phi}{\mathrm{d}t} > 0$,按照式 (5-1),电动势是负的,即电动势的实际方向与标定绕行方向相反。在图 5-5(b)中,对于选定的绕行方向和法线方向,Φ 是负的,Φ 的绝对值增大,则 $\dfrac{\mathrm{d}\Phi}{\mathrm{d}t} < 0$,按照式(5-4),电动势是正的,即电动势的方向与标定绕行方向相同。同理可以分析图 5-5(c)(d)中电动势的方向。

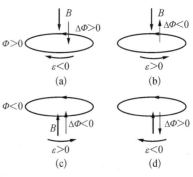

图 5-5

5.2　动生电动势

5.2.1　动生电动势的产生

根据磁通量变化的不同原因,把感应电动势分为两种情况加以讨论。

$$\varepsilon = -\frac{\mathrm{d}\varPhi}{\mathrm{d}t} = -\frac{\mathrm{d}(BS\cos\theta)}{\mathrm{d}t}$$

求导后得

$$\varepsilon = -S\cos\theta\frac{\mathrm{d}B}{\mathrm{d}t} - B\cos\theta\frac{\mathrm{d}S}{\mathrm{d}t} + BS\sin\theta\frac{\mathrm{d}\theta}{\mathrm{d}t} \tag{5-4}$$

式中第二项和第三项是在恒磁场中运动着的导体产生的感应电动势,定义为动生电动势;第一项是因磁场的变化产生的感应电动势,定义为感生电动势。

动生电动势产生的原理如下:如图 5-6 所示,当导体以速度 v 向右运动时,导体内的自由电子也以速度 v 向右运动。按照洛伦兹力公式,自由电子受到的洛伦兹力为

$$F = -q(v \times B)$$

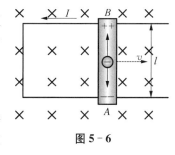

图 5-6

式中,$-q$ 为电子所带的电量。导体中电子随导体棒一起运动,电子受到洛伦兹力的作用往 B 端运动,在 B 端有电子的积累,A 端有正电荷积累,从而在导体中形成 A 到 B 的电场。当导体两端的电荷积累达到一定程度,随导体一起运动的电子受到的洛伦兹力与静电力达到平衡,即

$$E_k q = -q v \times B$$

导体内附加电场

$$E_k = -v \times B$$

导体两端相应的电动势为

$$\varepsilon = \int E_k \mathrm{d}l = \int_a^b (v \times B) \cdot \mathrm{d}l = Blv \tag{5-5}$$

式中,B 的单位是特斯拉(T);l 的单位是米(m);v 的单位是米/秒(m/s);ε 的单位是伏特(V)。由于洛伦兹力只存在于 AB 段内,故在上式中沿整个闭合回路的积分只在这一段内不等于 0。

从以上的讨论可以看出,动生电动势只可能存在于运动的这一段导体上,而不动的那一段导体上没有电动势,它只是提供电流可运行的通路,如果仅仅有一段导线在磁场中运动,而没有回路,在这一段导线上仍可能有动生电动势。如导线顺着磁场方向运动,根据洛伦兹力来判断,则不会有动生电动势;若导线横切磁场方向运动,则有动生电动势。因此,有时形象地说成"导线切割磁感线时产生动生电动势"。

对于导体回路,有

$$\varepsilon = \oint (\boldsymbol{v} \times \boldsymbol{B}) \cdot \mathrm{d}\boldsymbol{l} = -\frac{\mathrm{d}\Phi}{\mathrm{d}t} \qquad (5-6)$$

对于一段导体,有

$$\varepsilon_{ab} = \int_a^b (\boldsymbol{v} \times \boldsymbol{B}) \cdot \mathrm{d}\boldsymbol{l} \qquad (5-7)$$

5.2.2 动生电动势的实际用途

1. 交流发电机原理

交流发电机是动生电动势的典型例子。图 5-7 是最简单的交流发电机的示意图。图中有一个单匝线圈,它可以绕固定的转轴在 AC 轴中转动。铜环通过两个外电路接通。当线圈在原动机(如汽轮机、水轮机等供给线圈转动所需的机械能的装置)的带动下,在均匀磁场中匀速转动时,线圈切割磁感线,在线圈中就产生动生电动势。如果外电路是闭合的,则在线圈和外电路组成的闭合回路中就出现感应电流。在线圈转动的过程中,感应电动势的大小和方向都在不断变化。

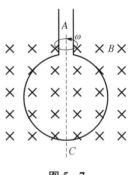

图 5-7

2. 电磁阻尼与用途

当导体在磁场中运动时,产生的感应电流会使导体受到安培力,安培力的方向总是阻碍导体运动的现象称为电磁阻尼。图 5-8 是电磁阻尼的原理图。如图 5-8(a)所示,当金属片以垂直于磁感应强度的矢量方向以一定的速度进入磁场区时,金属片中电荷受到洛伦兹力的作用,会在金属片两端产生电荷积累,从而产生动生电动势,在金属片内形成动生电流;动生电流又会使金属片在磁场中产生安培力,安培力的方向又与运动速度的方向相反。当金属片离开磁场区时,动生电流受到的安培力与运动速度还是反向的,如图 5-8(b)所示。也就是说,无论金属片是进入还是离开磁场区,安培力都会阻碍金属片的运动,所以金属片能快速停止运动。电气火车中所用的电磁制动器也是根据同样的道理制成的。

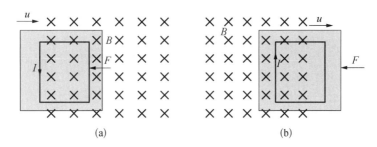

图 5-8

3. 电磁驱动

图 5-9 是电磁驱动原理图。若使金属圆盘紧靠磁铁的两极而不接触,令磁铁旋转起来,在圆盘中产生的涡流将阻碍它与磁铁的相对运动,因而使得圆盘跟随磁铁运动起来。这种驱动作用是因感应现象产生的,因此,圆盘的转速总小于磁铁的转速,或者说两者的转动是异步的。感应式异步电动机就是根据这个原理运转的。

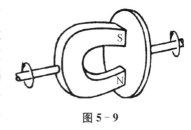

图 5-9

4. 动生电动势的经典例题解析

例 5-3　如图 5-10(a)所示,无限长直导线中通电流 I,有一长为 l 的金属棒与导线垂直共面(左端相距 a)。当棒以速度 v 平行于长直导线做匀速运动时,求棒产生的动生电动势。

解　载流导线在周围产生的磁感应强度为

$$B = \frac{\mu_o I}{2\pi x}$$

在 AB 棒上取一个小段,则这个小段产生的动生电动势为

$$d\varepsilon = (\boldsymbol{v} \times \boldsymbol{B}) \cdot d\boldsymbol{x} = -Bv\,dx$$

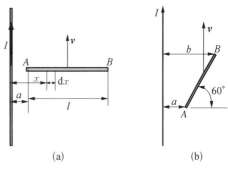

图 5-10

积分后得

$$\varepsilon = -\int_a^{a+l} \frac{\mu_o I v}{2\pi} \frac{dx}{x} = -\frac{\mu_o I v}{2\pi} \ln \frac{a+l}{a}$$

如果本题改为如图 5-10(b)所示,无限长直导线中通电流 I,有一金属杆 AB 与它共面,金属杆与水平方向的夹角为 60°,它的两端与无限长直线电流的距离分别为 a、b,当金属杆以速度 v 平行于无限长直线电流运动时,则金属杆的动生电

动势为

$$\varepsilon_{AB} = \int_A^B (\boldsymbol{v} \times \boldsymbol{B}) \cdot \mathrm{d}\boldsymbol{l}$$

在细杆上任意取一个小段,小段到导线的垂直距离为 x,$\mathrm{d}x = \cos\theta \mathrm{d}l$,代入上式,得

$$\varepsilon_{AB} = \int_A^B v \frac{\mu_0 I}{2\pi x} \cos\theta \mathrm{d}l = -\int_a^b \frac{\mu_0 vI}{2\pi x} \mathrm{d}x$$

积分后得

$$\varepsilon_{AB} = -\frac{\mu_0 vI}{2\pi} \ln \frac{b}{a}$$

例 5 - 4　如图 5 - 11 所示,一个长方形的导体框,导体框与水平面呈 α 角,质量为 m 的铜杆在重力的作用下下滑。导体框中有一电阻 R,ab 之间的距离为 L,整个系统处于匀强磁场 B 中,B 的方向垂直于细杆的平面,求杆稳定的速度。如果把电阻换成电源,其中电动势为 ε,内阻为 r,计算其稳定速度。如果把电阻换成电容为 C 的电容器,计算其加速度大小。

解　(1) 细杆在下滑的过程中,斜面方向的重力分量和安培力相等,杆就能维持恒定的速度,有

$$mg\sin\alpha = f = BIL$$

细杆下滑过程中产生的动生电动势为

$$\varepsilon = BLu \Rightarrow I = \frac{BLu}{R}$$

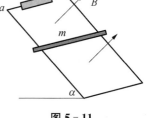

图 5 - 11

则恒定的速度为

$$mg\sin\alpha = BL \frac{BLu}{R} \Rightarrow u = \frac{Rmg\sin\alpha}{B^2 L^2}$$

(2) 如果把电阻换成电源,其中电动势为 ε,内阻为 r,有

$$I = \frac{BLu - \varepsilon}{R}$$

则恒定速度满足

$$mg\sin\alpha = BIL = B \frac{-\varepsilon + BLu}{R} L$$

解得

$$u = \frac{1}{BL}\left(\varepsilon + \frac{Rmg\sin\alpha}{BL}\right)$$

（3）把电阻换成电容 C，则对应的加速度为

$$mg\sin\alpha - BIL = m\frac{\mathrm{d}u}{\mathrm{d}t}$$

细杆下滑过程中，产生的动生电动势对应的电流为

$$\begin{cases} \varepsilon = BLu \\ Q = C\varepsilon \\ I = \dfrac{\mathrm{d}Q}{\mathrm{d}t} = CBL\dfrac{\mathrm{d}u}{\mathrm{d}t} \end{cases}$$

$$mg\sin\alpha - B^2L^2C\frac{\mathrm{d}u}{\mathrm{d}t} = m\frac{\mathrm{d}u}{\mathrm{d}t}$$

得加速度大小为

$$a = \frac{\mathrm{d}u}{\mathrm{d}t} = \frac{mg\sin\alpha}{m + B^2L^2C}$$

例 5-5　图 5-12 是发电机发电原理图。用一根细导线绕成边长为 l 的正方形线圈，在磁感应强度为 B 的匀强磁场中绕 AB 轴每秒转动 n 次，求线圈转动时的最大动生电动势及其对应的线圈角位置，线圈总圈数为 N 匝。

解　直接利用法拉第电磁感应定律，有

$$|\varepsilon| = \left|\frac{\mathrm{d}\Phi_m}{\mathrm{d}t}\right| = \frac{\mathrm{d}(NBl^2\cos 2\pi nt)}{\mathrm{d}t} = NBl^2 2\pi n\sin 2\pi nt$$

最大电动势为

$$|\varepsilon| = NBl^2 2\pi n\sin 2\pi nt = NBl^2 2\pi n$$

对应的方位角为

$$\varphi = 2\pi nt = \frac{\pi}{2}$$

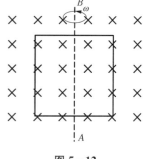

图 5-12

例 5-6　如图 5-13 所示，一个 U 形导轨，单位长度电阻为 λ。导轨上放置一导体棒，导体棒长度为 L，电阻为 R。当导体棒以恒定速度向右运动时，计算导体棒两端的电势差。

解　整个回路电阻为

$$R_{总} = (L + 2vt)\lambda$$

电动势为

$$\varepsilon = BLv$$

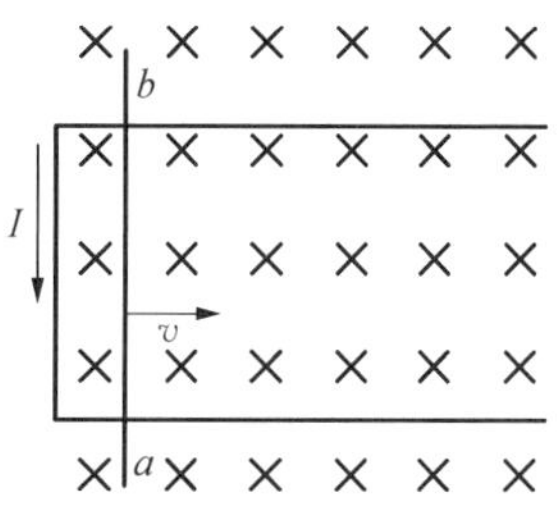

图 5-13

动生电流为

$$I = \frac{\varepsilon}{R_\text{总}} = \frac{BLv}{(L+2vt)\lambda}$$

导体棒两端电势差为

$$U_{ba} = \varepsilon - IR = BLv - \frac{RBLv}{(L+2vt)\lambda} = BLv\left[1 - \frac{R}{(L+2vt)\lambda}\right]$$

例5-7　如图5-14所示，一矩形管，长为 L，宽为 a，高为 b。当无磁场时通过的水银速度为 v_0，当加上磁场 B 后，两侧用导线连接，计算水银的流速。

解　当有水银流动时，产生的动生电动势为

$$\varepsilon = Bav$$

水银沿宽度方向形成的电阻为

$$R = \rho\frac{a}{bl}$$

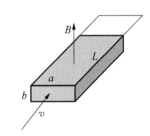

图5-14

动生电流为

$$I = \frac{\varepsilon}{r} = \frac{Bav}{\rho\dfrac{a}{bl}} = \frac{Bblv}{\rho}$$

与水流方向相反的安培力为

$$F = BIa = \frac{B^2ablv}{\rho}$$

形成的压强差为

$$P' = P - \frac{F}{ab} = P - \frac{B^2lv}{\rho}$$

由于水银流速与压强差成正比，所以

$$\frac{P'}{P} = \frac{P - \dfrac{B^2lv}{\rho}}{P} = \frac{v}{v_0}$$

得到加上磁场后水银的流速为

$$v = v_0\left(1 + \frac{B^2lv_0}{P\rho}\right)^{-1}$$

例 5‑8　一个电动机由恒定的电源电压 $U=12\,\text{V}$ 供电。在电机空转时，通过转子的电流 $I_1=4\,\text{A}$，当转子制动完全停止时，电流增大到 $I_2=24\,\text{A}$。求这种电机可以获得的最大机械功率。设电机内是永磁体，其产生的磁场不变，转子轴承处摩擦力矩与转子速度和机械负载无关。

解　当转子完全停止时，有

$$I_2=\frac{U}{R}=\frac{12}{R}=24$$

电阻

$$R=\frac{12}{24}=\frac{1}{2}$$

当转子空转时，从上例题可以知，线圈会产生感生电动势 $\varepsilon=k\omega$，k 是比例系数，有

$$U=\varepsilon+I_1 R$$

$$\Rightarrow 12=\varepsilon+4\,\frac{1}{2}\Rightarrow\varepsilon=10$$

空转下，磁力矩和摩擦力矩要达到平衡，否则，转子的速度会降低。电源做的功用于电阻消耗的能量和克服摩擦力矩做功，有

$$UI_1=fr\omega+I_1^2 R$$

摩擦力矩为

$$M=fr=\frac{UI_1-I_1^2 R}{\omega}$$

当电机有负载时，有

$$U=k\omega'+I'R\Rightarrow I'=\frac{U-k\omega'}{R}$$

电机的有用功率为

$$
\begin{aligned}
P&=UI'-M\omega'-I'^2 R\\
&=U\left(\frac{U-k\omega'}{R}\right)-M\omega'-\left(\frac{U-k\omega'}{R}\right)^2 R\\
&=-\frac{k^2}{R}\left[\omega'-\frac{R}{2k^2}\left(\frac{kU}{R}-M\right)\right]^2+\frac{R}{4k^2}\left(\frac{kU}{R}-M\right)^2
\end{aligned}
$$

显然，当

$$\omega'=\frac{R}{2k^2}\left(\frac{kU}{R}-M\right)$$

时,可以获得最大的输出功率

$$P_{max} = \frac{R}{4k^2}\left(\frac{kU}{R} - M\right)^2 = \frac{1}{4R}(U - RI_1)^2 = \frac{R}{4}(I_2 - I_1)^2 = 50 \text{ W}$$

5.3 感生电场与感生电动势

5.3.1 感生电场的产生

回路中的磁场随时间发生变化,回路中的磁通量也会变化,在回路中产生的电动势被定义为感生电动势。产生感生电动势时,导体或导体回路不动,而磁场变化,因此产生感生电动势的原因不是洛伦兹力。但是这种电动势的计算仍然依赖于回路中磁通量的变化。由于闭合的回路所包围的面积不随时间而变化,回路中的电动势可以表达为

$$\varepsilon = -\frac{\mathrm{d}\varPhi}{\mathrm{d}t} = -\iint_{(S)} \frac{\mathrm{d}\boldsymbol{B}}{\mathrm{d}t} \cdot \mathrm{d}\boldsymbol{S} \tag{5-8}$$

式(5-8)的物理意义是当回路磁通量发生改变时,回路中有电动势产生。式(5-8)是通过实验总结出来的。本书给出一种简单的数学推导方法,给出变化的磁场与涡旋电场的关系,有助于读者更好地理解电磁感应定律。

设一个电量为 q 的电荷,如果沿 x 方向做加速运动,t 时刻,电荷的瞬时速度为 u 时,静止坐标系中运动电荷产生的电场强度在 x、y、z 方向上的分量分别是

$$\begin{cases} E_x(t) = \dfrac{q}{4\pi\varepsilon_o r^2} \dfrac{1 - \left(\dfrac{u}{c}\right)^2}{\left[1 - \left(\dfrac{u}{c}\right)^2\left(\dfrac{y^2 + z^2}{r^2}\right)\right]^{\frac{3}{2}}} \dfrac{x}{r} \\[4em] E_y(t) = \dfrac{q}{4\pi\varepsilon_o r^2} \dfrac{1 - \left(\dfrac{u}{c}\right)^2}{\left[1 - \left(\dfrac{u}{c}\right)^2\left(\dfrac{y^2 + z^2}{r^2}\right)\right]^{\frac{3}{2}}} \dfrac{y}{r} \\[4em] E_z(t) = \dfrac{q}{4\pi\varepsilon_o r^2} \dfrac{1 - \left(\dfrac{u}{c}\right)^2}{\left[1 - \left(\dfrac{u}{c}\right)^2\left(\dfrac{y^2 + z^2}{r^2}\right)\right]^{\frac{3}{2}}} \dfrac{z}{r} \end{cases} \tag{5-9}$$

t 时刻运动电荷产生的电场的旋度为

$\nabla \times \boldsymbol{E}(t)$

$$= \begin{vmatrix} \boldsymbol{i} & \boldsymbol{j} & \boldsymbol{k} \\ \dfrac{\partial}{\partial x} & \dfrac{\partial}{\partial y} & \dfrac{\partial}{\partial z} \\ \dfrac{\dfrac{q}{4\pi\varepsilon_o r^2}\left[1-\left(\dfrac{u}{c}\right)^2\right]}{\left[1-\left(\dfrac{u}{c}\right)^2\left(\dfrac{y^2+z^2}{r^2}\right)\right]^{\frac{3}{2}}}\dfrac{x}{r} & \dfrac{\dfrac{q}{4\pi\varepsilon_o r^2}\left[1-\left(\dfrac{u}{c}\right)^2\right]}{\left[1-\left(\dfrac{u}{c}\right)^2\left(\dfrac{y^2+z^2}{r^2}\right)\right]^{\frac{3}{2}}}\dfrac{y}{r} & \dfrac{\dfrac{q}{4\pi\varepsilon_o r^2}\left[1-\left(\dfrac{u}{c}\right)^2\right]}{\left[1-\left(\dfrac{u}{c}\right)^2\left(\dfrac{y^2+z^2}{r^2}\right)\right]^{\frac{3}{2}}}\dfrac{z}{r} \end{vmatrix}$$

$$(5-10)$$

如果电荷沿 x 方向做加速运动，电荷的速度 $u \propto f(x)$，即速度与 x 有关，则式(5-10)对 x 的偏导数多出一项。利用偏导数法则 $\dfrac{\partial f}{\partial u}\dfrac{\mathrm{d}u}{\mathrm{d}x}$，有

$$\nabla \times \boldsymbol{E}(t) = \left[\frac{\partial}{\partial y}\frac{qz}{4\pi\varepsilon_o r^3}\frac{1-\left(\dfrac{u}{c}\right)^2}{\left[1-\left(\dfrac{u}{c}\right)^2\left(\dfrac{y^2+z^2}{r^2}\right)\right]^{\frac{3}{2}}} - \frac{\partial}{\partial z}\frac{qy}{4\pi\varepsilon_o r^3}\frac{1-\left(\dfrac{u}{c}\right)^2}{\left[1-\left(\dfrac{u}{c}\right)^2\left(\dfrac{y^2+z^2}{r^2}\right)\right]^{\frac{3}{2}}}\right]\boldsymbol{i}$$

$$+ \left[\frac{\partial}{\partial z}\frac{xq}{4\pi\varepsilon_o r^3}\frac{1-\left(\dfrac{u}{c}\right)^2}{\left[1-\left(\dfrac{u}{c}\right)^2\left(\dfrac{y^2+z^2}{r^2}\right)\right]^{\frac{3}{2}}} - \frac{\partial}{\partial x}\frac{zq}{4\pi\varepsilon_o r^3}\frac{1-\left(\dfrac{u}{c}\right)^2}{\left[1-\left(\dfrac{u}{c}\right)^2\left(\dfrac{y^2+z^2}{r^2}\right)\right]^{\frac{3}{2}}}\right]\boldsymbol{j}$$

$$+ \left[\frac{\partial}{\partial x}\frac{yq}{4\pi\varepsilon_o r^3}\frac{1-\left(\dfrac{u}{c}\right)^2}{\left[1-\left(\dfrac{u}{c}\right)^2\left(\dfrac{y^2+z^2}{r^2}\right)\right]^{\frac{3}{2}}} - \frac{\partial}{\partial y}\frac{xq}{4\pi\varepsilon_o r^3}\frac{1-\left(\dfrac{u}{c}\right)^2}{\left[1-\left(\dfrac{u}{c}\right)^2\left(\dfrac{y^2+z^2}{r^2}\right)\right]^{\frac{3}{2}}}\right]\boldsymbol{k}$$

$$- \frac{\partial}{\partial u}\left\{\frac{zq}{4\pi\varepsilon_o r^3}\frac{1-\left(\dfrac{u}{c}\right)^2}{\left[1-\left(\dfrac{u}{c}\right)^2\left(\dfrac{y^2+z^2}{r^2}\right)\right]^{\frac{3}{2}}}\right\}\frac{\partial u}{\partial x}\boldsymbol{j} + \frac{\partial}{\partial u}\left\{\frac{yq}{4\pi\varepsilon_o r^3}\frac{1-\left(\dfrac{u}{c}\right)^2}{\left[1-\left(\dfrac{u}{c}\right)^2\left(\dfrac{y^2+z^2}{r^2}\right)\right]^{\frac{3}{2}}}\right\}\frac{\partial u}{\partial x}\boldsymbol{k}$$

$$(5-11)$$

式(5-11)的物理意义是 t 时刻电荷速度变化时产生电场的旋度。令

$$\nabla \times \boldsymbol{E}' = \left[\frac{\partial}{\partial y}\frac{qz}{4\pi\varepsilon_o r^3}\frac{1-\left(\dfrac{u}{c}\right)^2}{\left[1-\left(\dfrac{u}{c}\right)^2\left(\dfrac{y^2+z^2}{r^2}\right)\right]^{\frac{3}{2}}} - \frac{\partial}{\partial z}\frac{qy}{4\pi\varepsilon_o r^3}\frac{1-\left(\dfrac{u}{c}\right)^2}{\left[1-\left(\dfrac{u}{c}\right)^2\left(\dfrac{y^2+z^2}{r^2}\right)\right]^{\frac{3}{2}}}\right]\boldsymbol{i}$$

$$+\left[\frac{\partial}{\partial z}\frac{xq}{4\pi\varepsilon_o r^3}\frac{1-\left(\frac{u}{c}\right)^2}{\left[1-\left(\frac{u}{c}\right)^2\left(\frac{y^2+z^2}{r^2}\right)\right]^{\frac{3}{2}}}-\frac{\partial}{\partial x}\frac{zq}{4\pi\varepsilon_o r^3}\frac{1-\left(\frac{u}{c}\right)^2}{\left[1-\left(\frac{u}{c}\right)^2\left(\frac{y^2+z^2}{r^2}\right)\right]^{\frac{3}{2}}}\right]\boldsymbol{j}$$

$$+\left[\frac{\partial}{\partial x}\frac{yq}{4\pi\varepsilon_o r^3}\frac{1-\left(\frac{u}{c}\right)^2}{\left[1-\left(\frac{u}{c}\right)^2\left(\frac{y^2+z^2}{r^2}\right)\right]^{\frac{3}{2}}}-\frac{\partial}{\partial y}\frac{xq}{4\pi\varepsilon_o r^3}\frac{1-\left(\frac{u}{c}\right)^2}{\left[1-\left(\frac{u}{c}\right)^2\left(\frac{y^2+z^2}{r^2}\right)\right]^{\frac{3}{2}}}\right]\boldsymbol{k}$$

$$(5-12)$$

式(5-12)的物理意义是运动电荷瞬时产生电场的旋度,式(5-12)可变为

$$\boldsymbol{\nabla}\times\boldsymbol{E}(t)-\boldsymbol{\nabla}\times\boldsymbol{E}'=-\frac{\partial}{\partial u}\left\{\frac{zq}{4\pi\varepsilon_o r^3}\frac{1-\left(\frac{u}{c}\right)^2}{\left[1-\left(\frac{u}{c}\right)^2\left(\frac{y^2+z^2}{r^2}\right)\right]^{\frac{3}{2}}}\right\}\frac{\mathrm{d}u}{\mathrm{d}x}\boldsymbol{j}$$

$$+\frac{\partial}{\partial u}\left\{\frac{yq}{4\pi\varepsilon_o r^3}\frac{1-\left(\frac{u}{c}\right)^2}{\left[1-\left(\frac{u}{c}\right)^2\left(\frac{y^2+z^2}{r^2}\right)\right]^{\frac{3}{2}}}\right\}\frac{\mathrm{d}u}{\mathrm{d}x}\boldsymbol{k}$$

$$(5-13)$$

式(5-13)的物理意义是运动电荷有加速度时电场的旋度减去电荷瞬时产生电场的旋度,这两项相减等于电荷的加速度产生的电场的旋度,令 $\boldsymbol{\nabla}\times\boldsymbol{E}=\boldsymbol{\nabla}\times(\boldsymbol{E}_0-\boldsymbol{E}')$,则式(5-13)为

$$\boldsymbol{\nabla}\times\boldsymbol{E}=-\frac{\partial}{\partial u}\left\{\frac{zq}{4\pi\varepsilon_o r^3}\frac{1-\left(\frac{u}{c}\right)^2}{\left[1-\left(\frac{u}{c}\right)^2\left(\frac{y^2+z^2}{r^2}\right)\right]^{\frac{3}{2}}}\right\}\frac{\mathrm{d}u}{\mathrm{d}x}\boldsymbol{j}$$

$$(5-14)$$

$$+\frac{\partial}{\partial u}\left\{\frac{yq}{4\pi\varepsilon_o r^3}\frac{1-\left(\frac{u}{c}\right)^2}{\left[1-\left(\frac{u}{c}\right)^2\left(\frac{y^2+z^2}{r^2}\right)\right]^{\frac{3}{2}}}\right\}\frac{\mathrm{d}u}{\mathrm{d}x}\boldsymbol{k}$$

利用 $\dfrac{1}{\sqrt{(1-x)^3}}\approx1+\dfrac{3}{2}x$,式(5-14)可简化为

$$\nabla \times \boldsymbol{E} = -\frac{\partial}{\partial u}\left\{\frac{zq}{4\pi\varepsilon_o r^3}\left[1-\left(\frac{u}{c}\right)^2\right]\left[1+\frac{3}{2}\left(\frac{u}{c}\right)^2\left(\frac{y^2+z^2}{r^2}\right)\right]\right\}\frac{\mathrm{d}u}{\mathrm{d}x}\boldsymbol{j}$$
$$+\frac{\partial}{\partial u}\left\{\frac{yq}{4\pi\varepsilon_o r^3}\left[1-\left(\frac{u}{c}\right)^2\right]\left[1+\frac{3}{2}\left(\frac{u}{c}\right)^2\left(\frac{y^2+z^2}{r^2}\right)\right]\right\}\frac{\mathrm{d}u}{\mathrm{d}x}\boldsymbol{k}$$

$$(5-15)$$

为了方便推导,把右边式子稍改变一下,得

$$\nabla \times \boldsymbol{E} = -\frac{\partial}{\partial u}\left\{\frac{zq}{4\pi\varepsilon_o r^3}\left[1-\left(\frac{u}{c}\right)^2\right]\left[1+\frac{3}{2}\left(\frac{u}{c}\right)^2\left(\frac{x^2+y^2+z^2}{r^2}\right)-\frac{3}{2}\left(\frac{u}{c}\right)^2\left(\frac{x^2}{r^2}\right)\right]\right\}\frac{\mathrm{d}u}{\mathrm{d}x}\boldsymbol{j}$$
$$+\frac{\partial}{\partial u}\left\{\frac{yq}{4\pi\varepsilon_o r^3}\left[1-\left(\frac{u}{c}\right)^2\right]\left[1+\frac{3}{2}\left(\frac{u}{c}\right)^2\left(\frac{x^2+y^2+z^2}{r^2}\right)-\frac{3}{2}\left(\frac{u}{c}\right)^2\left(\frac{x^2}{r^2}\right)\right]\right\}\frac{\mathrm{d}u}{\mathrm{d}x}\boldsymbol{k}$$

$$(5-16)$$

代入 $r^2 = x^2 + y^2 + z^2$ 后展开,忽略高次项,得

$$\nabla \times \boldsymbol{E} = -\frac{\partial}{\partial u}\left\{\frac{zq}{4\pi\varepsilon_o r^3}\left[1-\left(\frac{u}{c}\right)^2+\frac{3}{2}\left(\frac{u}{c}\right)^2\right]\right\}\frac{\mathrm{d}u}{\mathrm{d}x}\boldsymbol{j}$$
$$+\frac{\partial}{\partial u}\left\{\frac{yq}{4\pi\varepsilon_o r^3}\left[1-\left(\frac{u}{c}\right)^2+\frac{3}{2}\left(\frac{u}{c}\right)^2\right]\right\}\frac{\mathrm{d}u}{\mathrm{d}x}\boldsymbol{k}$$

$$(5-17)$$

对式(5-17)求偏导数,得

$$\nabla \times \boldsymbol{E} = -\frac{zqu}{4\pi\varepsilon_o r^3 c^2}\frac{\mathrm{d}u}{\mathrm{d}x}\boldsymbol{j} + \frac{yqu}{4\pi\varepsilon_o r^3 c^2}\frac{\mathrm{d}u}{\mathrm{d}x}\boldsymbol{k}$$

$$(5-18)$$

利用链式法则 $\dfrac{\mathrm{d}u}{\mathrm{d}x} = \dfrac{\partial u}{\partial t}\dfrac{\mathrm{d}t}{\mathrm{d}x} = \dfrac{\partial u}{u\partial t}$, 则式(5-18)可得

$$\nabla \times \boldsymbol{E} = -\frac{zq}{4\pi\varepsilon_o r^3 c^2}\frac{\partial u}{\partial t}\boldsymbol{j} + \frac{yq}{4\pi\varepsilon_o r^3 c^2}\frac{\partial u}{\partial t}\boldsymbol{k}$$

$$(5-19)$$

针对静止坐标系中的运动电荷,在任意位置的瞬间,只考虑速度的变化,式(5-19)可以写为

$$\nabla \times \boldsymbol{E} = -\frac{\partial}{\partial t}\left[\frac{zqu}{4\pi\varepsilon_o r^3 c^2}\boldsymbol{j} - \frac{yqu}{4\pi\varepsilon_o r^3 c^2}\boldsymbol{k}\right]$$

$$(5-20)$$

根据磁场强度的表达式,有

$$\boldsymbol{B} = \frac{qu}{4\pi\varepsilon_o r^2 c^2}\frac{z}{r}\boldsymbol{j} - \frac{yqu}{4\pi\varepsilon_o r^2 c^2}\frac{y}{r}\boldsymbol{k}$$

$$(5-21)$$

式(5-20)可进一步写为

$$\mathbf{\nabla} \times \mathbf{E} = -\frac{\partial \mathbf{B}}{\partial t} \tag{5-22}$$

根据数学中的高斯定律,式(5-22)中的 $\mathbf{E}$ 满足

$$\varepsilon = \oint \mathbf{E} \cdot \mathrm{d}\mathbf{l} = \iint_S (\mathbf{\nabla} \times \mathbf{E}) \cdot \mathrm{d}\mathbf{S} = -\iint_S \frac{\partial \mathbf{B}}{\partial t} \cdot \mathrm{d}\mathbf{S} \tag{5-23}$$

式(5-23)就是法拉第电磁感应定律,它的物理意义是当磁场随时间而发生改变,在磁场的周围产生新的电场 $\mathbf{E}$ [即式(5-22)和式(5-23)中的 $\mathbf{E}$],但这 $\mathbf{E}$ 既不是静电场,也不是运动电荷产生的电场,它是由电荷的加速度产生的,是磁场随时间变化时在磁场周围产生的涡旋电场,这也就是麦克斯韦于1861 年提出的感应电场。如果用电场线来表征,式(5-22)和式(5-23)中的 $\mathbf{E}$ 对应的电场线是无始无终的封闭曲线,这个涡旋电场与无线长的载流导线在周围产生的涡旋磁场极为类似,如图 5-15 所示。匀速运动电荷在空间产生的电场旋度虽然不为 0,但不是涡旋电场,不参与电磁波的传播。只有电荷的加速度产生的电场才是涡旋电场。

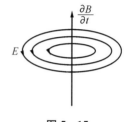

图 5-15

涡旋电场的特点如下:

(1) 变化的磁场能够在周围空间(包括无磁场区域)激发感应电场;

(2) 感应电场的环流不等于零,表明感应电场为涡旋场,所以又称为"涡旋电场";

(3) 感应电场的方向式中,负号表示感应电场与磁场增量的方向成右手螺旋关系。

需要特别注意的是,在感应电场中有导体的情形下,仍然不能为感应电场定义电势和电势差,只有接入外电路中形成电流后,方可判断电势和电势差。

5.3.2 感生电场的实际案例

1. 电子感应加速器结构

即使没有导体存在,变化的磁场也在空间激发涡旋状的感应电场。电子感应加速器便应用了这个原理。电子加速器是加速电子的装置,它的主要结构如图 5-16 所示。在电磁铁两极的间隙中安放一个环形真空室。电磁铁用频率为每秒数十周的强大交变电流来励磁,使

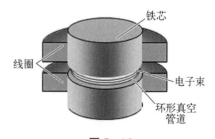

图 5-16

两极间的磁感应强度 B 往返变化,从而在环形室内感应出很强的涡旋电场。用电子枪将电子注入环形室,它们在涡旋电场的作用下被加速,同时在磁场里受到洛伦兹力的作用,沿圆形轨道运动。

2. 电磁炉原理

当大块导体放在变化的磁场中,在导体内部会产生感应电流,由于这种电流在导体内自成封闭回路,故称为涡电流。如图 5－17(a)所示。强大的涡流在金属内流动时,会释放出大量的焦耳热。工业上利用这种热效应制成高频感应电炉来冶炼金属。高频感应电炉的结构原理如图 5－17(b)所示。在坩埚的外缘绕有线圈,当线圈与大功率高频交变电源接通时,高频交变电流在线圈内激发很强的高频交变磁场,这时放在坩埚内被冶炼的金属因电磁感应而产生涡流,释放出大量的焦耳热,结果使自身熔化。这种加热和冶炼方法的独特优点是无接触加热。把金属和坩埚等放在真空室加热,可以使金属不受玷污;此外,由于它是在金属内部各处同时加热,而不是使热量从外面传递进去,因此加热的效率高,速度快。高频感应电炉已广泛用于冶炼特种钢、难熔或较活泼的金属以及提纯半导体材料等工艺中。

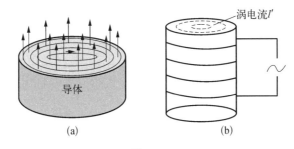

图 5－17

3. 趋肤效应

一段均匀的柱状导体中通过稳恒电流时,电流密度在导体的横截面上是均匀分布的。然而,当交变电流通过导体时,由于交流电产生的交变磁场会在导体内部引起涡流,所以电流密度在导体横截面上的分布不再是均匀的,越靠近导体表面处,电流密度越大,这种现象称为趋肤效应。随着交变电流频率的提高,趋肤效应越明显。趋肤效应的理论分析是比较复杂的,因为当导体中流过交变电流时,变化的磁场可以激发涡旋电场,从而产生涡流,而变化着的涡流又反过来激发变化的电磁场,它们互相影响。如图 5－18 所示,当导体中有电流 I 通过时,在它周围产生环形磁场,当 I 变化时,B 随之变化,于是在导体中产生涡旋电场。在轴线附近,I 和感应电流有抵消的趋势,而在导体表面附近,当传导电流与感应电流同向,有加强的趋势,所以导体截面上电流强度的分布是边缘电流大于中心电流,从而产生趋肤效应。

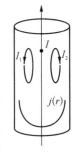

图 5－18

当频率很高的电流通过导线时,可以认为电流只在导线表面上很薄的一层流过,这等效于导线的横截面积减小,电阻增大。既然导线的中心部分几乎没有电流流过,就可以把中心部分除去,以节约铜材,因此在高频电路中可以采用空心导线代替实心导线。此外,在高频电路中往往采用多股绝缘细导线编织成束的辫线来代替同样截面积等措施来降低趋肤效应的影响。

4. 变压器设计

涡流所产生的热在某些问题中非常有害。在电机和变压器中,为了增大磁感应强度,都采用了铁芯,当电机和变压器的线圈中通过交变电流时,铁芯中将产生很大的涡流,白白损耗大量的能量(称为铁芯的涡流损耗),甚至发热量可能大到烧毁这些设备。为了减小涡流及其损失,通常采用叠合起来的硅钢片代替整块铁芯,并使硅钢片平面与磁感线平行(见图 5 - 19)。

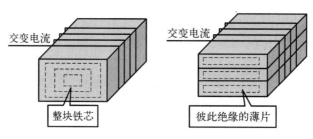

图 5 - 19

5. 感生电动势的经典例题解析

例 5 - 9 如图 5 - 20 所示,充满着均匀磁场的半径为 R 的圆柱形区,磁感应强度的变化率大于零且为恒量 dB/dt,把长度为 L 的棒放在磁场区域的如图位置。(1) 计算棒 AB 上的感生电动势;(2) 计算离磁场中心为 r 处的感应电场的大小。

解 (1) 由于 $\triangle OAB$ 回路中,感应电场与 OA、OB 相互垂直,所以 OA、OB 上不产生感应电动势。这样,OAB 回路中的感应电动势等于 AB 段的感应电动势。先计算 $\triangle OAB$ 中通过的磁通量,有

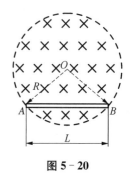

图 5 - 20

$$\Phi = B \frac{L}{2} \sqrt{R^2 - \left(\frac{L}{2}\right)^2}$$

对应的感应电动势为

$$\varepsilon_{AB} = \frac{d\Phi}{dt} = \frac{L}{2} \sqrt{R^2 - \left(\frac{L}{2}\right)^2} \frac{dB}{dt}$$

(2) 任意半径处对应的感应电场为

$$E2\pi r = -\pi r^2 \frac{\mathrm{d}B}{\mathrm{d}t}$$

得

$$E = -\frac{r}{2}\frac{\mathrm{d}B}{\mathrm{d}t}$$

例 5 - 10 如图 5 - 21 所示,充满着均匀磁场的半径为 R 的圆柱形区,磁感应强度的变化率大于零且为恒量 $\mathrm{d}B/\mathrm{d}t$。 现在有一导体回路,边长均为 L,每边电阻均为 h。 计算导体棒 AB 的电势差。

解 整个回路的电动势只与球帽里的磁通量有关,先计算球帽中的磁通量

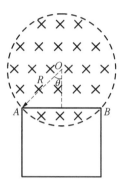

图 5 - 21

$$\Phi = SB = \left[\frac{1}{2}R^2 2\theta - \frac{L}{2}\sqrt{R^2 - \left(\frac{L}{2}\right)^2}\right]B$$

整个回路中的电动势为

$$\varepsilon = -\frac{\mathrm{d}\Phi}{\mathrm{d}t} = -\left[\frac{1}{2}R^2 2\theta - \frac{L}{2}\sqrt{R^2 - \left(\frac{L}{2}\right)^2}\right]\frac{\mathrm{d}B}{\mathrm{d}t}$$

整个回路中通过的电流为

$$I = \frac{\varepsilon}{4h} = \frac{1}{4h}\left[\frac{1}{2}R^2 2\theta - \frac{L}{2}\sqrt{R^2 - \left(\frac{L}{2}\right)^2}\right]\frac{\mathrm{d}B}{\mathrm{d}t}$$

由于 $\triangle OAB$ 回路中,感应电场与 OA、OB 相互垂直,所以 OA、OB 上不产生感应电动势。这样,OAB 回路中的感应电动势等于 AB 段的感应电动势,即

$$\varepsilon_{AB} = -\frac{\mathrm{d}\Phi}{\mathrm{d}t} = -\frac{L}{2}\sqrt{R^2 - \left(\frac{L}{2}\right)^2}\frac{\mathrm{d}B}{\mathrm{d}t}$$

AB 之间的电势差为

$$U_{AB} = \varepsilon_{AB} - hI = \frac{L}{2}\sqrt{R^2 - \left(\frac{L}{2}\right)^2}\frac{\mathrm{d}B}{\mathrm{d}t} - \frac{1}{4}\left[\frac{1}{2}R^2 2\theta - \frac{L}{2}\sqrt{R^2 - \left(\frac{L}{2}\right)^2}\right]\frac{\mathrm{d}B}{\mathrm{d}t}$$

例 5 - 11 如图 5 - 22 所示,已知一个边长为 a 的正方形布满均匀磁场区域,现抽掉一个等边三角形的磁场,已知磁感应强度的变化率为 $\mathrm{d}B/\mathrm{d}t$。 求导体棒 AB 上的电动势。

解 用补偿法,先把正方形内磁场补齐,然后计算正方形四周产生的电动势。正方形内的磁通量为

$$\Phi_1 = a^2 B$$

对应的感应电动势为

$$\varepsilon_{AB} = -\frac{d\Phi_1}{4dt} = -\frac{1}{4}a^2\frac{dB}{dt}$$

现在单独计算等边三角形磁场区产生的总电动势

$$\varepsilon_2 = -\frac{d\Phi_2}{dt} = -\frac{\sqrt{3}}{4}a^2\frac{dB}{dt}$$

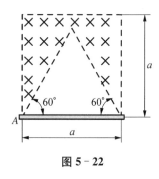

图 5-22

考虑对称关系,每个边的电动势为

$$\varepsilon'_{AB} = -\frac{1}{3}\frac{\sqrt{3}}{4}a^2\frac{dB}{dt} = -\frac{\sqrt{3}}{12}a^2\frac{dB}{dt}$$

AB 边总的电动势为

$$\varepsilon = \varepsilon_{AB} + \varepsilon'_{AB} = \frac{-3+\sqrt{3}}{12}a^2\frac{dB}{dt}$$

例 5-12 电荷 Q 均匀分布在一个质量为 m 的细绝缘环上,圆环初始处于静止状态。当打开一个垂直于圆环平面的磁场 B 时,圆环的角速度会达到多大? 不考虑圆环转动过程中产生的磁场。

解 圆环中突然加入磁场,会产生感生电场

$$E2\pi r = \varepsilon = -\frac{d\Phi}{dt}$$

得沿圆环切线方向的感应电场强度

$$E = -\frac{d\Phi}{2\pi r\,dt}$$

在圆环上一微小电荷元产生的电场力为

$$df = Edq = -\frac{d\Phi}{2\pi r\,dt}\frac{Qd\theta}{2\pi}$$

电荷元上产生的电场力对圆环中心产生力矩,圆环所有的电荷元产生的力矩方向相同,总的力矩为

$$M = \sum df\,r = -\sum\frac{d\Phi}{2\pi r\,dt}\frac{Qd\theta}{2\pi}r = \frac{Qd\Phi}{2\pi dt}$$

把 dt 移动一下,有

$$Mdt = -\frac{Q}{2\pi}d\Phi$$

根据力学中角动量定理，得

$$mr^2 d\omega = -\frac{Q}{2\pi}d\Phi$$

积分

$$\int_0^\omega mr^2 d\omega = -\frac{Q}{2\pi}\int_0^\Phi d\Phi$$

$$mr^2\omega = -\frac{Q\Phi}{2\pi}$$

圆环达到的角速度为

$$\omega = -\frac{Q\Phi}{2m\pi r^2} = -\frac{Q\pi r^2 B}{2m\pi r^2} = -\frac{QB}{2m}$$

例 5 - 13　如图 5 - 23 所示，一个光滑的水平面上有一个半径为 r 的金属圆环与一直导线连接，垂直于纸面的磁感应强度 $B = kt$，计算 ab 之间的电势差。环和直导线单位长度的电阻为 λ，单位长度的质量为 m。

解　$\triangle oab$ 回路中的电动势等于 ab 段的电动势，扇形 $oadb$ 回路的电动势就等于 abd 段的电动势。所以当 $\theta = 60°$，对应的感应电动势分别为

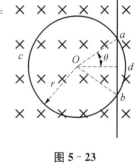

$$\begin{cases} \varepsilon_{acb} = -\dfrac{d\Phi_1}{dt} = \dfrac{2}{3}\pi r^2 \dfrac{dB}{dt} \\[2mm] \varepsilon_{adb} = -\dfrac{d\Phi_2}{dt} = \dfrac{1}{3}\pi r^2 \dfrac{dB}{dt} \\[2mm] \varepsilon_{ab} = -\dfrac{d\Phi_3}{dt} = \dfrac{\sqrt{3}}{4}r^2 \dfrac{dB}{dt} \end{cases}$$

图 5 - 23

设通过 acb 的电流为 I_1，通过 bda 段的电流为 I_2，通过 ba 段的电流为 I_3。根据回路电动势等于电流强度和电阻的乘积，有

$$\begin{cases} \dfrac{2}{3}\pi r^2 \dfrac{dB}{dt} + \dfrac{\sqrt{3}}{4}r^2 \dfrac{dB}{dt} = \dfrac{2}{3}2\pi r\lambda I_1 + \sqrt{3}\,r\lambda I_3 \\[3mm] \dfrac{1}{3}\pi r^2 \dfrac{dB}{dt} - \dfrac{\sqrt{3}}{4}r^2 \dfrac{dB}{dt} = \dfrac{1}{3}2\pi r\lambda I_2 - \sqrt{3}\,r\lambda I_3 \\[3mm] I_1 = I_2 + I_3 \end{cases}$$

利用上面的方程组求得

$$\begin{cases} I_1 = \dfrac{8\pi+21\sqrt{3}}{16\pi+36\sqrt{3}}\dfrac{r}{\lambda}\dfrac{dB}{dt} \\[4mm] I_2 = \dfrac{8\pi+12\sqrt{3}}{16\pi+36\sqrt{3}}\dfrac{r}{\lambda}\dfrac{dB}{dt} \end{cases}$$

ab 段的电势差为

$$U_{ab} = R(I_1 - I_2) = \frac{27r^2}{16\pi+36\sqrt{3}}\frac{dB}{dt} = \frac{27r^2 k}{16\pi+36\sqrt{3}}$$

当 $\theta = 120°$，则有

$$\begin{cases} \varepsilon_{acb} = -\dfrac{d\Phi_1}{dt} = \dfrac{2}{3}\pi r^2\dfrac{dB}{dt} \\[4mm] \varepsilon_{adb} = -\dfrac{d\Phi_2}{dt} = \dfrac{1}{3}\pi r^2\dfrac{dB}{dt} \end{cases}$$

则电动势满足方程

$$\begin{cases} \dfrac{2}{3}\pi r^2\dfrac{dB}{dt} = \dfrac{2}{3}2\pi r\lambda I_1 + 2r\lambda I_3 \\[4mm] \dfrac{1}{3}\pi r^2\dfrac{dB}{dt} = \dfrac{1}{3}2\pi r\lambda I_2 - 2r\lambda I_3 \\[4mm] I_1 = I_2 + I_3 \end{cases}$$

$$\begin{cases} 3\pi r^2\dfrac{dB}{dt} = 2(2\pi r\lambda I_1) + (2\pi r\lambda)I_2 \\[4mm] \pi r^2\dfrac{dB}{dt} - 2\pi r\lambda I_2 + 6r\lambda I_2 = 6r\lambda I_1 \end{cases}$$

$$\begin{cases} 3\pi r^2\dfrac{dB}{dt} = 2(2\pi r\lambda I_1) + (2\pi r\lambda)I_2 \\[4mm] 3\pi r^2\dfrac{dB}{dt} - 6\pi r\lambda I_2 + 12r\lambda I_2 = 12r\lambda I_1 \end{cases}$$

$$I_1 = I_2$$

$$U_{aob} = 2r\lambda I_3 = 0$$

例 5 - 14 图 5 - 24 所示为电炉加热装置，假如通过交流电 $I = I_0\cos\omega t$，材料内部电导率为 ρ，半径为 a，长度为 l，计算其功率。

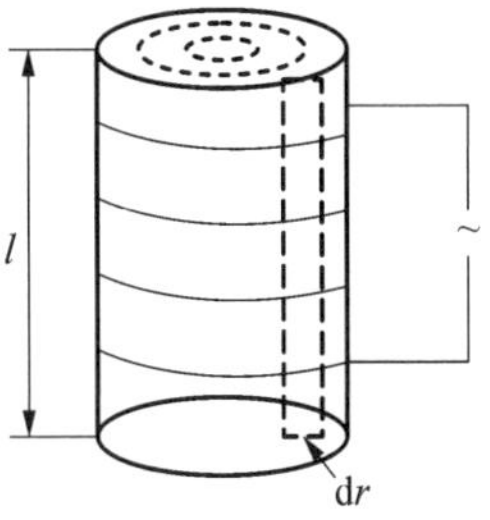

解 交流电电流强度为

$$I = I_0 \cos \omega t$$

距离轴心线为 r 的圆面积中通过的磁通量为

$$\Phi_r = \pi r^2 \mu_0 n I$$

在此半径上产生的感应电场强度为

$$\oint \boldsymbol{E} \cdot \mathrm{d}\boldsymbol{l} = \frac{\mathrm{d}\Phi_r}{\mathrm{d}t} = \pi r^2 \mu_0 n \frac{\mathrm{d}I}{\mathrm{d}t} = \pi r^2 \mu_0 n I_0 \omega \sin \omega t$$

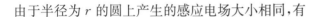

图 5-24

由于半径为 r 的圆上产生的感应电场大小相同,有

$$2\pi r E_r = \pi r^2 \mu_0 n \omega I_0 \sin \omega t$$

从上式得

$$E_r = \frac{r \mu_0 n}{2} I_0 \omega \sin \omega t$$

根据电流密度与电场强度和导电率之间的关系,得加热炉中的涡旋电流密度为

$$j_r = \rho E_r = \frac{r \rho \mu_0 n}{2} I_0 \omega \sin \omega t$$

$\mathrm{d}r$ 是薄圆筒的厚度,其中通过的电流强度为

$$\mathrm{d}I_r = j_r l \mathrm{d}r = \frac{r \rho \mu_0 n}{2} I_0 \omega l \mathrm{d}r \sin \omega t$$

对应的电阻为

$$\mathrm{d}R = \frac{l}{\rho S} = \frac{2\pi r}{\rho l \mathrm{d}r}$$

从而产生的功率为

$$\mathrm{d}P = \mathrm{d}R (\mathrm{d}I_r)^2 = \frac{2\pi r}{\rho l \mathrm{d}r} \left(\frac{r \rho \mu_0 n}{2} I_0 \omega l \mathrm{d}r \sin \omega t \right)^2 = \rho 2\pi r^3 \left(\frac{\mu_0 n}{2} I_0 \omega \sin \omega t \right)^2 l \mathrm{d}r$$

积分得

$$P = \int_0^a \rho 2\pi r^3 \left(\frac{\mu_0 n}{2} I_0 \omega \sin \omega t \right)^2 l \mathrm{d}r = \rho \frac{\pi}{2} a^4 \left(\frac{\mu_0 n}{2} I_0 \omega \sin \omega t \right)^2 l$$

例 5-15 如图 5-25 所示,无限长圆柱,半径为 R,内正电荷密度 $\rho = kr$,它

绕自己的轴心 ω 旋转时,长柱外有一半径为 R_1 的线圈,线圈中固定有 N 个小球,每个小球的质量为 m,电量为 Q,当圆柱突然停止转动时,求线圈转动的速度(不考虑导体内磁场对电荷分布的影响)。

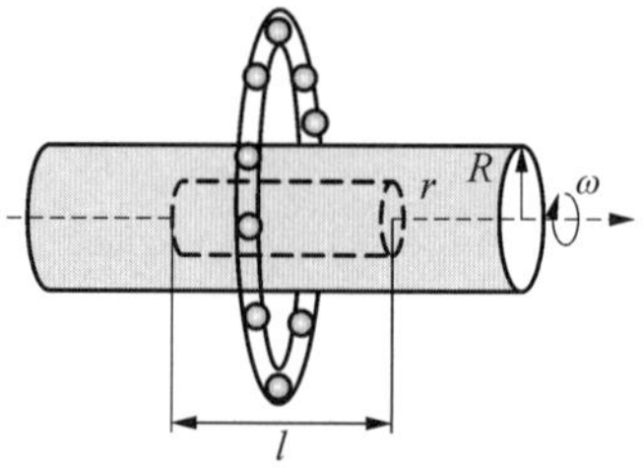

解　首先在圆柱内取长度为 l 的薄圆筒,当薄圆筒以 ω 旋转,其中电荷也随薄圆筒做圆周运动形成圆电流,薄圆筒相当于一个理想化的螺线管。根据螺线管上电流线密度,计算薄圆筒中的磁感应强度,就能方便计算出薄圆筒中的磁通量。

长度为 l、厚度为 dr 的薄圆筒带的电量为

$$dq = 2\pi r l\rho\, dr = 2\pi k l r^2\, dr$$

对应的电流线密度为

$$i = \frac{I}{l} = \frac{1}{l}\frac{dq}{\dfrac{2\pi}{\omega}} = \omega k r^2\, dr$$

薄圆筒中的磁感应强度为

$$B_r = \mu_0 i = \mu_0 \omega k r^2\, dr$$

薄圆筒中的磁通量为

$$d\Phi_r = \pi r^2 B_r = \mu_0 \pi \omega k r^4\, dr$$

整个圆柱内通过的磁通量为

$$\Phi = \int_0^R d\Phi_r = \int_0^R \mu_0 \pi \omega k r^4\, dr = \frac{1}{5}\mu_0 \pi \omega k R^5$$

根据感生电动势产生的原理,得圆周围产生的涡旋电场为

$$E 2\pi R_1 = -\frac{d\Phi}{dt} = -\frac{1}{5}\mu_0 \pi k R^5 \frac{d\omega}{dt}$$

得

$$E = -\frac{1}{2\pi R_1}\mu_0 k\omega \frac{\pi}{5}R^5 \frac{d\omega}{dt}$$

圆环中小球受到静电力为

$$F = EQ = Q\frac{1}{2\pi R_1}\mu_0 k\omega \frac{\pi}{5}R^5 \frac{d\omega}{dt}$$

图 5 - 25

静电力产生的总力矩产生的角冲量与转动惯量之间的关系为

$$NFR_1 \mathrm{d}t = J \mathrm{d}\omega_1$$

把 F 代入上式,得

$$NQR_1 \frac{1}{2\pi R_1} \mu_0 k\omega \frac{\pi}{5} R^5 \mathrm{d}\omega = J \mathrm{d}\omega_1$$

两边积分,得

$$NQR_1 \frac{1}{2\pi R_1} \mu_0 k \frac{\pi}{5} R^5 \int_\omega^0 \omega \mathrm{d}\omega = \int_0^{\omega_1} J \mathrm{d}\omega_1$$

则线圈转动的角速度为

$$\omega_1 = \frac{NQR_1 \dfrac{1}{4\pi R_1} \mu_0 k \dfrac{\pi}{5} R^5}{NmR_1^2} = \frac{Q\mu_0 k R^5 \omega^2}{20mR_1^2}$$

5.4　互感和自感

5.4.1　自感系数

1. 自感产生的物理模型与基本规律

当线圈中的电流变化时,通过线圈自身的磁通量(或磁通链数)也在变化,会在自身线圈中产生感应电动势,这种现象称为自感现象,所产生的电动势称为自感电动势。自感现象可以从图 5-26 中观察到,当开关闭合后,灯泡达到正常光亮后,断开开关,灯泡会继续发光,然后光才缓慢消失。这是因为当切断电源时,在线圈中产生感应电动势。这时,虽然电源已切断,但线圈 L 和灯泡 S 组成了闭合回路,感应电动势在这个回路中引起感应电流。为了让演示效果突出,取线圈的内阻比灯泡 S 的电阻小得多,便使断开之前线圈中原有电流较大,从而使 K 断开的瞬间通过 S 放电的电流较大,结果 S 熄灭前会突然闪亮一下。

实验指出:线圈中的电流产生的磁感应强度与电流成正比,因此通过线圈的磁通匝链数也正比于线圈中的电流,即

$$\Phi = LI \qquad (5-24)$$

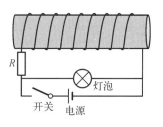

图 5-26

式中,L 被定义为自感系数,它的单位是亨利(H);I 是电流强度,单位为安培(A)。自感系数与线圈中电流无

关,仅由线圈的大小、几何形状以及匝数决定。

当线圈中的电流改变时,Φ 也随之改变,按照法拉第定律,线圈中产生的自感电动势为

$$\varepsilon = -\frac{\mathrm{d}\Phi}{\mathrm{d}t} = -L\frac{\mathrm{d}I}{\mathrm{d}t} - I\frac{\mathrm{d}L}{\mathrm{d}t} \qquad (5-25)$$

若回路几何形状、尺寸不变,周围介质的磁导率不变,$\dfrac{\mathrm{d}L}{\mathrm{d}t}=0$,则

$$\varepsilon = -L\frac{\mathrm{d}I}{\mathrm{d}t} \qquad (5-26)$$

式(5-26)仅适用于无铁磁介质(L 不随 I 变化)的情形。从此式可以看出,对于相同的电流变化率,L 愈大的线圈所产生的自感电动势愈大,即自感作用愈强。L 的存在阻碍电流的变化,所以自感电动势是反抗电流的变化,而不是反抗电流本身。

有以下两种计算自感系数的方法:

(1) 按定义计算:

$$\Phi = LI \Rightarrow L = \frac{\Phi}{I} \qquad (5-27)$$

(2) 据实验测量计算:

$$\varepsilon_L = -L\frac{\mathrm{d}I}{\mathrm{d}t} \Rightarrow L = -\frac{\varepsilon_L}{\dfrac{\mathrm{d}I}{\mathrm{d}t}} \qquad (5-28)$$

2. 自感电动势以及自感系数的例题解答

例 5-16 如图 5-27 所示,设有一单层密绕螺线管,长 $l=50$ cm,截面积 $S=10$ cm²,绕组的总匝数 $N=3\,000$,试求其自感系数。

解 此螺线管的长比半径大得多,管内的磁场是均匀分布的。当螺线管中通有电流 I 时,管内的磁感应强度为

$$B = \mu_0 nI$$

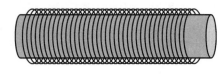

图 5-27

式中,$n = \dfrac{N}{l}$ 是单位长度内的匝数。因此,通过每一匝的磁通量都等于

$$\Phi = BS = \mu_0 nIS$$

通过螺线管的磁通链数为

$$\Phi_m = N\Phi = \mu_0 nNIS = \mu_0 n^2 lSI = \mu_0 n^2 VI$$

式中，$V = lS$ 是螺线管的体积。自感系数为

$$L = \frac{\Phi_m}{I} = \mu_0 n^2 V$$

由此式可以看出，螺线管自感系数 L 正比于它的体积和单位长度内匝数的平方（n^2）。将题中给的数值代入上式，则得

$$L = \mu_0 n^2 V = \mu_0 N^2 \frac{S}{l} = 12.57 \times 10^{-7} \times 3\,000^2 \times \frac{10 \times 10^{-4}}{0.5}\ \text{H}$$

$$= 2.3 \times 10^{-2}\ \text{H} = 23\ \text{mH}$$

计算的结果对于实际的螺线管是近似的，实际测得的自感系数比上述计算结果要小些。在有限长的螺线管中实际上存在端点效应，两端的磁场只有中间部分磁场的一半，所以实际磁通链数要相应地小一些。

例 5‑17　如图 5‑28 所示，设传输线由两个共轴长圆筒组成，半径分别为 R_1、R_2，电流由内筒的一端流入，由外筒流回。求此传输线一段长度为 l 的自感系数。

解　设电流为 I，用安培环路定理不难求出，两筒之间的磁感应强度为

$$B = \frac{\mu_0 I}{2\pi r}$$

为了计算此传输线长度为 l 的自感系数，只需计算通过图中阴影部分面积的磁通量 Φ，结果为

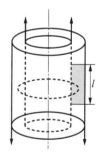

图 5‑28

$$\Phi = \int B\mathrm{d}S = \int_{R_1}^{R_2} Bl\,\mathrm{d}r = \frac{\mu_0}{2\pi} Il \int_{R_1}^{R_2} \frac{\mathrm{d}r}{r} = \frac{\mu_0}{2\pi} Il \ln \frac{R_2}{R_1}$$

因此，其自感系数为

$$L = \frac{\Phi}{I} = \frac{\mu_0}{2\pi} l \ln \frac{R_2}{R_1}$$

例 5‑18　如图 5‑29 所示，长度为 l 的圆柱形螺线管，竖直放置。在上方 1 m 处磁感应强度为 B_0，一小超导线圈在其上方，并与螺线管共轴，线圈的半径为 a，质量为 m，自感系数为 L。如线圈半径远小于螺线管的半径，线圈与螺线管的距离远大于螺线管的长度，计算：（1）平衡时线圈离螺线管的高度；（2）线圈在该平衡

位置的振动周期。

解 螺线管在轴心线上产生的磁感应强度为

$$B = \frac{\mu_0 nI}{2}(\cos\beta_2 - \cos\beta_1)$$

得

$$B = \frac{\mu_0 nI}{2}\left[\frac{h}{\sqrt{h^2+r^2}} - \frac{h+l}{\sqrt{(h+l)^2+r^2}}\right]$$

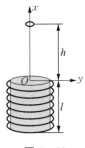

图 5 - 29

由于 $h \gg r, l$，近似处理得

$$B \approx \frac{\mu_0 nI}{2}\left\{\left(1-\frac{r^2}{2h^2}\right) - \left[1-\frac{r^2}{2(h+l)^2}\right]\right\}$$

$$B \approx \frac{\mu_0 nI}{2}\left[-\frac{r^2}{2h^2} + \frac{r^2}{2h^2\left(1+\frac{l}{h}\right)^2}\right] \approx \frac{\mu_0 nI}{2}\left[-\frac{r^2}{2h^2} + \frac{r^2}{2h^2}\left(1+\frac{2l}{h}\right)\right]$$

得

$$B \approx \frac{\mu_0 nIr^2 l}{2h^3}$$

在高度为 1 m 处，对应的磁感应强度为

$$B_0 = \frac{\mu_0 nIl}{2}\frac{r^2}{1} \Rightarrow B = \frac{B_0}{h^3}$$

当线圈位置发生改变时，线圈中感应电动势为

$$\varepsilon = -\frac{\mathrm{d}\Phi}{\mathrm{d}t} + L\frac{\mathrm{d}I}{\mathrm{d}t} = 0$$

线圈中通过的磁通量为 $\pi a^2 \dfrac{B_0}{h^3}$，则

$$\pi a^2 \frac{B_0}{h^3} = LI$$

$$I = \pi a^2 \frac{B_0}{Lh^3}$$

线圈具有的磁能（参看 2.5 节）为

$$W = -I\Phi = \frac{(\pi a^2 B_0)^2}{Lh^6}$$

线圈受到的安培力为

$$F = \frac{\mathrm{d}W}{\mathrm{d}h} = \frac{6(\pi a^2 B_0)^2}{Lh^7}$$

当线圈处于平衡状态时,有

$$\frac{6(\pi a^2 B_0)^2}{Lh^7} = mg$$

$$\Rightarrow h = \sqrt[7]{\frac{6(\pi a^2 B_0)^2}{Lmg}}$$

在平衡位置,对应的振动周期为

$$\frac{6(\pi a^2 B_0)^2}{Lh^7} = mg$$

偏离平衡位置,根据牛顿第二定律,有

$$ma = mg - \frac{6(\pi a^2 B_0)^2}{L(h+x)^7}$$

用上面近似的方法处理,得

$$ma \approx mg - \frac{6(\pi a^2 B_0)^2}{Lh^7}\left(1 + \frac{7x}{h}\right)$$

$$\Rightarrow \frac{\mathrm{d}^2 x}{\mathrm{d}t^2} + \frac{6(\pi a^2 B_0)^2}{mLh^7}\frac{7x}{h} = 0$$

利用平衡态下的条件,得

$$\frac{\mathrm{d}^2 x}{\mathrm{d}t^2} + \frac{7gx}{h} = 0$$

解得振动角频率

$$\omega = \sqrt{\frac{7g}{h}}$$

$$T = 2\pi\sqrt{\frac{h}{7g}}$$

例 5-19　如图 5-30 所示,一个质量为 m、边长为 a、自感系数为 L 的超导正方形 $ABCD$ 刚性框架,水平置于不随时间变化的非均匀磁场中,磁感应强度 B 在三个方向的分量分别为

$$B_x = -kx, \quad B_y = 0, \quad B_z = B_0 + kz$$

式中,B_0、k 是正的常量。设刚开始框架平行于 x、y,框架静止,并自由释放,求框架随后的运动。

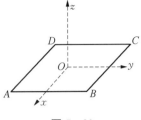

图 5-30

解　对于 z 方向的磁场,如果框架中产生感应电流,因为磁矩和磁场的方向相同,不产生磁力矩;对于 x 方向的磁场,框架 AD、BC 不产生安培力,AB、DC 两边产生的安培力大小相等,方向都指向 z 轴负方向,不产生力矩。所以框架在下降的过程中,不产生转动。

回路方程为

$$-\frac{\mathrm{d}\Phi}{\mathrm{d}t} - L\frac{\mathrm{d}I}{\mathrm{d}t} = 0$$

从中解得

$$\Phi + LI = \Phi_0$$

当 $t = 0$,$z = 0$ 时,对应的磁通量为

$$\Phi_0 = (B_0 + kz)S = B_0 a^2$$

代入回路方程,得

$$(B_0 + kz)a^2 + LI = B_0 a^2$$

解出电流

$$I = -\frac{kza^2}{L}$$

在线框下降过程中,框架受到的安培力为

$$F_z = \left(-k\frac{a}{2}\right)aI - \left[-k\left(-\frac{a}{2}\right)\right]aI = ka^2 I = \frac{k^2 a^4 z}{L}$$

所受的合力为

$$F_z = -mg - F_{安} = -mg - \frac{k^2 a^4 z}{L} = -\frac{k^2 a^4}{L}\left(z + \frac{mgL}{k^2 a^4}\right)$$

令 $z_0 = -\dfrac{mgL}{k^2 a^4}$,则

$$F_z = -\frac{k^2 a^4}{L}(z - z_0)$$

$$\frac{\mathrm{d}^2(z - z_0)}{\mathrm{d}t^2} + \frac{k^2 a^4}{mL}(z - z_0) = 0$$

$$\omega = \sqrt{\frac{k^2 a^4}{mL}}$$

简谐振动方程为

$$z - z_0 = A\cos\left(\sqrt{\frac{k^2 a^4}{mL}}\, t + \theta_0\right)$$

当 $t = 0$，$z = 0$，$v = 0$ 时，有

$$\begin{cases} 0 - z_0 = A\cos\theta_0 \\ v = A\sqrt{\dfrac{k^2 a^4}{mL}}\sin\theta_0 = 0 \end{cases}$$

得

$$\theta_0 = 0, \; A = -z_0$$

所以振幅

$$z_0 = \frac{mgL}{k^2 a^4}$$

振动方程

$$z = -z_0\cos\sqrt{\frac{k^2 a^4}{mL}}\, t + z_0 = \frac{mgL}{k^2 a^4}\left(\cos\sqrt{\frac{k^2 a^4}{mL}}\, t - 1\right)$$

5.4.2　互感系数

1. 互感的概念和互感系数

如图 5-31 所示,当线圈 1 中的电流变化时,它通过线圈 2 时磁通量会发生变化,从而在线圈 2 中产生感应电动势;同样,线圈 2 中的电流变化会导致线圈 1 中产生感应电动势,这种现象称为互感现象,所产生的感应电动势称为互感电动势。显然,一个线圈中的互感电动势不

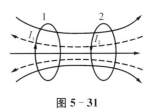

图 5-31

仅与另一线圈中的电流变化率有关,而且也与两个线圈的结构以及它们之间的相对位置有关。设线圈 1 所产生的磁场通过线圈 2 的磁通链数为 Φ_{12},Φ_{12} 与线圈 1 中的电流 I_1 成正比,有

$$\Phi_{12} = M_{12} I_1 \tag{5-29}$$

同理,设线圈 2 激发的磁场通过线圈 1 的磁通链数为

$$\Phi_{21} = M_{21} I_2 \tag{5-30}$$

式(5-29)和式(5-30)中的 M_{12} 和 M_{21} 被定义为互感系数,它们由线圈的几何形状、大小、匝数以及线圈之间的相对位置所决定,而与线圈中的电流无关。

当线圈 1 中的电流 I_1 改变时,通过线圈 2 的磁通链数将发生变化,在线圈 2 中产生的感应电动势为

$$\varepsilon_{21} = -\frac{d\Phi_{21}}{dt} = -M \frac{dI_1}{dt} - I_1 \frac{dM}{dt}$$

当 $\dfrac{dM}{dt} = 0$ 时,则

$$\varepsilon_2 = -\frac{d\Phi_{12}}{dt} = -M_{12} \frac{dI_1}{dt} \tag{5-31}$$

同理,线圈 2 中的电流 I_2 改变时,在线圈 1 中产生的感应电动势为

$$\varepsilon_{12} = -\frac{d\Phi_{12}}{dt} = -M \frac{dI_2}{dt} - I_2 \frac{dM}{dt}$$

同样,当 $\dfrac{dM}{dt} = 0$ 时,则

$$\varepsilon_1 = -\frac{d\Phi_{21}}{dt} = -M_{21} \frac{dI_2}{dt} \tag{5-32}$$

由此式(5-31)和式(5-32)可以看出,M_{12} 和 M_{21} 愈大,则互感电动势愈大,互感现象愈强。可以证明,M_{12} 和 M_{21} 是相等的。互感系数与两回路的几何形状、它们的相对位置以及周围介质的磁导率有关。互感系数的大小反映了两个线圈磁场的相互影响程度。

2. 互感系数相等的证明

以两个线圈构成的系统为例,如图 5-32 所示。两个线圈分别通过的电流为

I_1 和 I_2，对于线圈 1 和 2，彼此从对方获得的磁通量的表达式
分别为

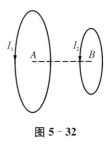

图 5-32

$$\begin{cases} \Phi_{12} = \int\!\!\int_{S_1} \oint_{L_2} \dfrac{\mu_0 I_2}{4\pi r^2}(\mathrm{d}\boldsymbol{l}_B \times \boldsymbol{r}_0)\cdot \mathrm{d}\boldsymbol{S} = M_{12} I_2 \\[2mm] \Phi_{21} = \int\!\!\int_{S_2} \oint_{L_1} \dfrac{\mu_0 I_1}{4\pi r^2}(\mathrm{d}\boldsymbol{l}_A \times \boldsymbol{r}_0)\cdot \mathrm{d}\boldsymbol{S} = M_{21} I_1 \end{cases} \quad (5\text{-}33)$$

将式(5-33)两边同时乘上 I_1 和 I_2，得

$$\begin{cases} I_1 \Phi_{12} = I_1 \int\!\!\int_{S_1} \oint_{L_2} \dfrac{\mu_0 I_2}{4\pi r^2}(\mathrm{d}\boldsymbol{l}_B \times \boldsymbol{r}_0)\cdot \mathrm{d}\boldsymbol{S} = M_{12} I_1 I_2 \\[2mm] I_2 \Phi_{21} = I_2 \int\!\!\int_{S_2} \oint_{L_1} \dfrac{\mu_0 I_1}{4\pi r^2}(\mathrm{d}\boldsymbol{l}_A \times \boldsymbol{r}_0)\cdot \mathrm{d}\boldsymbol{S} = M_{21} I_2 I_1 \end{cases} \quad (5\text{-}34)$$

由 2.5 节证明的关系，有

$$I_2 \int\!\!\int_{S_2} \oint_{L_1} \frac{\mu_0 I_1}{4\pi r^2}(\mathrm{d}\boldsymbol{l}_A \times \boldsymbol{r}_0)\cdot \mathrm{d}\boldsymbol{S} = I_1 \int\!\!\int_{S_1} \oint_{L_2} \frac{\mu_0 I_2}{4\pi r^2}(\mathrm{d}\boldsymbol{l}_B \times \boldsymbol{r}_0)\cdot \mathrm{d}\boldsymbol{S}$$

则式(5-34)中的两个方程相等，即

$$M_{12} I_1 I_2 = M_{21} I_2 I_1$$

这样，对应的互感系数必定满足

$$M_{12} = M_{21} \quad (5\text{-}35)$$

有以下两种计算互感系数的方法。

(1) 按定义计算：

$$M = \frac{\Phi_{21}}{I_1} = \frac{\Phi_{12}}{I_2} \quad (5\text{-}36)$$

(2) 据实验测量计算：

$$M = -\frac{\varepsilon_{21}}{\dfrac{\mathrm{d}I_1}{\mathrm{d}t}} = -\frac{\varepsilon_{12}}{\dfrac{\mathrm{d}I_2}{\mathrm{d}t}} \quad (5\text{-}37)$$

　　互感在电工、无线电技术中应用得很广泛，互感线圈能够使能量或信号由一个
线圈方便地传递到另一个线圈。电工、无线电技术中使用的各种变压器(如电力变
压器，中频变压器，输出、输入变压器等)都是互感器件。在某些问题中，互感常常
是有害的，例如，有线电话往往会由于两路电话之间的互感而引起串音，无线电设

备中也往往会由于导线间或器件间的互感而妨碍正常工作,在这种情况下就需要设法避免互感的干扰。

3. 互感电动势相关的例题解析

例 5-20   一长螺线管,其长度 $l = 1.0$ m,截面积 $S = 10$ cm^2,匝数 $N_1 = 1\,000$,螺线管内部中心段再密绕一个匝数 $N_2 = 20$ 的稍小一点的螺线管,两螺线管的截面积近似相等,计算这两个螺线管的互感。如果螺线管内电流的变化率为 10 A/s,则螺线管 2 中的感应电动势为多少?

解   设外螺线管中的电流为 I_1,它在螺线管内部中段产生的磁感应强度为

$$B = \mu_0 \frac{N_1 I_1}{l}$$

内部小螺线管的磁通链数为

$$\Phi_{12} = N_2 B S = \mu_0 \frac{N_1 N_2 S}{l} I_1$$

得两螺线管的互感系数为

$$M = \frac{\Phi_{12}}{I_1} = \mu_0 \frac{N_1 N_2 S}{l}$$

代入数值,得

$$M = \frac{4\pi \times 10^{-7} \times 1\,000 \times 20 \times 10^{-3}}{1.0} \text{ H} = 25 \times 10^{-6} \text{ H} = 25 \ \mu\text{H}$$

当外螺线管中电流的变化率 $\dfrac{\mathrm{d}I_1}{\mathrm{d}t} = 10$ A/s 时,螺线管 2 中的感应电动势为

$$\varepsilon = -M \frac{\mathrm{d}I_1}{\mathrm{d}t} = -25 \times 10^{-6} \text{ H} \times 10 \text{ A/s} = -250 \ \mu\text{V}$$

例 5-21   如图 5-33 所示,两同心共面导体圆环,半径分别为 r_1、$r_2 (r_1 \ll r_2)$,通过的电流 $I = kt$,k 为正的常数,求变化磁场在大圆环内激发的感生电动势。

解   先假定大线圈中通过的电流强度为 I_2,通过小线圈中的磁通量来计算互感系数

$$B = \frac{\mu_0 I_2}{2 r_2}$$

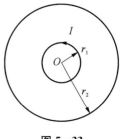

图 5-33

先计算小线圈内

$$M = \frac{\Phi_{12}}{I_2} = \frac{B_2 \pi r_1^2}{I_2} = \frac{\mu_0 \pi r_1^2}{2r_2}$$

这样,小线圈中电流的变化在大线圈中产生的电动势为

$$\varepsilon_{21} = -\frac{\mathrm{d}\Phi_{21}}{\mathrm{d}t} = -M \frac{\mathrm{d}I}{\mathrm{d}t} = -\frac{\mu_0 \pi r_1^2}{2r_2} k$$

例 5 - 22   如图 5 - 34 所示,在相距为 $2a$ 的两根无限长平行导线之间,有一半径为 a 的导体圆环与两者相切并绝缘,求导体圆环与长直导线之间的互感系数。

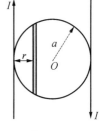

解   两导线间任一点 P 的总磁感应强度大小为

$$B = \frac{\mu_0 I}{2\pi} \left(\frac{1}{r} + \frac{1}{2a-r} \right) = \frac{\mu_0 I}{2\pi} \frac{2a}{r(2a-r)}$$

通过圆环的磁通量为

图 5 - 34

$$\Phi_m = \frac{\mu_0 I}{2\pi} \int_0^{2a} \frac{2a}{r(2a-r)} 2\sqrt{a^2 - (a-r)^2} \,\mathrm{d}r$$

$$= \frac{2\mu_0 aI}{\pi} \int_0^{2a} \frac{1}{\sqrt{r(2a-r)}} \,\mathrm{d}r = \frac{2\mu_0 aI}{\pi} \arcsin\left(\frac{r}{a} - 1 \right) \Big|_0^{2a}$$

积分后得到

$$\Phi_m = \frac{2\mu_0 aI}{\pi} \left[\frac{\pi}{2} - \left(-\frac{\pi}{2} \right) \right] = 2\mu_0 aI$$

因此,其互感系数 $M = 2\mu_0 a$。

例 5 - 23   如图 5 - 35 所示,一个螺线管自感系数为 L_1,其电阻为 0;另外一个螺线管自感系数为 L_2,其上通过的电流 $I = kt$,它们之间的互感系数为 M。 计算:(1) 螺线管 1 上的感应电流;(2) 螺线管 2 上的感应电动势。

解   线圈 2 产生的磁感线穿越线圈 1,对应的磁通链数为

$$\Phi_{12} = MI_2 = Mkt$$

对应的感应电动势为

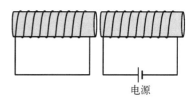

电源

$$\varepsilon_1 = -\frac{\mathrm{d}\Phi_{12}}{\mathrm{d}t} = Mk$$

图 5 - 35

对于线圈 1,整个回路电阻为 0,则自感和互感产生的电动势叠加起来为 0,即

$$\varepsilon_1 + \varepsilon_1' = -Mk - L_1 \frac{\mathrm{d}I_1}{\mathrm{d}t} = RI_1 = 0$$

移动一项后得到

$$L_1 \mathrm{d}I_1 = -Mk\,\mathrm{d}t$$

则

$$I_1 = -\frac{Mk}{L_1}t$$

线圈 1 中的感应电流产生的磁感线穿越线圈 2,同样会产生感应电动势,根据互感系数的定义,我们很容易得到线圈 2 从线圈 1 获得的磁通链数,即

$$\Phi_{21} = MI_1 = -M\frac{Mk}{L_1}t$$

这样,线圈 2 产生的互感电动势为

$$\varepsilon_2 = -\frac{\mathrm{d}\Phi_{21}}{\mathrm{d}t} = \frac{M^2 k}{L_1}$$

线圈 2 本身还存在自感电动势

$$\varepsilon_2' = -L_2\frac{\mathrm{d}I_2}{\mathrm{d}t} = -L_2\frac{\mathrm{d}(kt)}{\mathrm{d}t} = -L_2 k$$

所以,线圈 2 中总的感应电动势为

$$\varepsilon_{20} = \varepsilon_2 + \varepsilon_2' = \frac{M^2 k}{L_1} - L_2 k = \frac{M^2 k - L_1 L_2 k}{L_1}$$

例 5 - 24 如图 5 - 36 所示,两同轴导体圆环,大线圈电阻为 R,小线圈电流 $I_2 = kt$,并且 $r_1 \gg r_2$,同时,小线圈绕图中轴旋转,旋转角速度为 ω。 求大圆环内激发的感生电动势。

解 先计算互感系数,设大线圈的电流为 I_1,则在线圈 2 轴心处产生的磁感应强度为

$$B = \frac{\mu_0 I_1 r_1^2}{2\sqrt{(r_1^2 + L^2)^3}}$$

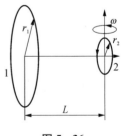

图 5 - 36

由于线圈 2 远小于线圈 1 的半径,可以把线圈 2 的磁感应强度分布近似为常量,则通过线圈 2 的磁通量为

$$\Phi_{21} = \frac{\mu_0 I_1 r_1^2}{2\sqrt{(r_1^2 + L^2)^3}}\pi r_2^2 \cos(\omega t + \varphi)$$

利用互感系数的定义

$$M = \frac{\Phi_{21}}{I_1} = \frac{\mu_0 r_1^2}{2\sqrt{(r_1^2 + L^2)^3}} \pi r_2^2 \cos(\omega t + \varphi)$$

则大线圈中的磁通量为

$$\Phi_{12} = I_2 M = \pi r_2^2 \frac{\mu_0 k t r_1^2}{2\sqrt{(r_1^2 + L^2)^3}} \cos(\omega t + \varphi)$$

大线圈中对应的电动势为

$$\varepsilon = -\frac{\mathrm{d}\Phi_{12}}{\mathrm{d}t} = -\left[\frac{\mu_0 k \pi r_2^2 r_1^2 \cos(\omega t + \varphi)}{2\sqrt{(r_1^2 + L^2)^3}} + \frac{\mu_0 \omega k t \pi r_2^2 r_1^2 \sin(\omega t + \varphi)}{2\sqrt{(r_1^2 + L^2)^3}} \right]$$

对应的感应电流为

$$I_1 = \frac{\varepsilon}{R} = \frac{1}{R}\left[\frac{\mu_0 k \pi r_2^2 r_1^2 \cos(\omega t + \varphi)}{2\sqrt{(r_1^2 + L^2)^3}} + \frac{\mu_0 \pi \omega k t r_2^2 r_1^2 \sin(\omega t + \varphi)}{2\sqrt{(r_1^2 + L^2)^3}} \right]$$

5.5　线圈串并联的自感系数

5.5.1　耦合系数、自感系数与互感系数之间的关系

两个线圈之间的互感系数与其各自的自感系数有一定的联系。当两个线圈中每一个线圈所产生的磁通量对于每一匝来说都相等,并且全部穿过另一个线圈的每一匝,这种情形无漏磁。这种情形的互感系数与各自的自感系数之间的关系比较简单。如图 5-37 所示,设线圈 1 的匝数为 N_1,通过单个线圈的磁通量为 Φ_1,线圈 2 的匝数为 N_2,通过单个线圈的磁通量为 Φ_2。

对于单个的理想化螺线管,有

$$\begin{cases} M = \dfrac{N_1 \Phi_{21}}{I_2} = \dfrac{N_2 \Phi_{12}}{I_1} \\[2mm] L_1 = \dfrac{N_1 \Phi_1}{I_1} \\[2mm] L_2 = \dfrac{N_2 \Phi_2}{I_2} \end{cases}$$

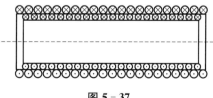

图 5-37

由于无漏磁,则

$$\Phi_{12} = \Phi_1, \ \Phi_{21} = \Phi_2$$

则有

$$M^2 = \frac{N_1 \Phi_1}{I_1} \times \frac{N_2 \Phi_2}{I_2} = L_1 L_2$$

那么

$$M = \sqrt{L_1 L_2} \qquad (5-38)$$

　　如果两个线圈如图 5-38 所示排列，则存在漏磁，它们之间的互感系数与式(5-38)不同。不考虑螺线管的边缘效应，假定单个螺线管内的磁感线分布都是均匀的，则两个螺线管内的磁感应强度为

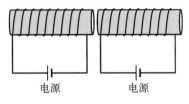

图 5-38

$$\begin{cases} B_1 = \mu_0 \dfrac{N_1}{l_1} I_1 \\ B_2 = \mu_0 \dfrac{N_2}{l_2} I_2 \end{cases}$$

由于螺线管 2 产生的磁感线穿越螺线管 1，通过螺线管 1 的磁通链数为

$$\Phi_{12} = k_1 N_1 S \mu_0 \frac{N_2}{l_2} I_2$$

根据互感系数的定义 $\Phi_{12} = M_{12} I_2$，则互感系数为

$$M_{12} = k_1 N_1 S \mu_0 \frac{N_2}{l_2} \qquad (5-39)$$

同样的方法，螺线管 1 产生的磁感线穿越螺线管 2 的磁通链数为

$$\Phi_{21} = k_2 N_2 S \mu_0 \frac{N_1}{l_1} I_1$$

同理，由 $\Phi_{21} = M_{12} I_1$ 得到互感系数的另外一个表达式：

$$M_{21} = k_2 N_2 S \mu_0 \frac{N_1}{l_1} \qquad (5-40)$$

将式(5-39)和式(5-40)相乘，得到

$$M^2 = M_{21} M_{12} = \left(k_1 N_1 S \mu_0 \frac{N_2}{l_2} \right) \left(k_2 N_2 S \mu_0 \frac{N_1}{l_1} \right)$$

将上式变换一下,得

$$M^2 = k_1 k_2 \left(N_2 S \mu_0 \frac{N_2}{l_2} \right) \left(S N_1 \mu_0 \frac{N_1}{l_1} \right)$$

将上式两边开平方,得到

$$M = k \sqrt{L_1 L_2}$$

式中,k 被定义为耦合系数,有

$$k = \frac{M}{\sqrt{L_1 L_2}} \tag{5-41}$$

一般情况下,$k < 1$,无漏磁时 $k = 1$。

如果空间有 N 个线圈,每个线圈有自感,不同线圈之间还有互感,则通过线圈的磁通量为

$$\begin{cases} \Phi_1 = L_{11} I_1 + M_{12} I_2 + \cdots + M_{1N} I_N \\ \Phi_2 = M_{21} I_1 + L_{22} I_2 + \cdots + M_{1N} I_N \\ \cdots \\ \Phi_N = M_{N1} I_1 + M_{N2} I_2 + \cdots + L_{NN} I_N \end{cases} \tag{5-42}$$

对应的矩阵形式为

$$\begin{bmatrix} \Phi_1 \\ \Phi_2 \\ \cdots \\ \Phi_N \end{bmatrix} = \begin{bmatrix} L_{11} & M_{12} & \cdots & M_{1N} \\ M_{21} & L_{22} & \cdots & M_{1N} \\ \cdots & \cdots & \cdots & \cdots \\ M_{N1} & M_{N2} & \cdots & L_{NN} \end{bmatrix} \begin{bmatrix} I_1 \\ I_2 \\ \cdots \\ I_N \end{bmatrix} \tag{5-43}$$

5.5.2　两个线圈串联后的互感系数

两个线圈串联起来可看作一个线圈,它们有一定的总自感。在一般的情形下,总自感系数并不等于两个线圈各自自感系数之和,还必须注意到两个线圈之间的互感。图 5-39 表示的是顺接情形,两线圈首尾相连。设线圈通以电流 I,并且使电流随时间增加,则在线圈 1 中产生自感电动势 ε_1 和线圈 2 对线圈 1 的互感电动势。同样,在线圈 2 中产生自感电动势 ε_2 和线圈 1 对线圈 2 的互感电动势。这两种电动势方向相同,并与电流的方向相反。因此,在线圈 1、2 中的电动势分别为

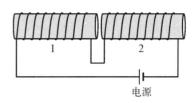

图 5-39

$$\begin{cases} \varepsilon_1 = -\dfrac{\mathrm{d}\Phi}{\mathrm{d}t} = -L_1\dfrac{\mathrm{d}I}{\mathrm{d}t} - M\dfrac{\mathrm{d}I}{\mathrm{d}t} \\[2ex] \varepsilon_2 = -\dfrac{\mathrm{d}\Phi}{\mathrm{d}t} = -L_2\dfrac{\mathrm{d}I}{\mathrm{d}t} - M\dfrac{\mathrm{d}I}{\mathrm{d}t} \end{cases}$$

串联线圈中的总感应电动势为

$$\varepsilon = \varepsilon_1 + \varepsilon_2 = -(L_1 + L_2 + 2M)\dfrac{\mathrm{d}I}{\mathrm{d}t}$$

利用线圈自感电动势与自感系数的关系,不难得到

$$L = L_1 + L_2 + 2M \tag{5-44}$$

图 5-40 表示反接,两线圈尾尾相连。当线圈通以图示的电流并且使电流随时间增加,则在线圈 1 中产生的互感电动势与自感电动势方向相反,在线圈 2 中产生的互感电动势与自感电动势的方向相反。两个线圈的电动势分别为

$$\begin{cases} \varepsilon_1 = -\dfrac{\mathrm{d}\Phi}{\mathrm{d}t} = -L_1\dfrac{\mathrm{d}I}{\mathrm{d}t} + M\dfrac{\mathrm{d}I}{\mathrm{d}t} \\[2ex] \varepsilon_2 = -\dfrac{\mathrm{d}\Phi}{\mathrm{d}t} = -L_2\dfrac{\mathrm{d}I}{\mathrm{d}t} + M\dfrac{\mathrm{d}I}{\mathrm{d}t} \end{cases}$$

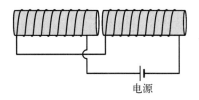

电源

图 5-40

总的感应电动势为

$$\varepsilon = \varepsilon_1 + \varepsilon_2 = -(L_1 + L_2 - 2M)\dfrac{\mathrm{d}I}{\mathrm{d}t}$$

所以,反接串联线圈的总自感为

$$L = L_1 + L_2 - 2M \tag{5-45}$$

当两无漏磁的线圈顺接时,总自感为

$$L = L_1 + L_2 + 2\sqrt{L_1 L_2}$$

当它们反接时,总自感为

$$L = L_1 + L_2 - 2\sqrt{L_1 L_2}$$

如图 5-41 所示,将两个线圈并联,由于两个线圈有互感和自感,两个线圈总的电动势分别为

$$\begin{cases} 上条支路: U_{AB} = L_1\dfrac{\mathrm{d}I_1}{\mathrm{d}t} - M\dfrac{\mathrm{d}I_2}{\mathrm{d}t} \\[2ex] 下条支路: U_{AB} = L_2\dfrac{\mathrm{d}I_2}{\mathrm{d}t} - M\dfrac{\mathrm{d}I_1}{\mathrm{d}t} \end{cases}$$

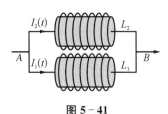

图 5-41

由两方程分别解出两条支路电流变化率,有

$$\begin{cases} \dfrac{\mathrm{d}I_1}{\mathrm{d}t} = \dfrac{L_2+M}{L_1L_2-M^2}U_{AB} \\[3mm] \dfrac{\mathrm{d}I_2}{\mathrm{d}t} = \dfrac{L_1+M}{L_1L_2-M^2}U_{AB} \end{cases} \tag{5-46}$$

由总电流与分电流的关系,得

$$I = I_1 + I_2 \text{ 或} \frac{\mathrm{d}I}{\mathrm{d}t} = \frac{\mathrm{d}I_1}{\mathrm{d}t} + \frac{\mathrm{d}I_2}{\mathrm{d}t} \tag{5-47}$$

将式(5-47)代入式(5-46)中,得

$$\frac{\mathrm{d}I}{\mathrm{d}t} = \frac{L_1+L_2+2M}{L_1L_2-M^2}U_{AB}$$

两端电势差为

$$U_{AB} = \frac{\mathrm{d}I}{\mathrm{d}t} \frac{L_1L_2-M^2}{L_1+L_2+2M^2}$$

根据电势与自感系数关系,得

$$L_{AB} = \frac{L_1L_2-M^2}{L_1+L_2+2M^2} \tag{5-48}$$

如果两个线圈的磁感线没有彼此穿越对方线圈,互感系数为零,则

$$L_{AB} = \frac{L_1L_2}{L_1+L_2} \tag{5-49}$$

$$\frac{1}{L_{AB}} = \frac{1}{L_1} + \frac{1}{L_2} \tag{5-50}$$

同理,有 N 个线圈并联,并且彼此互感系数为零,则总的自感系数为

$$\frac{1}{L} = \frac{1}{L_1} + \frac{1}{L_2} + \cdots + \frac{1}{L_N} \tag{5-51}$$

例 5-25　如图 5-42 所示,当第一个线圈和第二个线圈中的电流强度分别为 $I_1(t)$ 和 $I_2(t)$ 时,在第一个线圈和第二个线圈中产生的感生电动势分别为 $\pm M\dfrac{\mathrm{d}I_2(t)}{\mathrm{d}t}$ 和 $\pm M\dfrac{\mathrm{d}I_1(t)}{\mathrm{d}t}$。根据以上说明,试计算等效电感 L_{AB}。如果使一个线圈反向缠绕,

结果是否会变化? 怎样变化? 互感系数 M 的最大值是多少?

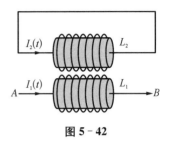

图 5 - 42

解 对于线圈 2 和线圈 1,它们的电动势分别满足

$$\begin{cases} L_2 \dfrac{\mathrm{d}I_2}{\mathrm{d}t} \pm M \dfrac{\mathrm{d}I_1}{\mathrm{d}t} = 0 \\[3mm] U_{AB} = L_1 \dfrac{\mathrm{d}I_1}{\mathrm{d}t} \pm M \dfrac{\mathrm{d}I_2}{\mathrm{d}t} \end{cases}$$

将上式中线圈 2 中的电流改变项代入线圈 1 中,得

$$U_{AB} = L_1 \frac{\mathrm{d}I_1}{\mathrm{d}t} \pm (\mp M^2) \frac{1}{L_2} \frac{\mathrm{d}I_1}{\mathrm{d}t} = \left(L_1 - \frac{M^2}{L_2} \right) \frac{\mathrm{d}I_1}{\mathrm{d}t}$$

得

$$L_{AB} = L_1 - \frac{M^2}{L_2}$$

例 5 - 26 如图 5 - 43 所示,一个非磁性铁芯上绕两个完全相同的线圈,其中一个接通电源和开关,另外一个连接一个电阻为 R 的电阻。接通开关,计算电阻上消耗的功率。

解 两个线圈的感应电动势为

$$\begin{cases} \varepsilon - L \dfrac{\mathrm{d}I_1}{\mathrm{d}t} - M \dfrac{\mathrm{d}I_2}{\mathrm{d}t} = 0 \\[3mm] -L \dfrac{\mathrm{d}I_2}{\mathrm{d}t} - M \dfrac{\mathrm{d}I_1}{\mathrm{d}t} = I_2 R \end{cases}$$

图 5 - 43

由于两个线圈相同且完全耦合,则

$$L_1 = L_2 = L = M$$

则

$$\begin{cases} \varepsilon - L \dfrac{\mathrm{d}I_1}{\mathrm{d}t} - L \dfrac{\mathrm{d}I_2}{\mathrm{d}t} = 0 \\[3mm] -L \dfrac{\mathrm{d}I_2}{\mathrm{d}t} - L \dfrac{\mathrm{d}I_1}{\mathrm{d}t} = I_2 R \end{cases}$$

从以上两式得

$$\varepsilon = -I_2 R$$

消耗的功率为

$$P = I_2^2 R = \frac{\varepsilon^2}{R}$$

5.6　自感磁能和互感磁能

先考虑一个线圈的情形。当线圈与电源接通时,由于自感现象,电路中的电流并不立刻由 0 变到稳定值,而要经过一段时间。在这段时间内,电路中的电流在增大,因而有反方向的自感电动势存在,外电源的电动势不仅要供给电路中产生焦耳热的能量,而且还要反抗自感电动势做功。在时间 dt 内电源的电动势反抗自感电动势所做的功为

$$W = -\varepsilon_L I dt = -LI dI$$

式中, $I = I(t)$ 为电流的瞬时值,而

$$\varepsilon_L = -L \frac{dI}{dt}$$

在建立电流的整个过程中,电源的电动势反抗自感电动势所做的功为

$$W = \int_0^{I_0} LI dI = \frac{1}{2} LI_0^2 \tag{5-52}$$

这部分功以能量的形式储存在线圈内。当切断电源时,电流由稳定值 I 减小到 0,线圈中产生与电流方向相同的自感电动势。线圈中原已储存起来的能量通过自感电动势做功全部释放出来。这个能量称为自感磁能,自感磁能的公式与电容器的电能公式在形式上很相似。

下面我们用类似的方法计算互感磁能。如图 5-44 所示,若有两个相邻的线圈 1 和 2,它们的感应电动势分别为

$$\begin{cases} \varepsilon_1 = -L_1 \dfrac{dI_1}{dt} - M_{12} \dfrac{dI_2}{dt} \\[2mm] \varepsilon_2 = -L_2 \dfrac{dI_2}{dt} - M_{21} \dfrac{dI_1}{dt} \end{cases}$$

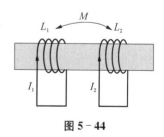

图 5-44

按自感磁能的处理方法,有

$$\begin{cases} dW_1 = -\varepsilon_1 I_1 dt = -L_1 I_1 dI_1 - M_{12} I_1 dI_2 \\[2mm] dW_2 = -\varepsilon_2 I_2 dt = -L_2 I_2 dI_2 - M_{21} I_2 dI_1 \end{cases}$$

两个线圈建立电流的过程中抵抗互感电动势所做的总功为

$$dW = dW_1 + dW_2 = -L_1 I_1 dI_1 - M_{12} I_1 dI_2 - L_2 I_2 dI_2 - M_{21} I_2 dI_1$$

将上式写成

$$dW = -L_1 I_1 dI_1 - L_2 I_2 dI_2 - M d(I_2 I_1)$$

积分后得

$$W = \frac{1}{2} L_2 I_{20}^2 + \frac{1}{2} L_1 I_{10}^2 + M_{12} I_{10} I_{20} \tag{5-53}$$

两个线圈的总能量等于两个线圈的自感磁能和两个线圈的互感磁能之和,互感磁能的定义为

$$W_{12} = M_{12} I_1 I_2$$

如果空间有 N 个线圈,每个线圈有自感,不同线圈之间还有互感,则每个线圈的电动势为

$$\begin{cases} \varepsilon_1 = -L_{11} \dfrac{dI_1}{dt} - M_{12} \dfrac{dI_2}{dt} - \cdots - M_{1N} \dfrac{dI_N}{dt} \\[2mm] \varepsilon_2 = -M_{21} \dfrac{dI_1}{dt} - L_{22} \dfrac{dI_2}{dt} - \cdots - M_{1N} \dfrac{dI_N}{dt} \\[2mm] \cdots \\[2mm] \varepsilon_N = -M_{N1} \dfrac{dI_1}{dt} - M_{N2} \dfrac{dI_2}{dt} - \cdots - L_{NN} \dfrac{dI_N}{dt} \end{cases} \tag{5-54}$$

对应的矩阵形式为

$$\begin{bmatrix} \varepsilon_1 \\ \varepsilon_2 \\ \cdots \\ \varepsilon_N \end{bmatrix} = - \begin{bmatrix} L_{11} & M_{12} & \cdots & M_{1N} \\ M_{21} & L_{22} & \cdots & M_{1N} \\ \cdots & \cdots & \cdots & \cdots \\ M_{N1} & M_{N2} & \cdots & L_{NN} \end{bmatrix} \begin{bmatrix} \dfrac{dI_1}{dt} \\ \dfrac{dI_2}{dt} \\ \cdots \\ \dfrac{dI_N}{dt} \end{bmatrix} \tag{5-55}$$

每个线圈总的电动势为

$$\varepsilon_i = -L_i \frac{dI_i}{dt} - \sum_N M_{ik} \frac{dI_k}{dt}$$

式中, L_i 为第 i 个线圈的自感系数; M_{ij} 是线圈 i、j 之间的互感系数。

电源对单个线圈做的功为

$$\mathrm{d}W_i = \varepsilon_i I_i \mathrm{d}t = L_i I_i \mathrm{d}I_i + \sum_N M_{ik} I_i \mathrm{d}I_k$$

电源对 N 个线圈电动势做的负功为

$$\mathrm{d}W = \sum_{i=1}^{N} L_i I_i \mathrm{d}I_i + \sum_i^N \sum_{k=1}^N M_{ik} I_i \mathrm{d}I_k \tag{5-56}$$

由于 $M_{ik} = M_{ki}$ ，则 $M_{ik} I_i \mathrm{d}I_k + M_{ki} I_k \mathrm{d}I_i = M_{ik} \mathrm{d}(I_i I_k)$ ，即

$$\mathrm{d}W = \sum_{i=1}^{N} L_i I_i \mathrm{d}I_i + \sum_N M_{ik} \mathrm{d}(I_i I_k)$$

积分后得

$$W = \frac{1}{2} \sum L_i^2 + \sum_{\substack{i,\,k=1 \\ I<k}}^N M_{ik} I_i I_k$$

或

$$W = \frac{1}{2} \sum L_i^2 + \frac{1}{2} \sum_i^N \sum_{k=1}^N M_{ik} I_i I_k \tag{5-57}$$

由 $W_{12} = M_{12} I_1 I_2 = I_1 \Phi_{12}$ ，如果外磁场是均匀磁场，则

$$W_{12} = I_1 \Phi_{12} = I_1 S_1 B_2 = p_1 B_2$$

或者

$$W = \boldsymbol{p} \cdot \boldsymbol{B} \tag{5-58}$$

式中，$\boldsymbol{p}$ 是磁矩；W 是两个线圈的相互作用能，也是线圈储存的能量。

如果有 N 个线圈，则总的相互作用能为

$$W = \sum_{i=1}^{N} \boldsymbol{p}_i \cdot \boldsymbol{B} \tag{5-59}$$

例 5-27　如图 5-45 所示，一个电容为 C 的电容器和两个线圈连接，两个线圈的自感系数分别为 L_1 和 L_2，两个线圈的互感系数为 M。如果电容器上带的电量为 Q，当开关闭合后，两个线圈上的最大电流是多少？

解　电容完全放电后，两个线圈的电动势分别为

$$\begin{cases} 0 = L_2 \dfrac{\mathrm{d}I_2}{\mathrm{d}t} - M \dfrac{\mathrm{d}I_1}{\mathrm{d}t} \\[2mm] 0 = L_1 \dfrac{\mathrm{d}I_1}{\mathrm{d}t} - M \dfrac{\mathrm{d}I_2}{\mathrm{d}t} \end{cases}$$

两个线圈两端电动势相等，则

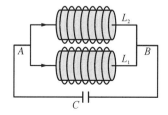

图 5-45

$$L_2 \frac{\mathrm{d}I_2}{\mathrm{d}t} - M \frac{\mathrm{d}I_1}{\mathrm{d}t} = L_1 \frac{\mathrm{d}I_1}{\mathrm{d}t} - M \frac{\mathrm{d}I_2}{\mathrm{d}t}$$

合并同类项,然后积分,得

$$(L_2 + M)I_2 = (L_1 + M)I_1$$

电容器的静电能完全转移到线圈中的磁能,所以

$$\frac{Q^2}{2C} = \frac{1}{2}L_1 I_1^2 + \frac{1}{2}L_2 I_2^2 + MI_1 I_2$$

把两个线圈之间的电流关系代入上式,得

$$\frac{Q^2}{2C} = \frac{1}{2}L_1 I_1^2 + \frac{1}{2}L_2 \frac{(L_1 + M)^2}{(L_2 + M)^2}I_1^2 + MI_1 \frac{(L_1 + M)I_1}{(L_2 + M)}$$

解得

$$I_1 = \sqrt{\frac{Q^2(L_2 + M)^2}{C[L_1(L_2 + M)^2 + L_2(L_1 + M)^2 + 2M(L_1 + M)(L_2 + M)]}}$$

和

$$I_2 = \sqrt{\frac{Q^2(L_1 + M)^2}{C[L_1(L_2 + M)^2 + L_2(L_1 + M)^2 + 2M(L_1 + M)(L_2 + M)]}} I_1$$

例 5-28　如图 5-46 所示,两个线圈的自感系数分别为 L_1 和 L_2,线圈的电阻分别为 R_1 和 R_2,线圈之间的互感系数为 M,当开关闭合后,求流过检流计 C 的电量。

解　当开关合上后,两个线圈的电动势分别为

$$\begin{cases} \varepsilon = R_2 I_2 + L_2 \dfrac{\mathrm{d}I_2}{\mathrm{d}t} + M \dfrac{\mathrm{d}I_1}{\mathrm{d}t} \\ 0 = R_1 I_1 + L_1 \dfrac{\mathrm{d}I_1}{\mathrm{d}t} + M \dfrac{\mathrm{d}I_2}{\mathrm{d}t} \end{cases}$$

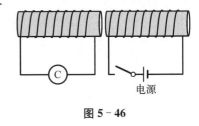

电源

图 5-46

当 $t = 0$, $I_2 = 0$, $t = \infty$, $I_2 = \dfrac{\varepsilon}{R}$, $t = 0$, $I_1 = 0$, $t = \infty$, $I_1 = 0$, 则

$$\begin{cases} \varepsilon = R_2 I_2 \mathrm{d}t + L_2 \mathrm{d}I_2 + M \mathrm{d}I_1 \\ 0 = R_1 I_1 \mathrm{d}t + L_1 \mathrm{d}I_1 + M \mathrm{d}I_2 \end{cases}$$

上方程组的第二个式子有

$$0 = R_1 \mathrm{d}q + L_1 \mathrm{d}I_1 + M \mathrm{d}I_2$$

对应的积分表达式为

$$0 = \int_0^q R_1 \mathrm{d}q + \int_{I_{(t=0)}}^{I_{(t=\infty)}} L_1 \mathrm{d}I_1 + \int_0^{\frac{\varepsilon}{R_2}} M \mathrm{d}I_2$$

积分后得

$$0 = R_1 q + 0 + M \frac{\varepsilon}{R_2}$$

流过检流计的电量为

$$q = -M \frac{\varepsilon}{R_1 R_2}$$

习　题

5-1　如习题 5-1 图所示,金属棒长 0.50 m,水平放置,以长度的 1/5 处为轴,在水平面内旋转,每秒转两转,已知该处地磁场在竖直方向上的分量 $B_\perp = 0.50 \, \mathrm{Gs}$,求 a、b 两端的电势差。

5-2　如习题 5-2 图所示,一个正方形线圈的边长为 100 mm,在地磁场中绕 A 轴转动,每秒转 30 圈;转轴通过中心与地磁场 B 垂直。(1) 线圈中产生的感应电动势最大时,计算线圈法线与地磁场 B 的夹角。(2) 设地磁场 $B = 0.55 \, \mathrm{Gs}$,要在线圈中最大产生 10 mV 的感应电动势,求线圈匝数 N。

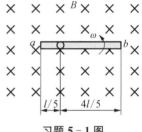

习题 5-1 图

5-3　如习题 5-3 图所示,一个半径为 R 的圆形线圈,总电阻为 h,放在一个磁感应强度为 B 的均匀磁场中。线圈绕 AC 轴旋转,转速为 ω,计算线圈产生最大感应电流的条件。

5-4　如习题 5-4 图所示,很长的直导线有交变电流 $i(t) = I_0 \sin \omega t$,它旁边有一边长为 a 的正方形线圈,线圈和导线在同一平面内。求:(1) 穿过回路的磁通量;(2) 回路的感应电动势。

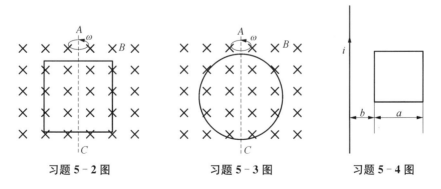

习题 5-2 图　　　　　习题 5-3 图　　　　　习题 5-4 图

5-5　只有一根辐条的轮子在均匀外磁场 B 中转动,轮轴与 B 平行,如习题 5-5 图所示。轮子和辐条都是导体,辐条的长为 R,轮子每秒转 N 圈。两根导线 a 和 b 通过各自的刷子分别与轮轴和轮边接触。(1)求 a、b 间的感应电动势;(2)若在 a、b 间接一个电阻,使辐条中的电流为 I,I 的方向如何?(3)求这时磁场作用在辐条上的力矩的大小和方向;(4)当轮反转时,I 是否也会反向?(5)若轮子的辐条是对称的两根或更多根,那么结果如何?

  5-6 法拉第圆盘发电机是一个在磁场中转动的导体圆盘。设圆盘的半径为 R,它的轴线与均匀外磁场 B 平行,它以角速度 ω 绕轴线转动,如习题 5-6 图所示。(1)求盘边与盘心间的电势差 U;(2)当 $R = 15$ cm,$B = 0.6$ T,转速为每秒 30 圈时,U 等于多少?(3)盘边与盘心哪处电势高?当盘反转时,它们电势的高低是否也会反过来?

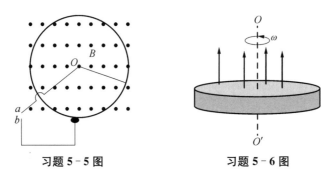

习题 5-5 图   习题 5-6 图

  5-7 已知在电子感应加速器中,电子加速的时间是 4.2 ms,电子轨道内最大磁通量为 1.8 Wb,试求电子沿轨道绕行一周平均获得的能量。若电子最终获得的能量为 100 MeV,电子绕了多少周?若轨道半径为 84 cm,电子绕行的路程有多少?

  5-8 如习题 5-8 图所示,一个"日"字形矩形闭合导线框,各段导线长度相等,即 $ab = bc = cd = de = ef = fa = fc = l$,其中 ab、fc、ed 段的电阻为 $2r$,cd、fe 段的电阻为 r,af、bc 段的电阻为零。匀强磁场 B 的方向与框平面垂直并指向纸面内,磁场的边界 MN 与 de 平行。取图中向右的方向以速度 v 将线框匀速地拉出磁场区域,试求此过程中拉力所做的功。

  5-9 质量 $m = 0.2$ kg 的金属棒 ab,跨接在两根相距 $l = 25$ cm 的平行金属导轨上,可以滑动,导轨与水平面成 α 角,$\alpha = 30°$。两导轨上端串接一个电动势为 12 V、内阻 $r = 0.10$ Ω 的电源和一个可变电阻 R。如习题 5-9 图所示。整个系统处在匀强磁场 B 中,$B = 0.80$ T,方向垂直于导轨平面向上。金属棒 ab 与导轨间的摩擦系数 $\mu = \dfrac{\sqrt{3}}{6}$,不计金属棒和导轨的电阻,不计回路电感。试求:(1)可变电阻 R 应调在什么阻值范围,金属棒才能静止在斜面上?(2)当可变电阻调到 1.1 Ω 时,金属棒做匀速运动的速度是多大?

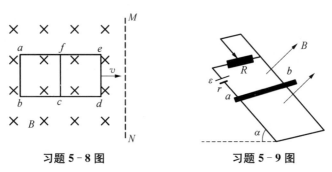

习题 5-8 图   习题 5-9 图

5‑10　正方形线框质量为 m、电阻率为 ρ，线框平面在竖直平面内，从水平面 MN 以上 h 处自由下落(初速度为零)，如习题 5‑10 图所示。MN 以下有一水平方向的匀强磁场，方向垂直于正方形线框平面，在竖直方向，此区域的线度与线框边长相等，磁感应强度为 B。若线框通过磁场区域时速度恒定，试求线框开始下落时的高度 h(不计空气阻力)。

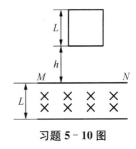

习题 5‑10 图

5‑11　一列火车中的一节闷罐车厢宽 2.5 m，长 9.5 m，高 3.5 m，车壁由金属薄板制成。在地球磁场的竖直分量为 0.62×10^{-4} T 的地方，这节闷罐车以 60 km/h 的速度在水平轨道上向北运动。(1) 闷罐车两边之间的金属板上的感应电动势是多少？(2) 若将两边当作两个非常长的平行板处理，那么每一边上的电荷面密度是多少？

5‑12　两块金属薄板水平浸在海水里，面积 $S=1\,000$ m^2，相距 $L=1\,000$ m，海水的电阻率 $\rho=0.25$ Ω·m。海水从东向西以速度 $v=1$ m/s 流动，所在地区的地磁场视为匀强磁场，方向由南指向北，磁感应强度大小 $B=10^{-4}$ T。在两极之间将出现电压，用导线把两板与外面的负载连接起来，试确定负载上的最大功率是多少？

5‑13　有一金属块质量为 M，密度为 ρ_0，电阻率为 ρ。现在把它拉成半径为 r 的导线，用这条导线围成一个半径为 R ($R\gg r$) 的圆形回路，在垂直于回路平面的方向上加一匀强磁场 B，B 的大小随时间均匀变化。试证：回路中感生电流的大小与导线的粗细和回路的半径都无关。

5‑14　如习题 5‑14 图所示，两根长度相等、材料相同、电阻分别为 R 和 $2R$ 的细导线，围成一直径为 d 的圆环，P、Q 为其两个接点。在圆环所围成的区域内，存在垂直于圆面、指向纸里的匀强磁场。磁场的磁感应强度大小随时间增大，变化率为恒定值 b。已知圆环中的感应电动势是均匀分布的。设 M、N 为圆环上的两点，M、N 间的弧长为半圆弧 $PMNQ$ 的一半，试求这两点间的电压 U_M-U_N。

5‑15　如习题 5‑15 图所示，一个导线围成半径为 D 的圆环 $adbc$，在圆环所围的区域内有一半径为 $D/2$ 的圆形区域，其周界与圆环内切于 c 点。此区域内有均匀磁场，磁感应强度 B 垂直于圆面，其指向如习题 5‑15 图所示。磁场的磁感应强度随时间增大，其变化率为 $\Delta B/\Delta t=k=$ 常量。导线 ab 是圆环的一条直径，与有磁场分布的圆形区域的周界相切。设导线 ab 以及被其所分割成的两个半圆环的电阻都是 r，今用电流计 G 接在 a、b 两点之间，电流计位于纸面内，电流计的内阻亦为 r(连接电流计的导线的电阻忽略不计)。设圆形区域外的磁场可忽略不计，试问，在下列情况下，通过电流计的电流 I_0 为多少？(1) 半圆环 acb 与 adb 都位于纸面内，并分别位于直径 ab 的两侧；(2) 半圆环 adb 绕直径 ab 转过 90°，折成与纸面垂直；(3) 半圆环再绕直径转 90°，折成与 acb 重合。

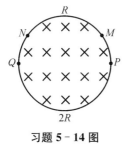

习题 5‑14 图

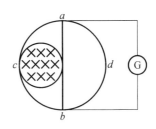

习题 5‑15 图

5-16 如习题5-16图所示,在半径为 R 的无限长圆柱形区域内有匀强磁场,磁感应强度 B 的方向与圆柱的轴平行,在图中垂直于纸平面向内。一根直导线放在纸平面内,它的 ab 段长度为 R,在磁场区域内(ab 为圆的一条弦)。bc 段的长度也为 R,在磁场区域外。设 B 随时间 t 的变化率为 k,试求此直导线中的感应电动势。

5-17 如习题5-17图所示,有一由匀质细导线弯成半径为 a 的圆线圈和内接一个等边三角形的电阻丝组成的电路(电路中各段电阻值示于图中)。在圆线圈平面内有垂直于纸面向里的均匀磁场,磁感应强度 B 随时间 t 均匀减小,其变化率的大小为一已知常量 k。已知 $2r_1 = 3r_2$。试求图中 A、B 两点的电势差。

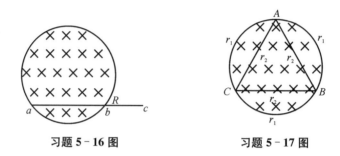

习题 5-16 图   习题 5-17 图

5-18 如习题5-18图所示,在均匀磁场中,固定一个由粗细相同的金属导线组成的匀质圆环,半径为 a,单位长电阻值为 r_0。磁感应强度 B 的方向垂直于环平面,磁感应强度的大小随时间均匀变化,$B = kt$,k 为常量,环中产生的电功率为多大?

5-19 如习题5-19图所示,水平面内两根相互平行的光滑金属导轨 MM' 和 NN' 相距 l,导轨足够长,导轨左端 M、N 间跨接阻值为 R 的电阻,一根金属棒 ab 垂直架在两导轨上。金属棒和导轨的电阻以及回路电阻均不计。整个装置置于均匀磁场中,磁感应强度为 B,方向垂直于导轨平面,竖直向下,其大小随时间变化,变化规律为 $B = B_0 - kt$,其中 k 为正的恒量。$t = 0$ 时刻起,ab 棒在水平力 F 的作用下,从距 MN 为 x_0 的位置处以恒定速度 v 向右运动。在 $0 < t < B_0/R$ 的时间内,求:(1)回路中感应电流的大小;(2)维持棒 ab 匀速向右运动,F 应满足怎样的条件?

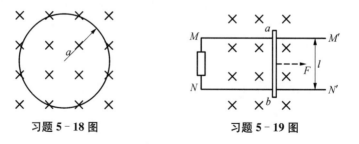

习题 5-18 图   习题 5-19 图

5-20 如习题5-20图所示,矩形线圈长 $a = 20\text{ cm}$,宽 $b = 10\text{ cm}$,由100匝表面绝缘的导线绕成,放在一个很长的直导线旁边并与之共面,这长直导线是一个闭合回路的一部分,其他部分离线圈都很远,影响可忽略不计。求线圈与长直导线之间的互感。

5 - 21　如习题 5 - 21 图所示,两根足够长的平行导线间的距离为 20 cm,在导线中保持大小为 20 A、方向相反的恒定电流。(1) 求两导线间每单位长度的自感系数,导线的半径为 1.0 mm;(2) 若将导线分开到相距 40 cm,求磁场对导线单位长度所做的功;(3) 位移时,单位长度的磁能改变了多少?

5 - 22　如习题 5 - 22 图所示,已知电阻 R_1、R_2、R_3,电感 L(不计线圈电阻),电动势为 ε、内阻为 r 的电源。开始时,单刀双掷开关 K 接通 oa,然后将 K 迅速地由接通 oa 移至接通 ob。试求线圈 L 中可产生的最大自感电动势。

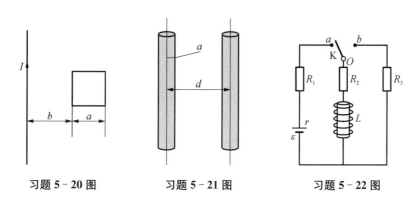

习题 5 - 20 图　　　　习题 5 - 21 图　　　　习题 5 - 22 图

5 - 23　如习题 5 - 23 图所示,已知电路中电阻 R_1、R_2,线圈电感 L,直流电阻不计。当闭合电键 K 的瞬时,电流表读数为 I_1;当线圈中电流稳定后,电流表的读数为 I_2。试求电池的电动势和内阻 r。

5 - 24　如习题 5 - 24 图所示,一个半径是 R、长度为 L 的实心圆柱 $(L \gg R)$,单位体积电荷密度为 n;在圆柱轴心线上距离圆柱端面 x 处放置一个半径为 r 的小线圈 $(R \gg r)$,小线圈的法线方向与圆柱轴心线平行。当圆柱以角加速度 β 旋转时,求小线圈上产生的电动势。

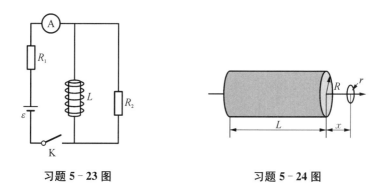

习题 5 - 23 图　　　　　　习题 5 - 24 图

5 - 25　如习题 5 - 25 图所示,细导线绕成半径为 R_2 的大线圈,另一个半径为 R_1 的小线圈放在大线圈中心,两者同轴,但 $R_1 \ll R_2$,同时小线圈绕通过圆心的 OO' 轴线旋转,转动角速度为 ω。(1) 求这两线圈的互感 M;(2) 当小线圈导线中的电流 $I = I_0 \sin \omega t$,求大线圈中的感应电动势。

5-26 如习题 5-26 图所示，一个长度为 L、半径为 R_2 的螺线管，在轴心线上有一个半径为 R_1 的小线圈，$R_1 \ll R_2$，螺线管端面与小线圈之间的距离为 d。当小线圈以一定的速度 v 向螺线管靠近，计算：(1) 这两个线圈的互感 M；(2) 当螺线管的电流 $I = I_0 \sin \omega t$，求小线圈中的感应电动势。

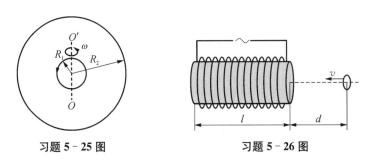

习题 5-25 图　　　　　　　习题 5-26 图

5-27 一个理想变压器，其输入端接在电动势为 ε、内阻为 r 的交流电源上。当输出端接电阻为 R 的负载时，R 上可获得最大功率。求：(1) 这时输入电流多大？负载上的最大功率为多少？(2) 负载获得最大功率时，变压器原、副线圈的电压各为多少？(3) 变压器的变压比为多少？

5-28 一个细的超导圆环，质量为 m、半径为 r、电感为 L，放在竖直的圆柱形磁棒正上方，如习题 5-28 图所示。圆环与棒同轴。圆环周围的圆柱形磁棒的磁场在以圆环中心为坐标原点的 Oxy 坐标系中，可近似地表示为 $B_r = B_0(1 - \alpha y)$，$B_x = B_0 \beta$，其中 B_0、α、β 为正的常量。初始时，圆环中没有电流，当它被放开后，开始沿竖直方向向下运动，且保持它的轴仍为竖直。试求圆环中的电流，并确定圆环的运动。

5-29 电阻可忽略不计的水平导轨，轨道间距为 l，导轨的一端与一个电容为 C、所充电压为 V_0 的电容器相连接。一根无摩擦、质量为 m、电阻为 R 的导体棒垂直于轨道放在导轨上。该装置电感可以忽略不计。整个系统完全置于均匀、竖直的磁感应强度为 B 的磁场中，如习题 5-29 图所示。(1) 导体棒的最大速度是多少？(2) 在电键 S 接向 2 后，导轨上的导体棒将被弹射出去，故此装置称为电磁。在什么条件下，这个电磁的效率达到最大？并讨论效率最大时能量的分配情况。

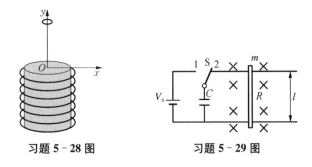

习题 5-28 图　　　　　　　习题 5-29 图

5-30 两个邻近的圆线圈 C_1、C_2 平行放置，其中心在同一条轴线上，如习题 5-30 图所示。两线圈的自感系数均为 L。假设 C_1 回路产生的磁感线总数中将有 3/5 穿过 C_2 回路。

(1) 在 C_1 的 a、b 两端加电压 U_1，使该回路中的电流按 $\dfrac{\mathrm{d}i_1}{\mathrm{d}t} = k$（$k$ 为常量）变化，并且开始时（$t = 0$），C_1 中的电流为零。已知 C_1 回路的总电阻为 R_1，C_2 回路的总电阻为 R_2。 在任一时刻 t，a、b 两端的电压 U_1 应为多大？C_1 回路中的电流为多大？(2) 在该时刻 t，C_2 回路中 a'、b' 两端的电压为多大？

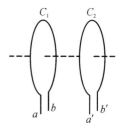

习题 5‑30 图

第6章 场的能量与电磁力

6.1 电场能量密度

1. 电场能量密度的表达式

如图 6-1 所示,设一个空间中任意的带电体,单位体积中的电荷密度为 ρ。在带电系统中取一个微体积元 $\mathrm{d}V$。根据前面的介绍,系统的静电能为

$$W = \sum_{i}^{N} \frac{1}{2} U_i (\rho \mathrm{d}V_i)$$

式中,U_i 是扣除微体积元后其他电荷在该微体积元处产生的电势,把该式写为积分表达式,则上式变为

图 6-1

$$W = \frac{1}{2} \iiint U \rho \mathrm{d}V \tag{6-1}$$

利用电荷密度与电位移矢量散度的关系 $\boldsymbol{\nabla} \cdot \boldsymbol{D} = \rho$,代入上式,得到

$$W = \frac{1}{2} \iiint U \boldsymbol{\nabla} \cdot \boldsymbol{D} \mathrm{d}V \tag{6-2}$$

再利用 $\boldsymbol{\nabla} \cdot (\boldsymbol{D}U) = U\boldsymbol{\nabla} \cdot \boldsymbol{D} + \boldsymbol{D} \cdot \boldsymbol{\nabla}U$,式(6-2)可以写为

$$W = \frac{1}{2} \iiint \boldsymbol{\nabla} \cdot (\boldsymbol{D}U) \mathrm{d}V - \frac{1}{2} \iiint \boldsymbol{D} \cdot \boldsymbol{\nabla}U \mathrm{d}V \tag{6-3}$$

把 $\boldsymbol{\nabla}U = \boldsymbol{E}$ 代入式(6-3)中,得

$$W = \frac{1}{2} \oiint_{S \to \infty} \boldsymbol{D}U \mathrm{d}S + \frac{1}{2} \iiint_{\infty} \boldsymbol{D} \cdot \boldsymbol{E} \mathrm{d}V \tag{6-4}$$

式(6-4)的积分为全空间,所以在无限远处存在 $S \to \infty$,$D = 0$,$U = 0$,则上式变为

$$W = \frac{1}{2} \iiint_{\infty} \boldsymbol{D} \cdot \boldsymbol{E} \mathrm{d}V \tag{6-5}$$

式(6-5)中，dV 是体积项；$\frac{1}{2}\boldsymbol{D}\cdot\boldsymbol{E}$ 是一定单位体积的能量，即能量密度。我们定义能量密度为

$$w=\frac{1}{2}\boldsymbol{D}\cdot\boldsymbol{E} \tag{6-6}$$

如果空间中电场由 N 个点电荷产生的电场矢量叠加，则空间能量密度表达式为

$$w=\frac{1}{2}\boldsymbol{D}\cdot\boldsymbol{E}=\frac{1}{2}(\boldsymbol{D}_1+\boldsymbol{D}_2+\boldsymbol{D}_3\cdots+\boldsymbol{D}_N)\cdot(\boldsymbol{E}_1+\boldsymbol{E}_2+\boldsymbol{E}_3+\cdots+\boldsymbol{E}_N)$$

$$\tag{6-7}$$

2. 电场能量密度的应用举例

例 6-1 如图 6-2 所示，一个半径为 R 的导体球壳，带电量为 Q。计算空间电场的总能量。

解 对于一个球壳，在球外任意一点的电场强度为

$$E=\frac{D}{\varepsilon_0}=\frac{q}{4\pi\varepsilon_0 r^2}$$

球外任意一点单位体积的能量密度为

$$w_e=\frac{1}{2}\varepsilon_0 E^2=\frac{q^2}{32\pi^2\varepsilon_0 r^4}$$

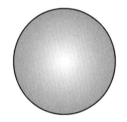

图 6-2

距离球心为 r 的地方，取一个薄球壳，则薄球壳的体积为

$$dV=4\pi r^2 dr$$

其总的电场能量为

$$W=\int_R^\infty \frac{q^2}{8\pi\varepsilon_0 r^2}dr=\frac{q^2}{8\pi\varepsilon_0 R}$$

例 6-2 计算均匀带电球体的静电能。设球的半径为 R，带电总量为 q，球外真空。

解 均匀带电球体产生的场强分布用高斯定理求出，其结果为

$$E=\begin{cases} \dfrac{qr}{4\pi\varepsilon_0 R^3}, & r<R \\[3mm] \dfrac{q}{4\pi\varepsilon_0 r^2}, & r>R \end{cases}$$

故静电能为

$$W = \iiint \frac{\varepsilon_0 E^2}{2} \mathrm{d}V = \frac{\varepsilon_0}{2} \int_0^R \left(\frac{qr}{4\pi\varepsilon_0 R^3} \right)^2 4\pi r^2 \, \mathrm{d}r + \frac{\varepsilon_0}{2} \int_R^\infty \left(\frac{q}{4\pi\varepsilon_0 r^2} \right)^2 4\pi r^2 \, \mathrm{d}r$$

简化后积分，得

$$W = \frac{q^2}{8\pi\varepsilon_0 R^6} \int_0^R r^4 \, \mathrm{d}r + \frac{q^2}{8\pi\varepsilon_0} \int_R^\infty \frac{\mathrm{d}r}{r^2} = \frac{q^2}{40\pi\varepsilon_0 R} + \frac{q^2}{8\pi\varepsilon_0 R} = \frac{3q^2}{20\pi\varepsilon_0 R}$$

例 6-3　如图 6-3 所示，半径为 R_1 和 R_2 的同心薄金属球壳，内球壳带电 $+Q_1$，外球壳带电 $+Q_2$，计算此系统的静电能。

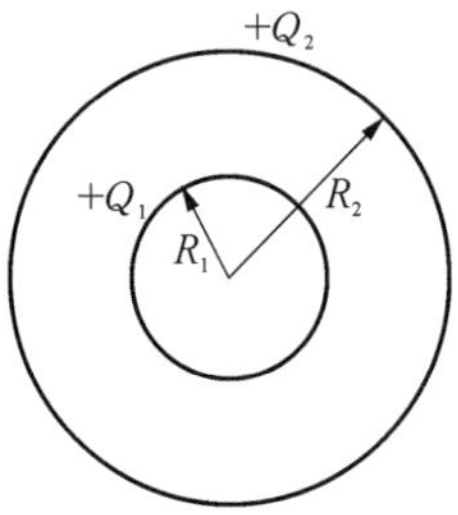

解　内球壳与外球壳之间的电场强度为

$$E_1 = \frac{Q_1}{4\pi\varepsilon_0 r^2}$$

外球壳外的电场强度为

$$E_2 = \frac{Q_1 + Q_2}{4\pi\varepsilon_0 r^2}$$

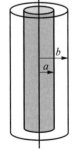

图 6-3

单位体积的能量为

$$w = \frac{1}{2}\varepsilon_0 E^2$$

建立积分计算式

$$W = \frac{1}{2} \int_{R_1}^{R_2} \varepsilon_0 \left(\frac{Q_1}{4\pi\varepsilon_0 r^2} \right)^2 4\pi r^2 \, \mathrm{d}r + \frac{1}{2} \int_{R_2}^\infty \varepsilon_0 \left(\frac{Q_1 + Q_2}{4\pi\varepsilon_0 r^2} \right)^2 4\pi r^2 \, \mathrm{d}r$$

化简后得到系统总能量

$$W = \frac{Q_1^2}{8\pi\varepsilon_0} \left(\frac{1}{R_1} - \frac{1}{R_2} \right) + \frac{(Q_1 + Q_2)^2}{8\pi\varepsilon_0 R_2}$$

例 6-4　如图 6-4 所示，圆柱形电容器单位长度带电 λ，内外半径分别为 a 和 b，计算电场的能量。

解　取距离圆柱轴心线为 x 的薄圆柱，对应的体积为

$$\mathrm{d}V = 2\pi r l \, \mathrm{d}r$$

两个圆柱之间的电场强度为

$$E = \frac{\lambda}{2\pi\varepsilon_0 r}$$

根据电场能的计算式，有

图 6-4

$$W = \frac{1}{2} \iiint_V \varepsilon_0 \varepsilon_r E^2 \, \mathrm{d}V = \frac{1}{2} \iiint_V \frac{\varepsilon_0 \lambda^2}{(2\pi\varepsilon_0 r)^2} 2\pi r l \, \mathrm{d}r$$

积分后得到

$$W = \frac{1}{2} \int \frac{\lambda^2}{2\pi\varepsilon_0 r} L \, \mathrm{d}r = \frac{\lambda^2 L}{4\pi\varepsilon_0} \ln \frac{b}{a}$$

计算带电体在空间的总能量,可以把带电体当作一个电容器来计算,也可用通过电场能量密度来计算。

6.2　电场能量密度与压强

假定一个充满电荷、电荷密度为 ρ 的空间,有电场强度为 E 的电场,同时存在磁感应强度为 B 的磁场。这些电荷在外电场的作用下形成电流,对应的电流密度为 j,则在微体积元内受到的静电力和安培力为

$$\mathrm{d}F = (\rho E + j \times B) \mathrm{d}V \tag{6-8}$$

将麦克斯韦方程组

$$\begin{cases} \nabla \cdot E = \dfrac{\rho}{\varepsilon_0} \\[3mm] \nabla \times B = \mu_0 j + \varepsilon_0 \mu_0 \dfrac{\partial E}{\partial t} \end{cases}$$

代入式(6-8)中,得到

$$\mathrm{d}F = \left[\varepsilon_0 (\nabla \cdot E) E + \left(\nabla \times \frac{B}{\mu_0} - \varepsilon_0 \frac{\partial E}{\partial t} \right) \times B \right] \mathrm{d}V \tag{6-9}$$

再由

$$\begin{cases} \nabla \cdot B = 0 \\[3mm] \nabla \times E = -\dfrac{\partial B}{\partial t} \end{cases}$$

得

$$\frac{B}{\mu_0} (\nabla \cdot B) + \left(\nabla \times E + \frac{\partial B}{\partial t} \right) \times E \varepsilon_0 = 0 \tag{6-10}$$

将式(6-10)加到式(6-9)中,得

$$\mathrm{d}F = \left[\begin{array}{l} \varepsilon_0 (\nabla \cdot E) E + (\nabla \times E) \times E \varepsilon_0 + \dfrac{B}{\mu_0} (\nabla \cdot B) \\[3mm] + \dfrac{1}{\mu_0} (\nabla \times B) \times B + \dfrac{\partial B}{\partial t} \times E \varepsilon_0 - \varepsilon_0 \dfrac{\partial E}{\partial t} \times B \end{array} \right] \mathrm{d}V \tag{6-11}$$

由矢量的三重乘积

$$\begin{cases} \boldsymbol{\nabla}(\boldsymbol{a}\times\boldsymbol{b})=\boldsymbol{a}\times(\boldsymbol{\nabla}\times\boldsymbol{b})+(\boldsymbol{a}\cdot\boldsymbol{\nabla})\boldsymbol{b}+\boldsymbol{b}\times(\boldsymbol{\nabla}\times\boldsymbol{a})+(\boldsymbol{\nabla}\cdot\boldsymbol{b})\boldsymbol{a} \\ \boldsymbol{\nabla}\times(\boldsymbol{a}\times\boldsymbol{b})=(\boldsymbol{b}\cdot\boldsymbol{\nabla})\boldsymbol{a}-(\boldsymbol{a}\cdot\boldsymbol{\nabla})\boldsymbol{b}-\boldsymbol{b}(\boldsymbol{\nabla}\cdot\boldsymbol{a})+\boldsymbol{a}(\boldsymbol{\nabla}\cdot\boldsymbol{b}) \end{cases}$$

$$\Rightarrow (\boldsymbol{a}\cdot\boldsymbol{\nabla})\boldsymbol{b}=\frac{1}{2}[\boldsymbol{\nabla}(\boldsymbol{a}\cdot\boldsymbol{b})-\boldsymbol{\nabla}\times(\boldsymbol{a}\times\boldsymbol{b})-\boldsymbol{a}\times(\boldsymbol{\nabla}\times\boldsymbol{b})$$

$$-\boldsymbol{b}\times(\boldsymbol{\nabla}\times\boldsymbol{a})-\boldsymbol{b}(\boldsymbol{\nabla}\cdot\boldsymbol{a})+\boldsymbol{a}(\boldsymbol{\nabla}\cdot\boldsymbol{b})]$$

由 $\boldsymbol{a}=\boldsymbol{b}=\boldsymbol{E}$，代入上式得

$$(\boldsymbol{E}\times\boldsymbol{\nabla})\times\boldsymbol{E}=\frac{1}{2}\boldsymbol{\nabla}(\boldsymbol{E}\cdot\boldsymbol{E})-(\boldsymbol{E}\cdot\boldsymbol{\nabla})\boldsymbol{E} \qquad (6-12)$$

将式(6-12)两边同时加上 $\boldsymbol{E}(\boldsymbol{\nabla}\cdot\boldsymbol{E})$，得

$$\boldsymbol{E}(\boldsymbol{\nabla}\cdot\boldsymbol{E})+(\boldsymbol{\nabla}\times\boldsymbol{E})\times\boldsymbol{E}=\boldsymbol{E}(\boldsymbol{\nabla}\cdot\boldsymbol{E})+(\boldsymbol{E}\cdot\boldsymbol{\nabla})\boldsymbol{E}-\frac{1}{2}\boldsymbol{\nabla}(\boldsymbol{E}\cdot\boldsymbol{E}) \qquad (6-13)$$

$$=\boldsymbol{\nabla}\cdot(\boldsymbol{E}\boldsymbol{E})-\frac{1}{2}\boldsymbol{\nabla}(E^2)$$

同理，得

$$\boldsymbol{B}(\boldsymbol{\nabla}\cdot\boldsymbol{B})+(\boldsymbol{\nabla}\times\boldsymbol{B})\times\boldsymbol{B}=\boldsymbol{\nabla}\cdot(\boldsymbol{B}\boldsymbol{B})-\frac{1}{2}\boldsymbol{\nabla}(B^2) \qquad (6-14)$$

将式(6-13)和式(6-14)代入式(6-11)，得

$$\mathrm{d}\boldsymbol{F}=\left[\varepsilon_0\boldsymbol{\nabla}\cdot(\boldsymbol{E}\boldsymbol{E})-\frac{1}{2}\boldsymbol{\nabla}(E^2)+\frac{1}{\mu_0}\boldsymbol{\nabla}\cdot(\boldsymbol{B}\boldsymbol{B})-\frac{1}{2\mu_0}\boldsymbol{\nabla}(B^2)-\varepsilon_0\frac{\partial}{\partial t}(\boldsymbol{E}\times\boldsymbol{B})\right]\mathrm{d}V$$

将体积分转换为曲面积分，得

$$F=\oiint_S\left[\varepsilon_0(\boldsymbol{E}\boldsymbol{E})-\frac{1}{2}\varepsilon_0(E^2)+\frac{1}{\mu_0}(\boldsymbol{B}\boldsymbol{B})-\frac{1}{2\mu_0}B^2\right]\mathrm{d}S \qquad (6-15)$$

式中，F 是力；$\mathrm{d}S$ 是面积量纲；$\left[\varepsilon_0(\boldsymbol{E}\boldsymbol{E})-\frac{1}{2}\varepsilon_0E^2\right]$，$\left[\frac{1}{\mu_0}(\boldsymbol{B}\boldsymbol{B})-\frac{1}{2\mu_0}B^2\right]$ 是单位面积上受到的力，也就是压强。这样，空间压强与场的能量密度对应，也就是说

$$\begin{cases} P_1=w=\frac{1}{2}\boldsymbol{D}\cdot\boldsymbol{E} \\ \\ P_2=w=\frac{1}{2}\boldsymbol{H}\cdot\boldsymbol{B} \end{cases} \qquad (6-16)$$

它对应的物理意义如下：空间某点的能量密度等于该点的压强。

6.3　电场能量密度与静电力

1. 由不同电荷构成的带电体系的静电场能量密度

由真空中电场能量密度

$$w = \frac{1}{2} \boldsymbol{D} \cdot \boldsymbol{E}$$

得介质中电场能量密度

$$w = \frac{1}{2} \varepsilon_0 \varepsilon_r E^2$$

上式可写为

$$w = \frac{1}{2} \sum_{i=1}^{N} \boldsymbol{D}_i \cdot \sum_{i=1}^{N} \boldsymbol{E}_i \qquad (6-17)$$

现在计算两个点电荷之间的静电吸引力。设两个点电荷的电量分别是 $+q$ 和 $-q$，它们之间的距离是 d，为了方便讨论，设点电荷是半径为 R 的带电小球壳模型，点电荷的半径远小于两个电荷之间的距离。两个点电荷的电场都是球形对称分布，如图 6-5 所示。

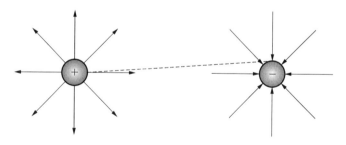

图 6-5

正电荷在空间任意一点产生的电场强度为

$$\boldsymbol{E} = \frac{q}{4\pi\varepsilon_0 r^3} \boldsymbol{r}$$

在负电荷的表面，其电场能量密度为

$$w = \frac{1}{2} \boldsymbol{D} \cdot \boldsymbol{E} = \frac{1}{2} (\boldsymbol{D}_1 + \boldsymbol{D}_2) \cdot (\boldsymbol{E}_1 + \boldsymbol{E}_2)$$

式中，$\boldsymbol{D}_1$、$\boldsymbol{E}_1$ 分别是由正电荷产生的电位移矢量和电场强度矢量；$\boldsymbol{D}_2$、$\boldsymbol{E}_2$ 是负电

荷产生的电位移矢量和电场强度矢量。将上式展开,得到

$$w = \frac{1}{2} \boldsymbol{D}_1 \cdot \boldsymbol{E}_1 + \frac{1}{2} \boldsymbol{D}_1 \cdot \boldsymbol{E}_2 + \frac{1}{2} \boldsymbol{D}_2 \cdot \boldsymbol{E}_1 + \frac{1}{2} \boldsymbol{D}_2 \cdot \boldsymbol{E}_2$$

继续展开,得

$$w = \frac{1}{2} \varepsilon_0 E_1^2 + \varepsilon_0 \boldsymbol{E}_1 \cdot \boldsymbol{E}_2 + \frac{1}{2} \varepsilon_0 E_2^2 \qquad (6-18)$$

2. 电场相互作用的能量密度与静电力

由于电场矢量,则式(6-10)可以写成

$$w = \frac{1}{2} \varepsilon_0 E_1^2 + \varepsilon_0 E_1 E_2 \cos \theta + \frac{1}{2} \varepsilon_0 E_2^2 \qquad (6-19)$$

式中,θ 是负电荷表面 $\boldsymbol{E}_1$ 与 $\boldsymbol{E}_2$ 之间的夹角。因为能量密度等于空间压强 P,即

$$P = w = \frac{1}{2} \varepsilon_0 E_1^2 + \varepsilon_0 E_1 E_2 \cos \theta + \frac{1}{2} \varepsilon_0 E_2^2$$

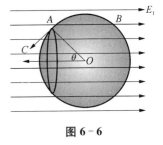

图 6-6

现在把图 6-5 中的 $-q$ 看成一个半径为 R 的均匀带电球壳。由于点电荷尺寸太小,两点电荷之间的距离远大于电荷半径,正电荷在负电荷周围产生的电场可近似为均匀电场,如图 6-6 所示。从图 6-6 中可以清楚地观察到,正电荷产生的电场在负电荷表面不同位置产生的相互作用能量密度是不同的。图 6-6 中负电荷表面 A 点和 B 点处的压强分别为 P_{AO}、P_{BO},有

$$\begin{cases} P_{AO} = w_A = \dfrac{1}{2} \varepsilon_0 E_1^2 + \varepsilon_0 E_1 E_2 \cos \theta_1 + \dfrac{1}{2} \varepsilon_0 E_2^2 \\[2mm] P_{BO} = w_B = \dfrac{1}{2} \varepsilon_0 E_1^2 + \varepsilon_0 E_1 E_2 \cos \theta_2 + \dfrac{1}{2} \varepsilon_0 E_2^2 \end{cases} \qquad (6-20)$$

式(6-20)中的第一项和第三项,在负电荷表面的不同位置,其能量密度是恒定的,表明这两项所对应压强在负电荷表面是常量,不会对负电荷产生压强差,它们对负电荷产生的总作用力为零。式(6-20)中的第二项在负电荷表面不同位置,相互作用的能量密度不同,即它们在负电荷表面的位置不同,压强不同,对应的力不同,静电荷受到的力总和不为零,这就是静电力的来源。因此,我们只考虑式(6-20)中第二项的计算就可以。

设图 6-6 中 A 点的压强为

$$w_A = P = \varepsilon_0 E_1 E_2 \cos \theta$$

由于把点电荷当作均匀带电球壳,图 6 - 6 中 A 点球壳的内能量密度为 0, A 点球壳的外能量密度为 w_A。能量密度差形成压强差,但力的方向是从低能量密度区指向高能量密度区。因为只有这样,力沿着低能量区到高能量区的路径做功才能导致系统能量减少。另外,根据能量对空间求导等于力的关系,也能推导出球壳上 A 点受到的力是 OA 方向。对图 6 - 6 中 A 点取一个微元表面积 $\mathrm{d}\boldsymbol{S}$, 由于 $\mathrm{d}\boldsymbol{S}$ 矢量是法向方向,所以 A 点对应的压力可以写成

$$\mathrm{d}\boldsymbol{F}_{OA} = P_A \boldsymbol{e}_{AO} \mathrm{d}\boldsymbol{S} = (\varepsilon_0 E_1 E_2 \cos\theta)\mathrm{d}S \boldsymbol{e}_{OA} \tag{6-21}$$

式中, e_{OA} 是从球心 O 点到 A 点的单位矢量。根据数学中矢量导数定义,我们很容易得到

$$\mathrm{d}\boldsymbol{F}_{AC} = \frac{\mathrm{d}\boldsymbol{F}_{OA}}{\mathrm{d}\theta} = [(\varepsilon_0 E_1 E_2 \sin\theta)\mathrm{d}S]\boldsymbol{e}_{AC} \tag{6-22}$$

由式(6 - 21)和式(6 - 22)可以看出,微元 $\mathrm{d}S$ 上受到的力应该是 $\mathrm{d}\boldsymbol{F}_{OA}$ 和 $\mathrm{d}\boldsymbol{F}_{AC}$ 的矢量合,合力的矢量方向平行于 OC 方向,即

$$\mathrm{d}\boldsymbol{F}_{OC} = \sqrt{\mathrm{d}F_{AO}^2 + \mathrm{d}F_{AC}^2} = [(\varepsilon_0 E_1 E_2)\mathrm{d}S]\boldsymbol{e}_{OC}$$

由于负电荷在电荷表面产生的电场呈高度球形对称分布,取一个环带如图 6 - 6 所示,则环带的面积为 $2\pi R\sin\theta R\mathrm{d}\theta$, 整个环带受到的合力为

$$\mathrm{d}F_{OC} = \frac{q_1}{4\pi d^2} \frac{q_2}{4\pi\varepsilon_0 r^2} 2\pi R\sin\theta R\mathrm{d}\theta = \frac{q_1}{4\pi r_1^2} \frac{q_2}{2\varepsilon_0}\sin\theta\mathrm{d}\theta$$

通过对负电荷整个电荷表面的积分,得到静电引力的公式

$$\boldsymbol{F}_{OC} = \int_0^\pi \frac{q_1 q_2}{4\pi\varepsilon_0 d^2} \frac{1}{2}\sin\theta\mathrm{d}\theta = \frac{q_1 q_2}{4\pi\varepsilon_0 d^2}\boldsymbol{e}_{OC} \tag{6-23}$$

式(6 - 23)就是库仑定律的完整表达式。上述推导方法证明,作用在空间中两个物体之间的力本质上来自电场的相互作用。宇宙中有不同的场,如电场、磁场、引力场等,它们的相互作用会产生能量密度,其能量密度的差异会产生压强差,压强差产生力,这就是静电力的一种解释。

如果将两个电荷视为两个均匀带电球体,当它们的距离很近时,不能用库仑定律计算它们之间的相互作用力,必须用场的能量密度方法计算。

3. 典型例题解析

例 6 - 5　如图 6 - 7 所示,计算两个均匀分布的带电平板之间的静电引力,设板的面积为 S, 单位面积带电为 σ, 板之间的距离为 d。

解　单个板在两边产生的电场强度为

$$\begin{cases} E_1 = \dfrac{\sigma}{2\varepsilon_0} \\[3mm] E_2 = -\dfrac{\sigma}{2\varepsilon_0} \end{cases}$$

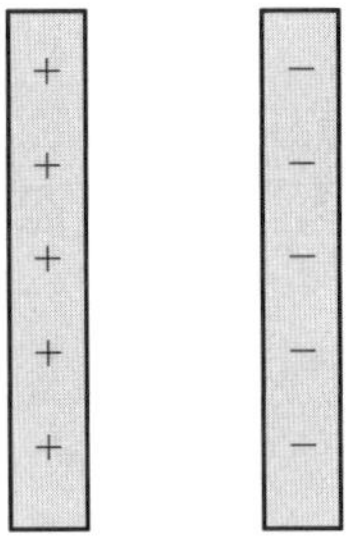

在两个板之间,电场能量密度为

$$w = \frac{1}{2}(\boldsymbol{D}_1 + \boldsymbol{D}_2) \cdot (\boldsymbol{E}_1 + \boldsymbol{E}_2)$$

图 6-7

两个板之间的能量密度为

$$w_1 = \frac{1}{2}\left(\frac{\sigma}{2} + \frac{\sigma}{2}\right)\left(\frac{\sigma}{2\varepsilon_0} + \frac{\sigma}{2\varepsilon_0}\right) = \frac{\sigma^2}{2\varepsilon_0}$$

两个板外面,对应的能量密度为

$$w_2 = \frac{1}{2}\left(\frac{\sigma}{2} - \frac{\sigma}{2}\right)\left(\frac{\sigma}{2\varepsilon_0} - \frac{\sigma}{2\varepsilon_0}\right) = 0$$

由于能量密度与压强的关系,不难得出两边压强差为

$$P = \frac{\sigma^2}{2\varepsilon_0}$$

不考虑边缘效应,两个板之间的相互作用力为

$$F = \frac{\sigma^2}{2\varepsilon_0}S$$

例 6-6　半径为 R 的均匀带电球壳,单位面积带电为 σ,计算球壳表面上单位面积受到的静电力。

解　在带电球壳表面附近,电场强度为

$$E = \frac{Q}{4\pi\varepsilon_0 R^2} = \frac{\sigma}{\varepsilon_0}$$

对应的能量密度为

$$w = \frac{1}{2}\boldsymbol{D} \cdot \boldsymbol{E} = \frac{1}{2}\frac{\sigma^2}{\varepsilon_0}$$

则单位面积上的受力为

$$P = \frac{1}{2}\frac{\sigma^2}{\varepsilon_0}$$

例 6-7　如图 6-8 所示,一个水平的平行板电容器,极板上的电荷面密度为

σ_0，浸在相对介电常数为 ε_r、质量密度为 ρ 的液体电解质中，使其中一块极板在液面上方，另一块极板在液面的下方，试求电容器中液面能升高的高度 h。

解　两种介质中对应的电场强度分别为

$$\begin{cases} E_1 = \dfrac{\sigma_0}{\varepsilon_0} \\[2mm] E_2 = \dfrac{\sigma_0}{\varepsilon_0 \varepsilon_r} \end{cases}$$

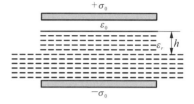

图 6 - 8

两种介绍中对应的电场能量密度分别为

$$\begin{cases} w_1 = \dfrac{1}{2}\varepsilon_0 E_1^2 = \dfrac{\sigma_0^2}{2\varepsilon_0} \\[3mm] w_2 = \dfrac{1}{2}\varepsilon_0 \varepsilon_r E_2^2 = \dfrac{\sigma_0^2}{2\varepsilon_0 \varepsilon_r} \end{cases}$$

能量密度差导致压强差，使液体得到向上的提升力，由力平衡原理得

$$\Delta P S = \frac{\sigma_0^2}{2\varepsilon_0} \frac{\varepsilon_r - 1}{\varepsilon_r} S = S h \rho g$$

液面上升的高度为

$$h = \frac{\sigma_0^2}{2\rho g \varepsilon_0} \frac{\varepsilon_r - 1}{\varepsilon_r}$$

例 6 - 8　如图 6 - 9 所示，平行板电容器，极板面积为 S，板间距离为 d，两极接在电压为 U 的电源上，并竖直插入相对介电常数为 ε_r、质量密度为 ρ 的液体电解质中。试求电容器中液体上升的高度 h。

解　两个极板之间的电场强度为

$$E = \frac{U}{d}$$

无介质和有介质空间电场能量密度分别为

$$\begin{cases} w_1 = \dfrac{1}{2}\varepsilon_0 (E)^2 = \dfrac{\varepsilon_0}{2}\left(\dfrac{U}{d}\right)^2 \\[3mm] w_2 = \dfrac{1}{2}\varepsilon_0 \varepsilon_r (E)^2 = \dfrac{\varepsilon_0 \varepsilon_r}{2}\left(\dfrac{U}{d}\right)^2 \end{cases}$$

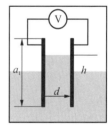

图 6 - 9

在介质的边界上，压强差为

$$\Delta P = w_2 - w_1 = (\varepsilon_r - 1)\frac{\varepsilon_0}{2}\left(\frac{U}{d}\right)^2$$

根据受力平衡,有

$$F = \Delta P S' = (\varepsilon_r - 1) \frac{\varepsilon_0}{2} \left(\frac{U}{d} \right)^2 d \frac{S}{a_1} = \frac{S}{a_1} h \rho g$$

得液面上升的高度为

$$h = \frac{\varepsilon_0}{2d^2 \rho g} (\varepsilon_r - 1) U^2$$

利用电场的能量密度计算带电体之间的相互作用力,有时候比等效电荷法烦琐一些,但这能更好地体现力产生的物理本质。

6.4　磁场的能量密度

1. 磁场能量密度的物理论证

我们用理想化的无限长的螺线管为例,探讨磁场的能量密度表达式,如图 6-10 所示。理想化的螺线管,静磁能为

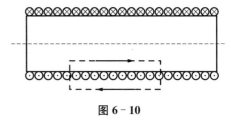

图 6-10

$$W = \frac{1}{2} L I^2$$

利用通过螺线管的磁通量 $\Phi = LI$,将它代入式中得到

$$W = \frac{1}{2} I \Phi$$

设螺线管的总圈数为 N,则 $\Phi = N \iint \boldsymbol{B} \cdot \mathrm{d}\boldsymbol{S}$,将其代入上式中,得到

$$W = \frac{1}{2} \iint N I B \mathrm{d}S$$

再利用安培环路定理,有

$$\oint H \mathrm{d}l = NI$$

式中,环路积分路径是沿螺线管轴心线取一个矩形,见图 6-10 中的虚线。能量积分式可表示为

$$W = \frac{1}{2} \iint \oint \boldsymbol{H} \cdot \mathrm{d}\boldsymbol{l} \cdot \boldsymbol{B} \cdot \mathrm{d}\boldsymbol{S}$$

式中，dS 是取垂直于轴心线的微面积，它的矢量与轴心线平行，而 dl 是沿着螺线管的轴心线方向的微线段，因此 $dS \cdot dl = dV$ 就是螺线管中的微体积元。

$$W = \frac{1}{2}\iiint (\boldsymbol{H} \cdot \boldsymbol{B}) dV$$

令 $w = \frac{1}{2}BH$，其物理意义也是单位体积的能量，也就是能量密度。上式可以写为

$$W = \int w dV = \int_v \frac{1}{2}\boldsymbol{B} \cdot \boldsymbol{H} dV \qquad (6-24)$$

下面我们考虑两个线圈情形的磁场能量公式。

设有两个线圈，线圈 1、2 中通过的电流分别为 I_1 和 I_2，它们各自产生的磁场强度和磁感应强度分别为 H_1、H_2 和 B_1、B_2，则总磁场强度和磁感应强度分别是

$$\begin{cases} \boldsymbol{H} = \boldsymbol{H}_1 + \boldsymbol{H}_2 \\ \boldsymbol{B} = \boldsymbol{B}_1 + \boldsymbol{B}_2 \end{cases}$$

从而总磁能为

$$\begin{aligned} W_m &= \frac{1}{2}\iiint \boldsymbol{B} \cdot \boldsymbol{H} dV = \frac{1}{2}\iiint (\boldsymbol{B}_1 + \boldsymbol{B}_2) \cdot (\boldsymbol{H}_1 + \boldsymbol{H}_2) dV \\ &= \frac{\mu\mu_0}{2}\iiint (\boldsymbol{H}_1 + \boldsymbol{H}_2) \cdot (\boldsymbol{H}_1 + \boldsymbol{H}_2) dV \qquad (6-25) \\ &= \frac{\mu\mu_0}{2}\iiint (H_1^2 + H_2^2 + 2\boldsymbol{H}_1 \cdot \boldsymbol{H}_2) dV \end{aligned}$$

从式（6-25）可以看出，式中第一、第二两项，即 $\frac{1}{2}\iiint \mu\mu_0 H_1^2 dV$ 和 $\frac{1}{2}\iiint \mu\mu_0 H_2^2 dV$ 分别为 1、2 两线圈的自感磁能；第三项，即 $\iiint \mu\mu_0 \boldsymbol{H}_1 \cdot \boldsymbol{H}_2 dV$ 为互感磁能。因此自感磁能总是正的，而互感磁能密度则有正有负。

2. 磁场能量密度的应用举例

例 6-9　如图 6-11 所示，一个直流导线电缆，外包一层磁介质，通过的电流为 I，电流通过外层导体流回，求介质自感系数。介质相对磁导率为 μ_r。

解　根据安培环路定律

$$2\pi r H = I$$

得磁场强度

$$H = \frac{I}{2\pi r}$$

对应的磁感应强度为

$$B = \frac{I\mu_0\mu_r}{2\pi r}$$

则单位体积的能量密度为

$$w = \frac{1}{2}\boldsymbol{B} \cdot \boldsymbol{H} = \frac{1}{2}\left(\frac{I\mu_0\mu_r}{2\pi r}\right)\left(\frac{I}{2\pi r}\right) = \frac{1}{8}\left(\frac{I^2}{\pi^2 r^2}\mu_0\mu_r\right)$$

则电缆线内总的磁场能量为

$$W = \int_{R_1}^{R_2} 2\pi r l \, \mathrm{d}r w = \int_{R_1}^{R_2} 2\pi r l \left[\frac{1}{8}\left(\frac{I^2\mu_0\mu_r}{\pi^2 r^2}\right)\right]\mathrm{d}r$$

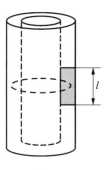

图 6-11

积分后得到

$$W = \int_{R_1}^{R_2} l \, \frac{1}{4} \, \frac{I^2\mu_0\mu_r}{\pi r}\mathrm{d}r = \frac{l}{4}\frac{I^2}{\pi}\mu_0\mu_r\ln\frac{R_2}{R_1}$$

再根据自感磁场能量的表达式,得

$$W = \frac{1}{2}LI^2$$

得自感系数

$$L = \frac{l}{2\pi}\mu_0\mu_r\ln\frac{R_2}{R_1}$$

6.5 磁场能量密度与洛伦兹力

1. 多个线圈系统中磁场的能量密度表达式

设第一个线圈的电流为 I_1,第二个线圈的电流为 I_2,它们在空间某点各自产生的磁场强度和磁感应强度为 H_1、H_2 和 B_1、B_2,则该点总磁场强度和磁感应强度分别是

$$\begin{cases} \boldsymbol{H} = \boldsymbol{H}_1 + \boldsymbol{H}_2 \\ \boldsymbol{B} = \boldsymbol{B}_1 + \boldsymbol{B}_2 \end{cases}$$

总磁能为

$$w = \frac{1}{2}\boldsymbol{B} \cdot \boldsymbol{H} = \frac{1}{2}(\boldsymbol{B}_1 + \boldsymbol{B}_2) \cdot (\boldsymbol{H}_1 + \boldsymbol{H}_2) \tag{6-26}$$

将式(6-26)展开,得

$$w = \frac{1}{2}\boldsymbol{H}_1 \cdot \boldsymbol{B}_1 + \frac{1}{2}\boldsymbol{H}_1 \cdot \boldsymbol{B}_2 + \frac{1}{2}\boldsymbol{H}_2 \cdot \boldsymbol{B}_1 + \frac{1}{2}\boldsymbol{H}_2 \cdot \boldsymbol{B}_2$$

将 $\boldsymbol{B} = \mu_0 \boldsymbol{H}$ 代入上式,得

$$w = \frac{1}{2\mu_0}B_1^2 + \frac{1}{\mu_0}\boldsymbol{B}_1 \cdot \boldsymbol{B}_2 + \frac{1}{2\mu_0}B_2^2 \tag{6-27}$$

式(6-27)中第一项是第一个线圈产生的静磁场的能量密度,第三项是第二个线圈产生的静磁场的能量密度,第二项是第一个线圈产生的磁场与第二个线圈产生的磁场之间相互作用的能量密度。磁场是矢量,则式(6-27)可以写成

$$w = \frac{1}{2\mu_0}B_1^2 + \frac{1}{\mu_0}B_1 B_2 \cos\theta + \frac{1}{2\mu_0}B_2^2 \tag{6-28}$$

式中,θ 是 $\boldsymbol{B}_1$ 矢量和 $\boldsymbol{B}_2$ 矢量之间的夹角。

2. 磁场相互作用能量密度与洛伦兹力

运动电荷产生的磁场强度为

$$B = \frac{q}{4\pi\varepsilon_o R^2} \frac{u}{c^2} \sin\theta \tag{6-29}$$

　　为了讨论方便,我们给出图6-12所示的模型,假定电荷类似于一个均匀带电的球壳,球壳内的磁感应强度为0。设一个均匀的磁场,一个电荷沿 x 轴负方向匀速进入磁场中,如图6-12所示。设外磁场的磁场强度为 B_1。图中虚线为运动电荷在球体表面附近产生的磁场,对应的磁感应强度为 B_2,方向为顺时针方向。

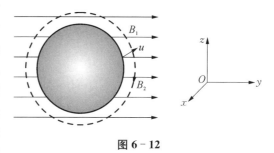

图 6-12

　　在电荷表面不同的位置,产生的能量密度和对应的压强分别为

$$P_1 = w_1 = \frac{1}{2\mu_0}B_1^2 + \frac{1}{\mu_0}B_1 B_2 \cos\theta + \frac{1}{2\mu_0}B_2^2 \tag{6-30}$$

式中,θ 是 $\boldsymbol{B}_1$ 矢量与 $\boldsymbol{B}_2$ 矢量之间的夹角。从式(6-30)可以看出,第一项和第三项

对球的整个表面不会产生压强差,也就不会产生力,只有第二项在不同的位置,能量密度不同,对应的压强不同,导致整个表面的合外力不为零。如任意两点之间的压强差为

$$\Delta P = P_2 - P_1 = \frac{1}{\mu_0} B_1 B_2 (\cos\theta_2 - \cos\theta_1)$$

因此,我们计算球体表面的压强差,仅仅考虑两个磁场之间的相互作用能就可以了。

如图 6-13 所示,如果顺着运动电荷速度方向看电荷,运动电荷在球面会产生涡旋磁场,如图 6-13 中的虚线所示,对应的矢量方向为顺时针方向。假定电荷是表面均匀分布的导体球,电荷内部没有磁场。电荷表面的任意两点 A、B,A 点内外球表面之间的压强差就等于球表面的能量密度之差,即

$$P = w_A = \frac{1}{\mu_0} B_1 B_2 \cos\theta \tag{6-31}$$

式中,B_1 是均匀磁场;B_2 是运动电荷产生的磁场;θ 是矢量 $\boldsymbol{B}_1$ 与 $\boldsymbol{B}_2$ 之间的角度。

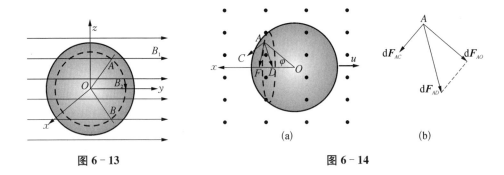

图 6-13   (a)   (b)   图 6-14

我们正对着磁场强度(y 轴方向)方向看运动电荷,如图 6-14(a)所示。图 6-14(a)上 A 点对应图 6-13 中的 A 点。图 6-14(a)中的 AO 方向为 A 点到球心 O 点的矢量方向,即 A 点面积微元正法线方向的相反方向。图 6-14(a)中 A 点球外能量密度是负值,球壳内能量密度为 0。OA 方向上的能量密度差导致 A 点的受力方向是 AO 方向。

$$d\boldsymbol{F}_{AO} = \frac{1}{\mu_0} B_1 B_2 \cos\theta \, dS \boldsymbol{e}_{AO} = \frac{1}{\mu_0} B_1 \frac{\mu_0 qu}{4\pi R^2} \sin\varphi \cos\theta \, dS \boldsymbol{e}_{AO} \tag{6-32}$$

再进一步观察,在 OA 和 Ox 组成的平面内,垂直于 OA 方向的 AC 方向,也存在能量密度差产生的力,可以根据数学上矢量导数的运算规律得到

$$d\boldsymbol{F}_{AC} = \frac{d\boldsymbol{F}_{AO}}{d\varphi} = B_1 \frac{qu}{4\pi R^2} \cos\varphi \sin\theta \, dS \boldsymbol{e}_{\tau} \tag{6-33}$$

由于 AO 和 AC 方向上的两个力相互垂直,这两个方向场上的力与合力之间构成一个直角三角形,如图 6 - 14(b)所示,合力为

$$dF_{AD} = \sqrt{dF_{AO}^2 + dF_{AC}^2} = \frac{qu}{4\pi R^2} B_1 \cos\theta\, dS \tag{6-34}$$

dF_{AD} 矢量方向是在 OA 和 Ox 组成的平面内,并且垂直于 Ox 轴,也就是图 6 - 15 中 A 点指向虚线的圆心方向。

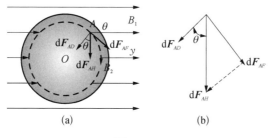

图 6 - 15

再进一步分析,对着 x 方向看图 6 - 13,得到图 6 - 15(a),图 6 - 15(a)中虚线为磁感线,方向为顺时针方向。

在虚线上 A 点圆的切线方向,磁场能量密度也有变化,这个方向上的能量密度差产生的力垂直于 AD 方向[见图 6 - 15(a)],有

$$dF_{AF} = \frac{dF_{AD}}{d\theta} = \frac{qu}{4\pi} B_1 \sin\theta\, dS e_{AF} \tag{6-35}$$

力 dF_{AD} 和 dF_{AF} 构成一个直角三角形,如图 6 - 15(b)所示。其合力为

$$dF_{AH} = \sqrt{dF_{AF}^2 + dF_{AD}^2} = \frac{qu}{4\pi R^2} B_1\, dS \tag{6-36}$$

dF_{AH} 显然垂直于运动方向(x 方向),A 点微元面积 $dS = R\sin\varphi\, dR\, d\varphi$,则 A 点处的力为

$$df = dF_{AH} R\sin\varphi\, dR\, d\varphi = \frac{qu}{4\pi} B_1 \sin\varphi\, d\theta\, d\varphi$$

一个球面上产生的总的力为

$$F = \frac{qu}{4\pi} B_2 \int_0^{2\pi} d\theta \int_0^{\pi} \sin\varphi\, d\varphi \tag{6-37}$$

积分并写成矢量式后,有

$$\boldsymbol{F} = B_2 qu \boldsymbol{e}_{AH} = q\boldsymbol{u} \times \boldsymbol{B} \tag{6-38}$$

式(6-38)是洛伦兹力的表达式,这也是洛伦兹力的一种物理解释。

3. 典型例题

例 6-10　如图 6-16(a)所示,一个均匀分布的磁场,磁感应强度为 B。磁场中放置一根导线,导线长度为 L,导线中的电流强度为 I,根据磁场能量密度差推导导线受到的安培力。

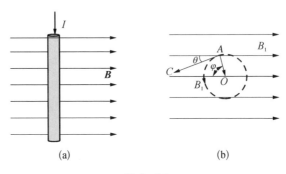

图 6-16

解　假定导线的半径为 R,则导线表面附近产生的磁感应强度为

$$B_1 = \frac{\mu_0 I}{2\pi R}$$

导线通过的电流在导线表面产生的磁感应强度是涡旋线,如图 6-16(b)中的虚线所示。导线产生的磁场与外磁场的相互作用的能量密度为

$$P_A = \frac{1}{\mu_0} \boldsymbol{B} \cdot \boldsymbol{B}_1 = \frac{1}{\mu_0} B \frac{\mu_0 I}{2\pi R} \cos\theta$$

式中,θ 是外磁场与导线产生的磁场矢量之间的夹角。对应的力为

$$dF_{AO} = PR\,d\varphi L = B\frac{IL}{2\pi}\cos\theta\,d\varphi$$

与洛伦兹力的推导方法相同,可得

$$dF_{AC} = \frac{d(dF_{AO})}{d\theta} = -B\frac{IL}{2\pi}\sin\theta\,d\varphi$$

合力为

$$dF = \sqrt{(dF_{AO})^2 + (dF_{AC})^2} = B\frac{IL}{2\pi}d\varphi$$

总的安培力为

$$F = \int_0^{2\pi} \frac{BLI}{2\pi} \mathrm{d}\varphi = B_1 L I$$

例 6-11　如图 6-17 所示，一个理想化的长螺线管，螺线管半径为 R，管上单位长度绕了 n 圈导线，通过的电流强度为 I，请用能量密度法计算螺线管单位面积上受到的安培力。

解　理想化的螺线管中，磁场均匀分布，且大小为

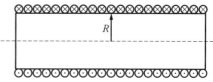

$$B = \mu_0 n I$$

由于螺线管外的磁场强度为 0，则螺线管内的磁场能量密度为

图 6-17

$$w = \frac{1}{2} \boldsymbol{B} \cdot \boldsymbol{H} = \frac{1}{2} \mu_0 n^2 I^2$$

螺线管内外对应的压强差为

$$P = w = \frac{1}{2} \mu_0 n^2 I^2$$

则单位面积受到的安培力就等于压强 P 的值。

习　题

6-1　如习题 6-1 图所示，在半径为 R 的金属球之外有均匀电介质层。设电介质的介电常数为 ε_r，金属球带电荷量为 Q。计算球外电场的总能量。

6-2　如习题 6-2 图所示，球形电容器由半径为 R_1 的导体球和与它同心的导体球壳构成，球壳的内半径为 R_3，其间有两层均匀电介质，分界面的半径为 R_2，介电常数分别 ε_{r1} 和 ε_{r2}。当内球带电 $-Q$ 时，计算空间电场的能量密度和总能量。

习题 6-1 图

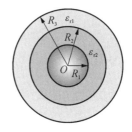

习题 6-2 图

6-3　面积为 $1.0\ \mathrm{cm}^2$ 的两平行金属板，带有等量异号电荷 $\pm 30\ \mu C$，其间充满了相对介电常数 $\varepsilon_r = 2$ 的均匀电介质。略去边缘效应，求两板之间电场的能量密度和总能量。

6-4 如习题 6-4 图所示,平行板电容器极板面积为 S,间距为 d,中间有两层厚度各为 d_1 和 d_2、介电常数各为 ε_{r1} 和 ε_{r2} 的电介质层。当金属板上带电面密度为 σ 时,计算两个板之间的电场能量密度和总能量。

6-5 如习题 6-5 图所示,圆柱形电容器是由半径为 R_1 和 R_2 的两个薄导体圆筒构成,其间充满了相对介电常数为 ε_r 的介质。设内圆筒沿轴线单位长度上导线的电荷为 $+\lambda$,设外圆筒沿轴线单位长度上导线的电荷为 $-\lambda$。略去边缘效应。计算两个圆筒之间的电场能量密度和总能量。

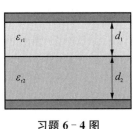
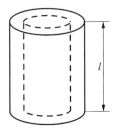

习题 6-4 图　　　　　　　　习题 6-5 图

6-6 如习题 6-6 图所示,设一个同轴电缆里面导体的半径是 R_1,外面的半径是 R_3,两导体间充满了两层均匀电介质,它们的分界面的半径是 R_2,设内外两层电介质的介电常数分别为 ε_{r1} 和 ε_{r2}。设内圆筒沿轴线单位长度上导线的电荷为 $+\lambda$,设外圆筒沿轴线单位长度上导线的电荷为 $-\lambda$。略去边缘效应。计算两个圆筒之间的电场能量密度和总能量。

6-7 在一个内、外半径分别为 a、b 的球形电容器的两极板之间,由过中心的平面分成两个相同的区域,两个区域均分布有均匀线性、各向同性的电介质,两区域电介质的介电常数分别为 ε_{r1} 和 ε_{r2},如习题 6-7 图所示。如果内球带电 $+Q$,外极板带电 $-Q$。求系统总电场能量。

6-8 如习题 6-8 图所示,在一个无穷长圆柱形直导线外包一层磁导率为 μ 的圆筒形磁介质,导线半径为 R_1,磁介质的外半径为 R_2,导线内有电流 I 通过。求介质内、外的磁场能量密度和总的磁场能量。

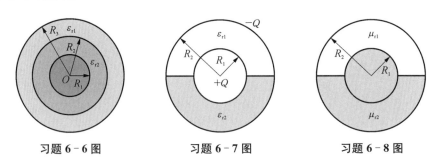

习题 6-6 图　　　　　　习题 6-7 图　　　　　　习题 6-8 图

6-9 如习题 6-9 图所示,一个无限大的导电平面,单位长度通过的电流强度为 α,导电平面两侧分布无限大的磁介质,介质相对磁导率分别为 μ_{r1} 和 μ_{r2}。计算磁介质中的磁场能量密度。

6 - 10　如习题 6 - 10 图所示，一个环形铁芯横截面的直径为 4.0 mm，环的平均半径 $R =$ 15 mm，环上密绕着 200 匝线圈，当线圈导线通有 25 mA 的电流时，铁芯的相对磁导率 $\mu_r =$ 300。　求通过铁芯中磁场的能量密度和能量。

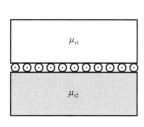

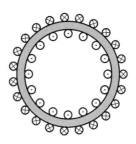

习题 6 - 9 图　　　　　　　　　习题 6 - 10 图

6 - 11　一个同轴线由很长的直导线和套在它外面的同轴圆筒构成，导线的半径为 a，圆筒的内半径为 b，外径为 c，电流 I 沿圆筒流去，沿导线流回，在它们的横截面上，电流都是均匀分布的。求下列四处每米长度内所储磁能 W 的表达式：导线内、导线与圆筒之间、圆筒内、圆筒外。

第7章 麦克斯韦电磁理论

麦克斯韦方程组是英国物理学家詹姆斯·麦克斯韦在19世纪建立的一组描述电场、磁场与电荷密度、电流密度之间关系的偏微分方程。它由四个方程组成：描述电荷如何产生电场的高斯定律、论述磁单极子不存在的高斯磁定律、描述电流和时变电场怎样产生磁场的麦克斯韦-安培定律、描述时变磁场如何产生电场的法拉第电磁感应定律。从麦克斯韦方程组可以推导出光波是电磁波。

7.1 麦克斯韦方程组

麦克斯韦方程组由四个方程组成，分别为

$$\begin{cases} \oiint \boldsymbol{D} \cdot \mathrm{d}\boldsymbol{S} = q_0 \\ \oint \boldsymbol{E} \cdot \mathrm{d}\boldsymbol{l} = 0 \\ \oiint \boldsymbol{B} \cdot \mathrm{d}\boldsymbol{S} = 0 \\ \oint \boldsymbol{H} \cdot \mathrm{d}\boldsymbol{l} = I_0 \end{cases}$$

麦克斯韦方程组对应的微分形式如下：

$$\begin{cases} \boldsymbol{\nabla} \cdot \boldsymbol{D} = \rho \\ \boldsymbol{\nabla} \times \boldsymbol{E} = -\dfrac{\partial \boldsymbol{B}}{\partial t} \\ \boldsymbol{\nabla} \cdot \boldsymbol{B} = 0 \\ \boldsymbol{\nabla} \times \boldsymbol{H} = \boldsymbol{j}_0 + \dfrac{\partial \boldsymbol{D}}{\partial t} \end{cases}$$

式中，q_0 是自由电荷密度；$\boldsymbol{j}_0$ 是传导电流密度；$\dfrac{\partial \boldsymbol{D}}{\partial t}$ 是位移电流密度。取电场和磁场的旋度

$$\begin{cases} \boldsymbol{\nabla} \times \boldsymbol{E} = \begin{vmatrix} \boldsymbol{i} & \boldsymbol{j} & \boldsymbol{k} \\ \dfrac{\partial}{\partial x} & \dfrac{\partial}{\partial y} & \dfrac{\partial}{\partial z} \\ E_x & E_y & E_z \end{vmatrix} = -\mu_0 \left(\dfrac{\partial H_x}{\partial t} \boldsymbol{i} + \dfrac{\partial H_y}{\partial t} \boldsymbol{j} + \dfrac{\partial H_z}{\partial t} \boldsymbol{k} \right) \\[3em] \boldsymbol{\nabla} \times \boldsymbol{H} = \begin{vmatrix} \boldsymbol{i} & \boldsymbol{j} & \boldsymbol{k} \\ \dfrac{\partial}{\partial x} & \dfrac{\partial}{\partial y} & \dfrac{\partial}{\partial z} \\ H_x & H_y & H_z \end{vmatrix} = -\varepsilon_0 \left(\dfrac{\partial E_x}{\partial t} \boldsymbol{i} + \dfrac{\partial E_y}{\partial t} \boldsymbol{j} + \dfrac{\partial E_z}{\partial t} \boldsymbol{k} \right) \end{cases} \quad (7-1)$$

在真空中,没有自由电荷和电流,则麦克斯韦方程组为

$$\begin{cases} \boldsymbol{\nabla} \cdot \boldsymbol{E} = 0 \\[0.5em] \boldsymbol{\nabla} \times \boldsymbol{E} = -\mu_0 \dfrac{\partial \boldsymbol{H}}{\partial t} \\[0.5em] \boldsymbol{\nabla} \cdot \boldsymbol{H} = 0 \\[0.5em] \boldsymbol{\nabla} \times \boldsymbol{H} = \varepsilon_0 \dfrac{\partial \boldsymbol{E}}{\partial t} \end{cases} \quad (7-2)$$

在没有电荷的条件下,要满足上述关系,$\boldsymbol{E}$ 不是静电场,$\boldsymbol{H}$ 也不是静磁场,这里的电场和磁场均是涡旋场,均是无始无终的圆曲线。展开后得到下列八个方程:

$$\begin{cases} \dfrac{\partial E_x}{\partial x} + \dfrac{\partial E_y}{\partial y} + \dfrac{\partial E_z}{\partial z} = 0 \\[1em] \dfrac{\partial E_z}{\partial y} - \dfrac{\partial E_y}{\partial z} = -\mu_0 \dfrac{\partial H_x}{\partial t} \\[1em] \dfrac{\partial E_x}{\partial z} - \dfrac{\partial E_z}{\partial x} = -\mu_0 \dfrac{\partial H_y}{\partial t} \\[1em] \dfrac{\partial E_y}{\partial x} - \dfrac{\partial E_x}{\partial y} = -\mu_0 \dfrac{\partial H_z}{\partial t} \\[1em] \dfrac{\partial H_x}{\partial x} + \dfrac{\partial H_y}{\partial y} + \dfrac{\partial H_z}{\partial z} = 0 \\[1em] \dfrac{\partial H_z}{\partial y} - \dfrac{\partial H_y}{\partial z} = \varepsilon_0 \dfrac{\partial E_x}{\partial t} \\[1em] \dfrac{\partial H_x}{\partial z} - \dfrac{\partial H_z}{\partial x} = \varepsilon_0 \dfrac{\partial E_y}{\partial t} \\[1em] \dfrac{\partial H_y}{\partial x} - \dfrac{\partial H_x}{\partial y} = \varepsilon_0 \dfrac{\partial E_z}{\partial t} \end{cases} \quad (7-3)$$

假定电磁波是沿 z 轴方向的平面波,根据波振面的特性,则 z 轴方向的电场和

磁场强度与 z 轴方向没有关系,则存在

$$
\begin{cases}
\dfrac{\partial E_z}{\partial z} = 0 \\[2mm]
\dfrac{\partial H_z}{\partial t} = 0 \\[2mm]
\dfrac{\partial H_z}{\partial z} = 0 \\[2mm]
\dfrac{\partial E_z}{\partial t} = 0
\end{cases}
\tag{7-4}
$$

以上方程隐含 z 轴方向的电场、磁场与空间没有任何关系,它们可以是常量。常量在波动学中没有任何意义,可以令 $E_z = 0$, $H_z = 0$。因此,式(7-4)可以简化为

$$
\begin{cases}
\dfrac{\partial E_y}{\partial z} = \mu_0 \dfrac{\partial H_x}{\partial t} \\[2mm]
\dfrac{\partial E_x}{\partial z} = -\mu_0 \dfrac{\partial H_y}{\partial t} \\[2mm]
\dfrac{\partial H_y}{\partial z} = -\varepsilon_0 \dfrac{\partial E_x}{\partial t} \\[2mm]
\dfrac{\partial H_x}{\partial z} = \varepsilon_0 \dfrac{\partial E_y}{\partial t}
\end{cases}
\tag{7-5}
$$

如果电磁波的电场矢量是 x 方向,则 $E_y = 0$,则从式(7-5)中可以进一步推导出

$$
\begin{cases}
\dfrac{\partial E_x}{\partial z} = -\mu_0 \dfrac{\partial H_y}{\partial t} \\[2mm]
\dfrac{\partial H_y}{\partial z} = -\varepsilon_0 \dfrac{\partial E_x}{\partial t}
\end{cases}
\tag{7-6}
$$

将式(7-6)分别对空间和时间求导,得

$$
\begin{cases}
\dfrac{\partial^2 E_x}{\partial z^2} = -\mu_0 \dfrac{\partial}{\partial z}\left(\dfrac{\partial H_y}{\partial t}\right) \\[2mm]
\dfrac{\partial}{\partial t}\left(\dfrac{\partial H_y}{\partial z}\right) = -\varepsilon_0 \dfrac{\partial^2 E_x}{\partial t^2} \\[2mm]
\dfrac{\partial}{\partial t}\left(\dfrac{\partial E_x}{\partial z}\right) = -\mu_0 \dfrac{\partial^2 H_y}{\partial t^2} \\[2mm]
\dfrac{\partial^2 H_y}{\partial z^2} = -\varepsilon_0 \dfrac{\partial}{\partial z}\left(\dfrac{\partial E_x}{\partial t}\right)
\end{cases}
\tag{7-7}
$$

将式(7-7)合并后得到

$$
\begin{cases}
\dfrac{\partial^2 E_x}{\partial z^2} = -\mu_0 \varepsilon_0 \dfrac{\partial^2 E_x}{\partial t^2} \\[3mm]
\dfrac{\partial^2 H_y}{\partial z^2} = -\mu_0 \varepsilon_0 \dfrac{\partial^2 H_y}{\partial t^2}
\end{cases}
\tag{7-8}
$$

它们在直角坐标系中的解分别是

$$
\begin{cases}
E_x = E_{0x} \cos \omega \left(t - \dfrac{z}{c} \right) \\[3mm]
H_y = H_{0y} \cos \omega \left(t - \dfrac{z}{c} \right)
\end{cases}
\tag{7-9}
$$

式中，$c = \dfrac{1}{\sqrt{\mu_0 \varepsilon_0}} = 3 \times 10^8$ m/s 是电磁波在自由空间的传播速度，介质中电磁波传播速度为

$$
u = \frac{1}{\sqrt{\mu_0 \mu_r \varepsilon_0 \varepsilon_r}} = \frac{c}{\sqrt{\mu_r \varepsilon_r}}
$$

将式(7-9)代入，得

$$
\begin{cases}
\dfrac{\partial E_x}{\partial z} = -\mu_0 \dfrac{\partial H_y}{\partial t} \\[3mm]
\dfrac{\partial H_y}{\partial z} = -\varepsilon_0 \dfrac{\partial E_x}{\partial t}
\end{cases}
$$

得

$$
\begin{cases}
\dfrac{\partial E_x}{\partial z} \left[E_{0x} \cos \omega \left(t - \dfrac{z}{c} \right) \right] = -\mu_0 \dfrac{\partial H_y}{\partial t} \left[H_{0y} \cos \omega \left(t - \dfrac{z}{c} \right) \right] \\[3mm]
\dfrac{\partial}{\partial z} \left[H_{0y} \cos \omega \left(t - \dfrac{z}{c} \right) \right] = -\varepsilon_0 \dfrac{\partial E_x}{\partial t} \left[E_{0x} \cos \omega \left(t - \dfrac{z}{c} \right) \right]
\end{cases}
\tag{7-10}
$$

将式(7-10)求导后得到

$$
\begin{cases}
E_{0x} \dfrac{\omega}{c} \sin \omega \left(t - \dfrac{z}{c} \right) = -\mu_0 H_{0y} \omega \sin \omega \left(t - \dfrac{z}{c} \right) \\[3mm]
- H_{0y} \dfrac{\omega}{c} \sin \omega \left(t - \dfrac{z}{c} \right) = \varepsilon_0 E_{0x} \omega \sin \omega \left(t - \dfrac{z}{c} \right)
\end{cases}
\tag{7-11}
$$

化简式(7-11)，得

$$\begin{cases} E_{0x}\dfrac{\omega}{c}=-\mu_0 H_{0y}\omega \\ -H_{0y}\dfrac{\omega}{c}=\varepsilon_0 E_{0x}\omega \end{cases}$$

将上两式中的 ω 消掉,得到

$$(H_{0y})^2\mu_0=\varepsilon_0(E_{0x})^2$$

然后两边开平方,得到

$$H_{0y}\sqrt{\mu_0}=\sqrt{\varepsilon_0}E_{0x} \qquad (7-12)$$

如果在介质中,则有

$$H_{0y}\sqrt{\mu_0\mu_r}=\sqrt{\varepsilon_0\varepsilon_r}E_{0x} \qquad (7-13)$$

自由空间内传播的平面电磁波有以下几个性质:

（1）电磁波是横波。电矢量 E 和磁矢量 H 都与传播方向 k 垂直,即 $E\perp k$, $H\perp k$,电矢量与磁矢量垂直,即 $E\perp H$。

（2）E 和 H 同相位,并且在任何时刻、任何地点,$E\times H$ 的方向总是与传播方向 k 相同,如图 7-1 所示。

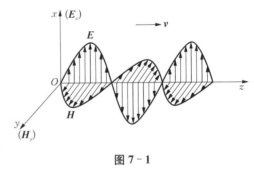

图 7-1

电磁波在真空中的传播速度 $c=\dfrac{1}{\sqrt{\varepsilon_0\mu_0}}$,这个结论是麦克斯韦在 1862 年预言的,在此之前,1856 年 W. 韦伯(W. Weber)和 R. 科尔劳施(R. Kohlrausch)已通过实验测量比例系数,确定了这个常量的量值 $c=310\,740\,000$ m/s[3]。 当时科学上已经知道,这样大的速度是任何宏观物体(包括天体)和微观物体(如分子)所没有的,只有光速可与之比拟。从数值上看,这个常量 c 也与已测得的光速吻合。由此,麦克斯韦得出这样的结论:光是一种电磁波,c 就是光在真空中的传播速度。

折射率 $n=\sqrt{\varepsilon\mu}$,对于非铁磁质,$\mu\approx 1$,从而 $n=\sqrt{\varepsilon_r}$,这个公式从理论上把光学和电磁学两个不同领域中的物理量联系起来了。光与电磁波的同一性不仅表现在传播速度相等这一点上。赫兹等人所做的大量实验从各方面证实光是一种电磁波。光学和电磁学曾经是两个彼此独立的领域,从此以后联系在一起了,麦克斯韦完成了物理学中一次伟大的统一。物理学(或者更普遍地说,所有科学)致力于把零散的现象和经验组织起来,使之成为系统化的知识结构,这就是物理学家孜孜以求的物质世界的统一性。

7.2　电磁波的能流密度

我们在空间中取一任意体积 V，设其表面积为 S。在此区域内可能有电荷、电流或电源，也可能只有电磁场而没有电荷和电流。体积 V 内的电磁能为

$$W = W_e + W_m = \frac{1}{2} \iiint\limits_{(V)} (\boldsymbol{D} \cdot \boldsymbol{E} + \boldsymbol{B} \cdot \boldsymbol{H}) \mathrm{d}V$$

在非恒定情况下，各场量随时间变化，体积 V 内的电磁能 W 也将随时间变化，其变化率为

$$\frac{\mathrm{d}W}{\mathrm{d}t} = \frac{1}{2} \frac{\mathrm{d}}{\mathrm{d}t} \iiint\limits_{(V)} (\boldsymbol{D} \cdot \boldsymbol{E} + \boldsymbol{B} \cdot \boldsymbol{H}) \mathrm{d}V = \frac{1}{2} \iiint\limits_{(V)} \frac{\partial}{\partial t} (\boldsymbol{D} \cdot \boldsymbol{E} + \boldsymbol{B} \cdot \boldsymbol{H}) \mathrm{d}V$$

因 $D = \varepsilon\varepsilon_0 E$，$B = \mu\mu_0 H$，所以

$$\frac{\partial}{\partial t}(\boldsymbol{D} \cdot \boldsymbol{E} + \boldsymbol{B} \cdot \boldsymbol{H}) = \varepsilon\varepsilon_0 \frac{\partial}{\partial t}(\boldsymbol{E} \cdot \boldsymbol{E}) + \mu\mu_0 \frac{\partial}{\partial t}(\boldsymbol{H} \cdot \boldsymbol{H})$$

$$= 2\varepsilon\varepsilon_0 \boldsymbol{E} \cdot \frac{\partial \boldsymbol{E}}{\partial t} + 2\mu\mu_0 \boldsymbol{H} \cdot \frac{\partial \boldsymbol{H}}{\partial t} = 2\boldsymbol{E} \cdot \frac{\partial \boldsymbol{D}}{\partial t} + 2\boldsymbol{H} \cdot \frac{\partial \boldsymbol{B}}{\partial t}$$

把麦克斯韦方程组

$$\begin{cases} \nabla \times \boldsymbol{H} = \dfrac{\partial \boldsymbol{D}}{\partial t} + j_0 \\[2mm] \dfrac{\partial \boldsymbol{B}}{\partial t} = -\nabla \times \boldsymbol{E} \end{cases}$$

代入上式，得

$$\frac{\partial}{\partial t}(\boldsymbol{D} \cdot \boldsymbol{E} + \boldsymbol{B} \cdot \boldsymbol{H}) = 2(\boldsymbol{E} \cdot \nabla \times \boldsymbol{H} - \boldsymbol{H} \cdot \nabla \times \boldsymbol{E} - j_0 \cdot \boldsymbol{E})$$

把 $\nabla \cdot (\boldsymbol{E} \times \boldsymbol{H}) = \boldsymbol{H} \cdot \nabla \times \boldsymbol{E} - \boldsymbol{E} \cdot \nabla \times \boldsymbol{H}$ 代入上式，得

$$\frac{\mathrm{d}W}{\mathrm{d}t} = -\iiint\limits_{(V)} \nabla \cdot (\boldsymbol{E} \times \boldsymbol{H}) \mathrm{d}V - \iiint\limits_{(V)} j_0 \cdot \boldsymbol{E} \mathrm{d}V$$

利用矢量场论的高斯定理，可将上式右端第一项化为面积分，最后得到

$$\frac{\mathrm{d}W}{\mathrm{d}t} = -\oiint\limits_{S} (\boldsymbol{E} \times \boldsymbol{H}) \cdot \mathrm{d}\boldsymbol{S} - \iiint\limits_{(V)} j_0 \cdot \boldsymbol{E} \mathrm{d}V \qquad (7-14)$$

现在我们来分析式(7-14)的物理意义。有非静电力 K 的情况下，欧姆定律

的微分形式为

$$j_0 = \sigma(E + K) \quad \text{或} \quad E = \rho j_0 - K$$

这里 $\rho = \dfrac{1}{\sigma}$ 为电阻率。于是有

$$j_0 \cdot E = \rho j_0^2 + j_0 \cdot K$$

式中，$j_0^2 = j_0 \cdot j_0$。现取一小电流管，设其截面积和长度分别为 ΔS 和 Δl，考虑到 j_0 与 Δl 方向一致，于是

$$\iiint j_0 \cdot E \, dV = j_0 \cdot E \Delta S \Delta l = \rho j_0^2 \Delta S \Delta l + j_0 \cdot K \Delta S \Delta l$$

$$= \left(\frac{\rho \Delta l}{\Delta S} \right)(j_0 \Delta S)^2 - (j_0 \Delta S)(K \cdot \Delta l)$$

因 $\rho \Delta l / \Delta S$ 为小电流管的电阻 R，$j_0 \Delta S$ 为其中的电流 I_0，$K \cdot \Delta l$ 是沿电流管的电动势 $\Delta\varepsilon$，故

$$\iiint j_0 \cdot E \, dV = I_0^2 R - I_0 \Delta\varepsilon \qquad (7\text{-}15)$$

式中，右端第一项 $I_0^2 R$ 是单位时间释放出来的焦耳热，第二项 $I_0 \Delta\varepsilon$ 是单位时间电源做的功。其实这个结论完全不限于 V 是小电流管的情形，对于任何体积 V，式 (7-14) 右端第二项体积分都代表此体积内单位时间释放的焦耳热 Q 与单位时间非静电力做的功 P 之差，即

$$\iiint j_0 \cdot E \, dV = Q - P \qquad (7\text{-}16)$$

现在看式 (7-14) 右端第一项面积分。引入一个新的矢量 G，其定义如下：

$$G = E \times H$$

这个矢量称为坡印亭矢量。于是式 (7-14) 可以写为

$$\frac{dW}{dt} = -\oiint_S G \cdot dS - Q + P \qquad (7\text{-}17)$$

式 (7-17) 表明，在体积 V 内，单位时间增加的电磁能 $\dfrac{dW}{dt}$ 等于此体积内单位时间电源做的功 P 减去热损耗 Q 和坡印亭矢量的面积分。

从能量守恒的观点来看，这个面积分应代表单位时间从 V 的表面流出的电磁能量（称为电磁能流），而坡印亭矢量 $G = E \times H$ 的方向代表电磁能传递的方向，其大小代表单位时间流过与之垂直的单位面积的电磁能量。G 是电磁能流密

度矢量。

根据电磁波的 **E**、**H**、**k** 构成右旋系的性质可以看出,电磁波的能流密度矢量 **G** 与电磁波的传播方向相同,即能量总是向前传播的。电磁波中 **E** 和 **H** 都随时间迅速变化。在实际中,对于简谐波,一个周期内的平均值即平均能流密度。

$$\bar{G} = \frac{1}{2} E_0 H_0 \qquad (7-18)$$

式中,E_0 和 H_0 分别是 E 和 H 的振幅。由于 E_0 与 H_0 之间有 $\sqrt{\varepsilon\varepsilon_0}\, E_0 = \sqrt{\mu\mu_0}\, H_0$,故

$$\bar{G} = \frac{1}{2} \sqrt{\frac{\varepsilon\varepsilon_0}{\mu\mu_0}} E_0^2 \infty E_0^2 \qquad (7-19)$$

即电磁波中的能流密度正比于电场或磁场振幅的平方。

麦克斯韦电磁理论的计算表明,如果入射电磁波和反射电磁波的坡印亭矢量分别为 $G_入$ 和 $G_反$,则金属板上的面元 ΔS 受到的力为

$$\Delta F = \frac{1}{c}(G_入 - G_反)\Delta S$$

式中,c 为真空中的光速。由于 $S_反$ 沿 $-z$ 方向,故金属板受到的压强为

$$P = \frac{|\Delta F|}{\Delta S} = \frac{1}{c}\,|G_入 - G_反| \qquad (7-20)$$

考虑一段时间 Δt,在此期间,金属板上面元 ΔS 受到的冲量为 $\Delta F \Delta t$,这就是此期间动量的改变量 $\Delta I_板$,于是

$$\Delta I_板 = \Delta F \Delta t = \frac{1}{c}(G_入 - S_反)\Delta S \Delta t \qquad (7-21)$$

按照动量守恒定律,在 Δt 时间内电磁波的动量改变量为

$$\Delta I = -\Delta I_板 = \frac{1}{c}(G_反 - G_入)\Delta S \Delta t \qquad (7-22)$$

我们知道,电磁波的传播速度是 c,在 Δt 期间它的传播距离为 $c\Delta t$,因此在这期间共有体积 $\Delta V = \Delta S c \Delta t$ 的电磁波在金属板的面元 ΔS 上发生了反射,并在那里改变了动量 ΔI。令 g 代表单位体积内电磁波的动量(g 称为电磁波的动量密度),则反射过程中电磁波动量密度的改变量为

$$\Delta g = \frac{\Delta I}{\Delta V} = \frac{1}{c}(G_反 - G_入)\frac{\Delta S \Delta t}{\Delta S \Delta t} = \frac{1}{c}(G_反 - G_入)$$

式中,$G_反 / c^2$ 和 $G_入 / c^2$ 可以分别理解为反射波和入射波的动量密度,两者之差正

好是反射过程中电磁波动量密度的改变量。所以普遍地说,电磁波动量密度的公式为

$$g = \frac{1}{c} S = \frac{1}{c} E \times H \tag{7-23}$$

它的大小正比于能流密度,方向沿电磁波传播的方向。

光是一种电磁波,所以当光线照射在物体上时,它对物体也会施加压力,这就是光压。式(7-23)就是光压的公式。如果被照射面的反射率是 100%,则 $|G_反| = |G_入|$,正入射的光压为

$$P = \frac{2}{c} |G_入| = \frac{2}{c} E H \tag{7-24}$$

如果被照射面全吸收(绝对黑体),则 $|S_反| = 0$,正入射的光压是

$$P = \frac{1}{c} |G_入| = \frac{1}{c} E H \tag{7-25}$$

光压是非常小的,例如距一个百万烛光的光源一米远的镜面上,受到可见光的光压只有 10^{-5} N/m^2,所以一般很难达到,也不起什么作用。光压只有在两个从尺度上看截然相反的领域内起重要作用,例如天体,星体外层受到其核心部分的引力相当大一部分是靠核心部分辐射产生的光压来平衡的。

7.3　赫兹实验

7.3.1　振荡电路

LCR 电路如图 7-2 所示,给 LCR 电路中的电容器充电后,电荷 q 满足的微分方程是

$$L \frac{\mathrm{d}^2 q}{\mathrm{d}t^2} + R \frac{\mathrm{d}q}{\mathrm{d}t} + \frac{q}{c} = 0$$

在电阻 R 较小时,它的解具有阻尼振荡的形式,即

$$q = q_0 \mathrm{e}^{-\alpha t} \cos(\omega_0 t + \varphi)$$

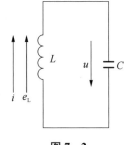

图 7-2

式中, $\alpha = \dfrac{R}{2L}$, $\omega_0 = \dfrac{1}{\sqrt{LC}}$。

由于电路中没有持续不断的能量补给,且在电阻 R 上有能量耗损,振荡是逐渐衰减的。为了产生持续的电磁振荡,必须把 LCR 电路(以下简称 LC 电路)接在

电子管或晶体管上,组成振荡器,电路中的直流电源不断补给能量。

下面我们讨论电磁波的产生问题,首先要有适当的振源。任何 LC 振荡电路原则上都可以作为发射电磁波的振源,但要想有效地把电路中的电磁能发射出去,除了电路中必须有不断的能量补给之外,还需具备以下条件:

(1) 频率必须足够高。电磁波在单位时间内辐射的能量与频率的四次方成正比,只有振荡电路的固有频率愈高,才能愈有效地把能量发射出去。

(2) 电路必须开放。LC 振荡电路是集中性元件的电路,即电场和电能都集中在电容元件中,磁场和磁能都集中在自感线圈中。为了把电磁场和电磁能发射出去,需要将电路加以改造,以便使电场和磁场能够分散到空间里。为此,我们设想把 LC 振荡电路按图 7-3 所示的顺序逐步加以改造。改造的趋势是使电容器的极板面积愈来愈小,间隔愈来愈大,而自感线圈的匝数愈来愈少。这样一方面可以使 C 和 L 的数值减小,以提高固有频率 ω_0;另一方面,电路愈来愈开放,使电场和磁场分布到空间中去。最后,振荡电路完全退化为一根直导线,电流在其中往复振荡,两端出现正负交替的等量异号电荷。这样的电路称为振荡偶极子(或偶极振子),它能有效地发射电磁波的振源。

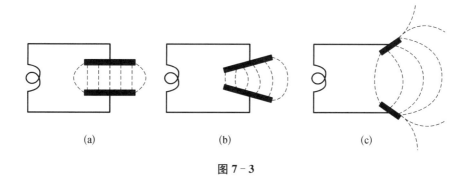

(a)　　　　　　　　(b)　　　　　　　　(c)

图 7-3

电磁振荡能够在空间传播,就是依靠以下两种方式: ① 磁场的变化激发涡旋电场; ② 电场的变化(位移电流)激发涡旋磁场。交变的涡旋电场和涡旋磁场同时并存,相互激发,形成电磁波,并在空间传播开来,满足这个条件的必须是简谐振荡的电路,产生的电流必须满足简谐变化。由此我们看到,麦克斯韦的两个基本假设——涡旋电场和位移电流,就预言了电磁波的存在。

7.3.2　赫兹实验

麦克斯韦由电磁理论预见了电磁波的存在是在 1862 年。26 年之后,赫兹于 1888 年用类似上述的振荡偶极子产生了电磁波。他的实验在历史上第一次直接验证了电磁波的存在。

如图 7-4 所示,赫兹在实验中所用的振子 A、B 是两段共轴的黄铜杆,它们是振荡偶极子的两半。A、B 中间留有一个火花间隙,间隙两边杆的端点上焊有一对磨光的黄铜球。把振子连接到感应圈的两极上。当充电到一定程度,间隙被火花击穿时,两段金属杆连成一条导电通路,这时它

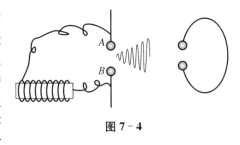

图 7-4

相当于一个振荡偶极子,在其中激起高频的振荡(在赫兹实验中振荡频率为 $10^8 \sim 10^9$ Hz)。感应圈以每秒 10～100 次的重复率使火花间隙充电。

此后,赫兹利用振荡偶极子和谐振器进行了许多实验,观察到振荡偶极子辐射的电磁波与由金属面反射回来的电磁波叠加产生的驻波现象,并测定了波长,这就证实了振荡偶极子发射的确实是电磁波。此外他还证明这种电磁波与光波一样具有偏振性质,能产生折射、反射、干涉、衍射等现象。因此,赫兹初步证实了麦克斯韦电磁理论的预言,即电磁波的存在以及光波本质上也是电磁波。

7.3.3　电磁波谱

自从赫兹应用电磁振荡的方法产生电磁波,并证明电磁波的性质与光波的性质相同,人们又进行了许多实验,不仅证明光是一种电磁波,而且发现了更多形式的电磁波。X 射线和放射性辐射中的 γ 射线都是电磁波,这些电磁波本质上相同,只是频率或波长有很大差别。按照波长或频率的顺序把这些电磁波排列起来,这就是电磁波谱。任何频率的电磁波在真空中以速度 $c=3.0\times10^8$ m/s 传播,所以在真空中,电磁波的波长 λ 与频率 ν 成反比,即

$$\lambda = \frac{c}{\nu}$$

无线电波,由于辐射强度随频率的减小而急剧下降,因此波长为 1×10^5 m 量级的低频电磁波通常不为人们注意,实际中用的无线电波的波长为 1×10^3 m 量级(相当于频率为 1×10^5 Hz)。波长在 3 km～50 m(频率为 100 kHz～6 MHz)范围属于中波段,波长在 50～10 m(频率为 6～30 MHz)范围为短波段,波长在 10 m 以下(频率大于 30 MHz)甚至达到 1 mm(频率为 3×10^5 MHz)的则为超短波(或微波)。有时按照波长的数量级也常出现米波、分米波、厘米波、毫米波等名称。

中波和短波用于无线电广播和通信,微波应用于电视和无线电定位技术。可见光的波长范围很窄,一般为 400～760 nm[在光谱学中曾采用另一个长度单位——埃(Å)计算波长,1 Å$=1\times10^{-10}$ m=0.1 nm,用 Å 来计算,可见光的波长在

4 000～7 600 Å 范围内]。从可见光向两边扩展,波长比它长的称为红外线,波长从 760 nm 直到 0.1 mm,它的热效应特别显著;波长比可见光短的称为紫外线,波长为 5～400 nm,它有显著的化学效应和荧光效应。可见光、红外线或紫外线,它们都是由原子或分子等微观客体的振荡所激发的。20 世纪下半叶以来,一方面,由于超短波无线电技术的发展,无线电波的范围不断朝波长更短的方向拓展;另一方面,由于红外技术的发展,红外线的范围不断朝波长更长的方向扩充。

X 射线可用高速电子流轰击金属靶得到,它是由原子中的内层电子发射的,其波长范围为 1×10^{-3}～10 nm。随着 X 射线技术的发展,它的波长范围也不断朝着两个方向扩展,在长波段已与紫外线有所重叠,在短波段已进入 γ 射线领域。放射性辐射 γ 射线的波长小于 0.1 nm。

7.4　交流电路里的趋肤效应

在直流电路里,均匀导线横截面上的电流密度是均匀的。但在交流电路里,随着频率的增加,在导线截面上的电流分布愈来愈向导线表面集中,这种现象称为趋肤效应。趋肤效应使导线的有效截面积减小了,从而使它的等效电阻增加,所以在高频下导线的电阻会随频率显著增加,而高频线圈所用的导线表面还需镀银,以减小表面层的电阻。

根据麦克斯韦方程组:

$$\begin{cases} \boldsymbol{\nabla} \cdot \boldsymbol{D} = \rho \\ \boldsymbol{\nabla} \times \boldsymbol{E} = -\dfrac{\partial \boldsymbol{B}}{\partial t} \\ \boldsymbol{\nabla} \cdot \boldsymbol{B} = 0 \\ \boldsymbol{\nabla} \times \boldsymbol{H} = \boldsymbol{j}_0 + \dfrac{\partial \boldsymbol{D}}{\partial t} \end{cases}$$

在直角坐标系中,假如 x 轴沿电场方向,y 轴沿磁场方向,z 轴沿波动和能量传播方向。由于导线中净电荷密度近似为 0,同时,移电流项 $\dfrac{\partial \boldsymbol{D}}{\partial t}$ 也近似为 0,把 B 写成 $\mu\mu_0 H$,且利用欧姆定律把传导电流 j 替换成 σE,于是有

$$\begin{cases} \boldsymbol{\nabla} \cdot \boldsymbol{E} = 0 \\ \boldsymbol{\nabla} \times \boldsymbol{E} = -\mu\mu_0 \dfrac{\partial \boldsymbol{H}}{\partial t} \\ \boldsymbol{\nabla} \cdot \boldsymbol{H} = 0 \\ \boldsymbol{\nabla} \times \boldsymbol{H} = \sigma \boldsymbol{E} \end{cases}$$

将上式写成分量形式,有

$$
\begin{cases}
\begin{vmatrix} \boldsymbol{i} & \boldsymbol{j} & \boldsymbol{k} \\ \dfrac{\partial}{\partial x} & \dfrac{\partial}{\partial y} & \dfrac{\partial}{\partial z} \\ E_x & E_y & E_z \end{vmatrix} = -\mu\mu_0\,\dfrac{\partial(\boldsymbol{H}_x+\boldsymbol{H}_y+\boldsymbol{H}_z)}{\partial t} \\[4em]
\begin{vmatrix} \boldsymbol{i} & \boldsymbol{j} & \boldsymbol{k} \\ \dfrac{\partial}{\partial x} & \dfrac{\partial}{\partial y} & \dfrac{\partial}{\partial z} \\ H_x & H_y & H_z \end{vmatrix} = \sigma(\boldsymbol{E}_x+\boldsymbol{E}_y+\boldsymbol{E}_z)
\end{cases}
\tag{7-26}
$$

将式(7-26)展开后得到

$$
\begin{cases}
\left(\dfrac{\partial E_y}{\partial z}-\dfrac{\partial E_z}{\partial y}\right)\boldsymbol{i} = -\mu\mu_0\,\dfrac{\partial(\boldsymbol{H}_x)}{\partial t} \\[1.5em]
\left(\dfrac{\partial E_x}{\partial z}-\dfrac{\partial E_z}{\partial x}\right)\boldsymbol{j} = -\mu\mu_0\,\dfrac{\partial(\boldsymbol{H}_y)}{\partial t} \\[1.5em]
\left(\dfrac{\partial E_y}{\partial x}-\dfrac{\partial E_x}{\partial y}\right)\boldsymbol{k} = -\mu\mu_0\,\dfrac{\partial(\boldsymbol{H}_z)}{\partial t} \\[1.5em]
\left(\dfrac{\partial H_y}{\partial z}-\dfrac{\partial H_z}{\partial y}\right)\boldsymbol{i} = \sigma\boldsymbol{E}_x \\[1.5em]
\left(\dfrac{\partial H_x}{\partial z}-\dfrac{\partial H_z}{\partial x}\right)\boldsymbol{j} = \sigma\boldsymbol{E}_y \\[1.5em]
\left(\dfrac{\partial H_y}{\partial x}-\dfrac{\partial H_x}{\partial y}\right)\boldsymbol{k} = \sigma\boldsymbol{E}_z
\end{cases}
\tag{7-27}
$$

删去除 E_x、H_y 外的场分量和除 $\dfrac{\partial}{\partial z}$、$\dfrac{\partial}{\partial t}$ 外的导数项,最后剩下

$$
\begin{cases}
\dfrac{\partial E_x}{\partial z} = -\mu\mu_0\,\dfrac{\partial H_y}{\partial t} \\[1.5em]
\dfrac{\partial H_y}{\partial z} = \sigma E_x
\end{cases}
\tag{7-28}
$$

式(7-28)中,将第一个式子对 z 取偏导数,将第二个式子对 t 取偏导数,即可消去含 H_y 的项,得

$$
\dfrac{\partial^2 E_x}{\partial z^2} = \mu\mu_0\sigma\,\dfrac{\partial E_x}{\partial t}
\tag{7-29}
$$

取试探解 $E_x = E_0 e^{i(\omega t - \kappa z)}$，代入式(7-29)，得 ω 和 κ 之间的关系：

$$\kappa^2 = -i\mu\mu_0\sigma\omega$$

开平方后得 $\kappa = \sqrt{-i\mu\mu_0\sigma\omega}$。因 $\sqrt{-i} = \dfrac{1-i}{\sqrt{2}}$，故

$$\kappa = (1-i)\sqrt{\frac{\mu\mu_0\sigma\omega}{2}}$$

令 $d_0 = \sqrt{\dfrac{2}{\mu\mu_0\sigma\omega}}$，则

$$\kappa = \frac{1-i}{d_0}$$

代入

$$E_x = E_0 e^{i(\omega t - \kappa z)}$$

得

$$E_x = E_0 e^{-z/d_0} e^{i(\omega t - z/d_0)} \tag{7-30}$$

　　这是一个振幅随纵深距离 z 衰减的波动，也就是产生趋肤效应的原因，d_0 称为趋肤深度。趋肤深度与电导率 σ、磁导率 μ 和频率 ω 的平方根成反比。对于铁来说(如变压器中的铁芯)，由于 μ 很大，即使在不太高的频率下，趋肤效应也是显著的。所以在实际计算硅钢片中的涡流损耗时，常常需要考虑趋肤效应对涡流分布的影响。

习　题

　　7-1　同心球形电容器中有介电常数为 ε_r、导电率为 σ 的漏电介质。电容器充电后即缓慢放电，这时在介质中有径向衰减电流通过。求此过程中位移电流密度与传导电流密度的关系以及磁场的分布。

　　7-2　太阳每分钟垂直射于地球表面上，每平方厘米的能量约为 $2\,\text{cal}$($1\,\text{cal} \approx 4.2\,\text{J}$)，求地面上日光中电场强度 E 和磁场强度 H 的均方根值。

　　7-3　(1) 作为典型的原子内部电场强度，计算氢原子核在玻尔轨道处产生的电场强度的数量级(玻尔半径 $= 0.052\,\text{nm}$)；(2) 若要激光束中的电场强度达到此数量级，能流密度应为多少？

　　7-4　设 $100\,\text{W}$ 的电灯泡将所有能量以电磁波的形式沿各方向均匀地辐射出去，求 $20\,\text{m}$ 以外的地方电场强度和磁场强度的均方根值，以及该处对理想反射面产生的光压。

7-5 设习题 7-5 图中的圆柱形导线的长为 l，电阻为 R，载有电流 I，求证：电磁场通过表面 S 输入导线的功率 $\iint (\boldsymbol{E} \times \boldsymbol{H}) \mathrm{d}\boldsymbol{S}$ 等于焦耳热功率 $I^2 R$。

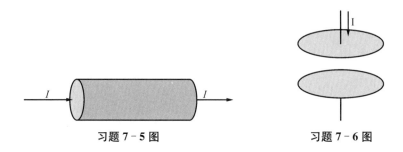

习题 7-5 图　　　　　　　　　　习题 7-6 图

7-6 习题 7-6 图所示是一个正在充电的圆形平行板电容器，设边缘效应可以忽略，且电路是准恒的。求证：

（1）坡印亭矢量 $\boldsymbol{S} = \boldsymbol{E} \times \boldsymbol{H}$ 处处与两极板间圆柱形空间的侧面垂直；（2）电磁场输入的功率 $\iint (\boldsymbol{E} \times \boldsymbol{H}) \mathrm{d}\Sigma$ 等于电容器内静电能的增加率，即 $\dfrac{1}{2C} \dfrac{\mathrm{d}q^2}{\mathrm{d}t}$，式中 C 是电容量，q 是极板上的电量。

7-7 利用电报方程证明，长度为 l 的平行双线两端开启时，电压和电流分别形成如下形式的驻波：

$$\widetilde{U} = \widetilde{U}_0 \cos \frac{p\pi x}{l} \exp(i\omega_P t)$$
$$\widetilde{I} = \widetilde{I}_0 \sin \frac{p\pi x}{l} \exp(i\omega_P t) \qquad p = 1,\ 2,\ 3,\ \cdots$$

式中，谐振角频率 $\omega_P = \dfrac{p\pi}{l \sqrt{L^* C^*}}$。 指出电压、电流腹和波节的位置，计算波长的大小。

7-8 推导高斯单位制中电能密度、磁能密度、坡印亭矢量 $\boldsymbol{S}$ 和电磁动量密度的表达式。

附 录　单 位 制

　　电磁学的单位制比较复杂,本书采用米-千克-秒-安培(meter-kilogram-second-ampere,MKSA)有理制,以下是几种单位制的代号:绝对静电系单位制(CGSE 或 u. s. u)、高斯单位制(Gs)、麦克斯韦单位制(Mx)、奥斯特单位制(Oe)。

高斯单位制中各量的量纲和单位名称

物理量名称	量　　纲	单 位 名 称
电量 q	$L^{2/3}M^{1/2}T^{-1}$	CGSE
电流强度	$L^{3/2}M^{1/2}T^{-2}$	CGSE
电场强度	$L^{-1/2}M^{1/2}T^{-1}$	CGSE
电位移	$L^{-1/2}M^{1/2}T^{-1}$	CGSE
极化强度	$L^{-1/2}M^{1/2}T^{-1}$	CGSE
电位	$L^{1/2}M^{1/2}T^{-1}$	CGSE
电容	L	CGSE
介电常数	1	CGSE
电阻	$L^{-1}T$	CGSE
磁感应强度	$L^{-1/2}M^{1/2}T^{-1}$	GS
磁化强度	$L^{-1/2}M^{1/2}T^{-1}$	$\dfrac{1}{4\pi}$Gs
磁场强度	$L^{-1/2}M^{1/2}T^{-1}$	Oe
磁感应通量	$L^{3/2}M^{1/2}T^{-1}$	Mx
磁导率	1	…
电感	L	CGSM

MKSA 有理制和高斯单位制之间的单位换算关系

物 理 量 名 称	换 算 关 系
电流强度	$1\,A = 3.0 \times 10^9\,CGSE$
电量 q	$1\,C = 3.0 \times 10^9\,CGSE$
电位	$1\,V = \dfrac{1}{300}\,CGSE$
电场强度	$1\,V/m = \dfrac{1}{30}\,CGSE$
电位移	$1\,C/m^2 = \dfrac{4\pi c}{10^5}\,CGSE$
极化强度	$1\,C/m^2 = 3 \times 10^5\,CGSE$
电阻	$1\,\Omega = \dfrac{1}{9 \times 10^{11}}\,CGSE$
电容	$1\,F = 9.0 \times 10^{11}\,CGSE$
介电常数	无量纲
磁感应强度	$1\,T = 10^4\,Gs$
磁化强度	$1\,A/m = 10^{-3}\,CGSM$
磁场强度	$1\,A/m = 4\pi \times 10^{-3}\,Oe$
磁感应通量	$1\,Wb = 10^5\,Mx$
磁导率	无量纲
电感	$1\,H = 10^9\,CGSM$